建设部、人事部、国家文物局联合资助项目

王瑞珠 编著

世界建筑史

东南亚古代卷

·上册·

中国建筑工业出版社

审图号：GS（2021）2210号

图书在版编目（CIP）数据

世界建筑史. 1，东南亚古代卷 / 王瑞珠编著. —
北京：中国建筑工业出版社，2021.6
    ISBN 978-7-112-25563-4

    I. ①世… II. ①王… III. ①建筑史—世界②建筑史
—东南亚—古代 IV. ①TU-091

    中国版本图书馆CIP数据核字（2020）第190500号

责任编辑：张建
责任校对：王烨

世界建筑史·东南亚古代卷
王瑞珠　编著

*
中国建筑工业出版社出版、发行（北京海淀三里河路9号）
各地新华书店、建筑书店经销
北京利丰雅高长城印刷有限公司印刷
*
开本：889毫米×1194毫米　1/16　印张：88¼　字数：2750千字
2021年8月第一版　2021年8月第一次印刷
定价：598.00元（上、下册）
ISBN 978-7-112-25563-4
　　　（36588）

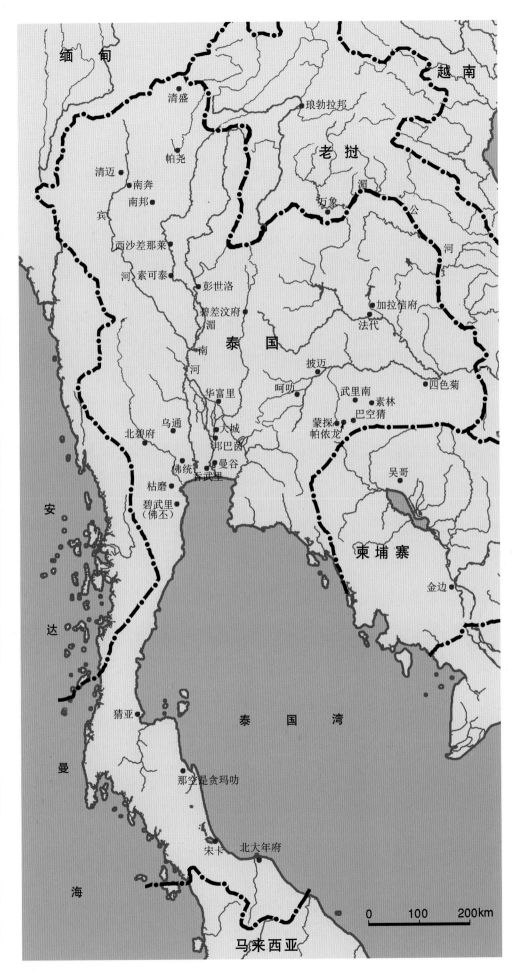

缅甸

越南

清盛

琅勃拉邦

老挝

帕尧

清迈

南奔

湄

南邦

宾

万象

公

西沙差那莱

河

河

素可泰

彭世洛

加拉信府

碧差汶府

法代

湄

泰

国

南

披迈

河

呵叻

武里南

素林

华富里

蒙探

巴空猜

乌通

帕侬龙

北碧府

大城

邦巴茵

佛统

吞武里

曼谷

枯磨

碧武里
（佛丕）

吴哥

柬埔寨

安

金边

达

曼

猜亚

泰 国 湾

海

那空是贪玛叻

宋卡

北大年府

马来西亚

0   100   200km

本卷中涉及的主要城市及遗址位置图
（一、泰国）

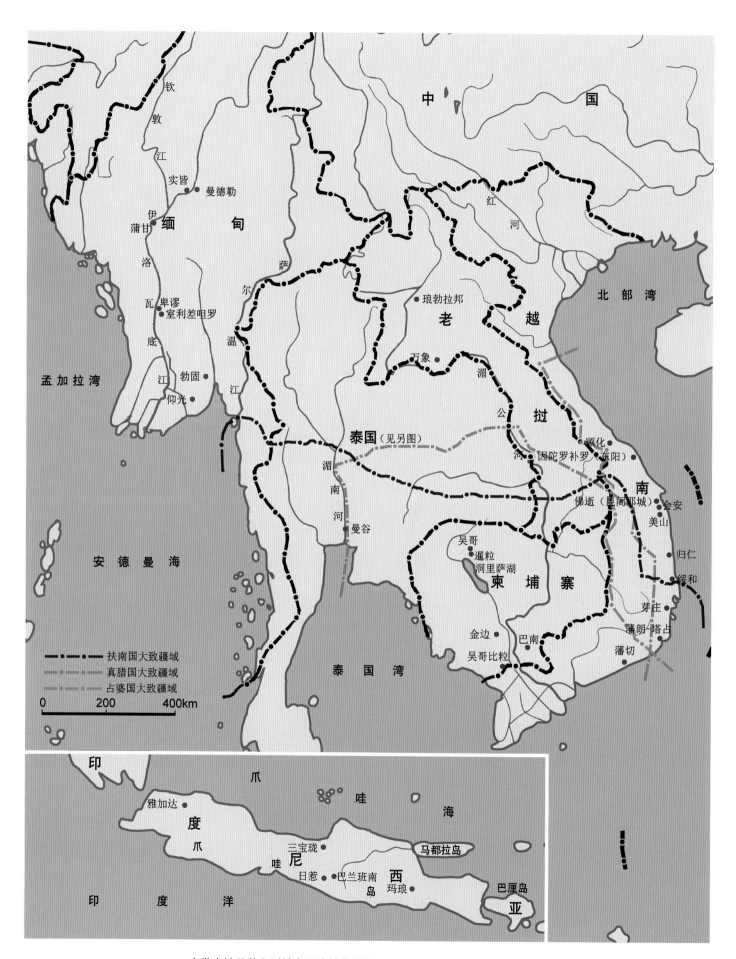

本卷中涉及的主要城市及遗址位置图（二、东南亚其他各国及地区）

目 录

·上册·

第二章 柬埔寨

·下册·

第三章 缅甸

第四章 泰国

第五章 印度尼西亚

图 版 简 目

·上册·

导言

第一章 越南及老挝

第二章 柬埔寨

·下册·

第三章 缅甸

第四章 泰国

第五章 印度尼西亚

导　言

东南亚地区主要由两大部分组成，即中南半岛和马来群岛，前者包括越南、老挝、柬埔寨、泰国、缅甸及和大陆相连的马来西亚部分地区，即所谓"陆地国家"或"半岛国家"，亦称印度支那（1858~1954年为法国殖民范围）；后者包括马来西亚、印度尼西亚、菲律宾等地，被称为"海洋国家"或"海岛国家"。

由于这些地区的早期建筑大多使用不耐久的材料，因而很难追溯其6世纪之前的艺术发展进程。而对某些地区来说，这一年代至少还需要前移4或6个世纪。例如，在缅甸和老挝，由于缺乏强有力的政权和由此产生的建造坚固耐久工程的愿望，和其他地区相比，建筑上采用易腐朽材料的时间要更长。任何编纂这些地区建筑史的努力都会遇到实物缺乏的难题，尽管有时能查到它们存在的碑文记录。同样需要指出的是，既有的许多文献证据，常因暗含了许多复杂的象

征意义，理解上颇为不易，这也在很大程度上降低了它们的价值。

[相关研究概况]

自19世纪后期开始，西方及日本学者已开始对东南亚古代建筑文化，特别是宗教建筑进行研究、测绘及修复。但早期论著主要是针对某个国家或地区。如J.Y.克拉耶1931年发表的论文《暹罗考古学》（L'archéologie du Siam）和克拉伦斯·西奥多·阿森（1922~2007年）的《暹罗建筑：一种文化史的诠释》（Architecture of Siam: A Cultural History Interpretation），后者对泰国各时期建筑进行了较为系统的研究，其中纳入了一些重要建筑的平面及剖面图；L. 贝扎西埃的《越南艺术》（L'Art Vietnamien）发表于1934年，是早期相关文献中比较重要的一部；日本

图DY-1查理·卡尔波在东阳组群第一院落门楼前（老照片，1902年，后为一尊守门天雕像）

占婆王国遗迹和文化展览组织委员会在对占婆建筑进行测绘的基础上出版了《占婆王国的遗迹和文化：海上丝绸之路》一书；H. 杜富尔和C. 卡尔波（图DY-1）于1910年发表的《吴哥城巴戎寺》（*Le Bayon d'Angkor Thom*）及F. D. 博施1923年发表的《吴哥窟》（*Le Temple d'Angkor Vat*）均属早期研究吴哥建筑的重要论文；巴黎吉梅国立亚洲艺术博物馆（简称巴黎吉梅博物馆）的艺术史家菲利普·斯特恩（1895~1979年）继1927年出版的《吴哥城巴戎寺及高棉艺术的演化》（*Le Bayon d'Angkor Thom et l'Evolution de l'Art Khmèr*）之后，又于1942年发表了三卷本巨著《占婆（前安南）的艺术及其演化》（*L'Art du Champa, Ancien Annam, et Son Évolution*），对占婆的建筑，特别是雕刻进行了全面的阐述；接下来是去印度前曾在里昂和巴黎就学，并担任过金边大学教授的克劳德·雅克的著作《高棉帝国，5~13世纪的城市和圣地》（*The Khmer Empire: Cities and Sanctuaries from the 5th to the 13th Century*）；皮埃尔·皮沙尔的《蒲甘古迹图录》（*Inventaire des Monuments, Pagan*）更是8卷本的皇皇巨著，其中收集了2800多个实测实例（图DY-2）；保罗·斯特罗恩的《蒲甘帝国：缅甸艺术和建筑》（*Imperial Pagan: Art and Architecture of Burma*，1990年）系按不同时期对蒲甘建筑进行评述；马里奥·布萨利的《东方建筑》（*Oriental Architecture*，两

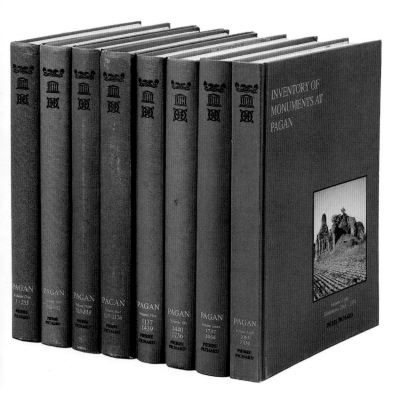

卷本）为一套世界建筑通史的组成部分，印度、印度尼西亚及印度支那地区构成了其中第一卷的内容；克里斯托弗·塔德盖尔1998年出版的《印度和东南亚：佛教和印度教传统（建筑史）》[*India and South-east Asia: Buddhist and Hindu Tradition (History of Architecture)*]从宗教象征和寓意的角度对印度教和佛教建筑进行了诠释。其他有关的专著还有雅克·迪马赛的《东南亚的建筑及其模式》（*L'Architecture et ses Modeles en Asie du Sud-est*，2003年）、路易·弗雷德里克的《东南亚艺术：寺庙和雕刻》（*The Art of Southeast Asia: Temples and Sculpture*，序言作者让尼娜·奥布瓦耶，原文法文，英文本译者阿诺德·罗森）、雅克·迪马赛和迈克尔·史密西斯的《马来西亚、新加坡及印度尼西亚的文化遗迹》（*Cultural Sites of Malaysia, Singapore, and Indonesia*，1998年）等。

[来自印度的影响]

法国东方学家乔治·克代斯（1886~1969年）于1948年在其《印度支那和印度尼西亚的印度化国家》[*Les Etats Hindouisés d'Indochine et d'Indonésie*，该书1968和1975年再版时更名为《东南亚的印度化国家》（*The Indianized States of Southeast Asia*）]一书中首次将东南亚这片辽阔的土地及其所包含的国家称为"大印度"（Magna India）或"远印度"（Farther India，只是该词现已很少应用），从这一名称不难看出印度对这片广大地区文化的影响。

和印度世界的接触直接影响到印度尼西亚和除老挝及越南北部[1]以外的整个印度支那地区，逐渐提高了这些地区的文明程度。正如马里奥·布萨利所说："印度文明的不断扩展，彼此完全不同的各色人群对它的吸收，以及这种外来影响在适应各种各样地方需求中导致的连续变化，常常可以产生令人意想不到的结果，特别是在造型艺术领域"。[2]

来自印度的这些影响虽只是以和平的方式逐渐渗透，但从文化的角度看，却导致了马里奥·布萨利所说的极其重要的结果。考古证据表明，早在公元1世纪，印度人就通过海路到达了上述地区，沿着海岸线直达异他群岛[3]。有的学者相信，促成这一行动的是

图DY-2皮埃尔·皮沙尔：《蒲甘古迹图录》（*Inventory of Monuments at Pagan*），8卷本

人口膨胀的压力或是传播佛教的使命，但实际上，他们也可能只是出于经商的目的。古罗马，特别是在帝国时期，一直自东印度进口珍珠、香料、丝绸、宝石和没药（myrrh）。就这样，在罗马化的中东和印度之间，确立了紧密的商业联系。印度人沿着东南亚海岸搜寻黄金和香料，凭借对海洋季风的专门知识，他们很容易到达这些地区，沿途建立的居民点以后逐渐发展成为商业中心。这种经济上的殖民化既不是出自政治目的，也不是凭借军事实力和武力征服确立政治霸权或经济垄断。印度男人和这些地方女人之间的通婚同样加强和巩固了两个组群之间的联系。

马里奥·布萨利认为，在我们所考察的这片地区，历史上的这种联系表现出以下几个特色：1、受印度影响的国家[所谓印度化的国家（Indianized States）]政治上并不是印度的附庸，而是独立存在的实体；2、印度的殖民化，包括其在文化上的巨大影响，是以和平方式实现的，并没有清晰的政治目的，因而更容易为人们接受；3、和历史上中国的影响和控制相比，大印度地区的国家更具有自治的性质；4、在原史阶段[4]，大印度地区主要和中国（或更准确说和大陆地区）有较密切的联系，但随着印度影响的增长，这种关系亦跟着改变，开始了印度文化占主导地位的历史阶段[5]。

随着字母和梵文的引进，印度人的思想方式开始得到普及。同时引进的还有印度社会生活中的另两个要素，即基于君主政体的国家组织方式和宗教信仰。在艺术领域，印度的强大影响接踵而至，尽管有某些地方风格的差异，但总体上已形成了一个共同体。

在大印度地区，受印度文明影响的最早信息证实，至迟至公元2~3世纪，已出现了印度化的国家。在印度支那，甚至可上溯到公元前3世纪。据传，此时阿育王曾派两名僧侣（索纳和乌特勒）前去“金地”（梵文Suvarnabhūmi，一般认为即古代缅甸孟邦地区）。文献还提到两个印度化的国家林邑（临邑）和扶南，前者为公元192年随着中国汉朝的衰落而兴起的古代占婆（Champa）国的早期核心，后者包括湄公河下游今柬埔寨一部分。但直到6~8世纪才有关于艺术表现的文献记载，此时在印度支那和印度尼西亚群岛之间，建筑上的差异已很明显。遗憾的是，能够揭示这一适应和改变过程的木构建筑（或以其他易腐朽材料建造的结构）已无迹可寻。然而，从尚存的

最早建筑结构中，仍然可看出它们具有共同的灵感来源，即印度的宗教信仰（佛教和印度教的泛神崇拜，特别是对湿婆的尊崇）和对已被神化的国王的敬仰。这后一个表现表明，在受印度影响的这一广阔地域，重要的建筑作品同样是由国家兴建，并和宗教团体和王室的价值取向密切相关。尽管因地方的需求和情趣有所变化，但最终的灵感来源仍是印度。

[宗教背景]

8世纪以前（早期），东南亚主要受来自印度的婆罗门教和佛教的影响，与之相伴的印度教-佛教建筑成为东南亚这时期最主要的宗教建筑类型，它们主要散布在与印度有着便捷交通联系的地区（今缅甸和泰国南部、湄公河下游及其三角洲地带、马来群岛等）。

东南亚早期印度教-佛教建筑往往是对印度宗教建筑的仿造，许多形制都来自印度原型，但融入了本土的某些元素。这类建筑一般规模不大，模仿的痕迹较重，艺术和技术也无法与后期媲美。

8世纪以后几个世纪期间，东南亚各国相继进入成型期（盛期），佛教和取婆罗门教而代之的印度教成为东南亚地区的主要宗教。印度教-佛教建筑是这时期最主要的建筑类型，但通过当地人对这两种宗教的不同诠释和更多本土要素的融入，最终形成了一种独特的风格。东南亚地区各国建筑的主要特色都在这时期演变、完成，并对以后该地域范围内的建筑创作产生了深刻的影响。

导言注释：

[1]该地区在法国殖民时期被称为东京（法语：Tonkin，越南语作Đông Kinh）。在政治和文化领域，它们更多受到中国的影响和控制。

[2]见BUSSAGLI M. India Esteriore（载Enciclopedia Universale dell'Arte. VII. Roms-Venice，1958）。

[3]巽他群岛（Sunda Islands），马来群岛主要组成部分之一，由大巽他和小巽他群岛组成，因爪哇岛西部古国巽他而得名。该群岛主要属印度尼西亚所有，仅加里曼丹岛北部分属马来西亚和文莱，帝汶岛部分归东帝汶。

[4]原史时代，或简称原史（英语：Protohistory），是史前时代与信史时代中间的一段时期。指在一种文明还没有发展出自己的书写系统，但被外部其他文明以其文字所记载的时期。

[5]见BUSSAGLI M. Oriental Architecture. 1989。

第一章
越南及老挝

第一节 越南历史背景

一、北部地区

在越南，最早的考古遗存属所谓东山文化（越南语：Văn hóa Đông Sơn）。这是位于越南北部红河河谷的铁器时代史前文化，约繁荣于公元前1000年到公元元年前后，影响区域包括东南亚其他地区直至印度-马来亚群岛。最突出的文化遗产是约公元前4世纪的青铜艺术品。在红河三角洲东山地区发现的铜鼓，在东南亚和今中国南部的广大地区都可看到，明显表现出来自中国的影响。

按越南的传统说法，在这个国家有历史记载的初期，曾有过两个王国（实际上，两者都具有传说的成分）：第一个称赤鬼（Xichquy），向北直到蓝河；第二个称文郎（Van-lang），大致相当今东京地区。第一个真正有史可查的王国称瓯貉（来自越南语：Âu Lạc，《史记》称"瓯骆"，越南史学家陶维英著《越南古代史》的中译本作"瓯雒"）。根据《大越史记全书》《钦定越史通鉴纲目》等后世典籍记载，公元前257年，古蜀王子安阳王[1]灭文郎，建立瓯雒国（包括东瓯国和西瓯国，西瓯国于公元前207年被并入南越国，东瓯国于公元前138年被并入闽越国）。安阳王在今河内市东北16公里处建古螺城，作为王国首都。

古螺城是个带有宏伟城墙的城市，包括外侧两层城墙和内侧的长方形城堡。带守卫塔楼的外城墙周长8公里，现存城墙高12米，底部宽25米。遗址已得到发掘，但其壮观的遗迹尚未得到充分的研究。内城墙经部分钻探研究证实属公元前400~350年，应是归属

中国汉朝之前由当地人完成的工程。考古学家估计，构建整个要塞，运输了超过200万立方米的材料。2007~2008年对城堡中部墙体再次进行发掘考察时，钻通了整个厚度，证实有多个建造层位，包括三个时期和五个主要施工阶段。

自公元前214年至公元938年，越南北方大部分地区，即所谓东京三角洲地带[2]都是中国的属地。在这段漫长时期，越南与中国古代王朝一直保持着宗藩关系，即越南史书所谓"北属时期"。这期间，无论是政治还是社会和经济结构，越南均处在中国的强大影响下。在文化和艺术上，中国的影响也一直居主导地位。汉语成为地方的官方语言，从而大大促进了文化的汉化。在三角洲地区建造的堤坝体系为农业的发展打下了基础。这套灌溉体系及运河渠道将地面划分成许多几何单元，并因此确定了越南的村落结构，即一个以稻米生产为主的自给自足的经济实体。当时的中国就这样，通过"铸剑为犁"，进一步巩固了自己的统治。

10世纪初，趁唐朝衰落之际，越南人开始谋求摆脱中国的统治，并于939年建立政权，正式立国，是为吴朝。但吴朝政局不稳，出现十二使君割据的分裂局面。原为十二使君之一陈览部下的丁部领率兵扫平群雄，统一全国后称帝，成为丁朝（越南语：Nhà Đinh，968~980年）开国君主，史称"丁先皇"，改国号"大瞿越"（Đại Cồ Việt），以华闾为国都（图1-1~1-3）。丁朝遣使到中国宋朝朝贡，并首次被中国承认为藩属而不是领土。后世历史学者，均视丁朝为越南建国的创始阶段，《越鉴通考总论》的作者、

（上）图1-1华闾 丁朝王寺。东侧，入口全景

（下）图1-2华闾 丁朝王寺。大殿，东侧现状

越南著名历史学家黎嵩（1454~约1527年）称"我越正统之君，实自此始"，可见它在历史发展中的重要地位。

丁朝之后又经历前黎朝（越南语：Nhà Tiền Lê，980~1009年）、李朝（Nhà Lý，1009~1226年，因该朝君主姓李而得名，历经九代君主，凡217年）、

陈朝（Nhà Trần，1226~1400年）、胡朝（Nhà Hồ，1400~1407年）等朝代。

为了追求可耕种的低地，北方这些王朝一直把向南推进视为基本国策之一。实际上，到1225年，越南人在实力上已开始超过占族人。尽管他们开始时受到元朝的威胁，随后又一度成为明朝的属地（所谓

属明时期，但仅有20年，即1407~1427年），但最后终于成功地吞并了整个占婆成为一个独立国家。1428年（中国明宣宗宣德三年）创立的后黎朝（越南语：Nhà Hậu Lê），使越南成功地成了一个帝国。后黎朝国号大越（Đại Việt），可分为前期和后期两部分。建国的最初数十年是越南历史上最为兴盛的时代；到了后期，后黎朝开始与莫朝南北对峙。部分越南历史学者将1428~1527年的前期称作黎初朝（越南语：Nhà Lê sơ），将1533~1789年的后期称作黎中兴朝（越南语：Nhà Lê trung hưng），以示区别。

1802年阮世祖嘉隆帝创建的阮朝（越南语：Nhà Nguyễn）是越南历史上最后一个王朝。自19世纪中叶开始，法国势力介入。在1885年正式沦为法国殖民地后，越南与中国王朝的紧密关系亦告结束。但在这近千年的王朝历史中，除阮朝都城顺化外，其他古都均已湮没。

二、中部及南部（占婆王国）

位于今越南中部及南部的古国占婆（Champa，来自越南语：Chăm Pa；占语：Campadesa，又称占

波）与位于今柬埔寨的扶南（Funan）一样，是最早有史可考的国家。公元3世纪起，中国古籍文献中经常提到占婆，但称其为林邑（Lin-yi），《新唐书·南蛮传》始称占婆。这是个位于越南中部以南约1000公里长狭窄海岸线上的独立王国，夹在山海之间，只有海路与外界相通。其领土范围北起河静省的横山关，南至平顺省藩朗、藩里地区。

该地在中国东汉时期属交州日南郡。137年（永和二年），东汉象林县功曹、占族人区连趁东汉衰弱之机，率数千兵卒攻打象林县，杀死县令；随后占领了整个日南郡，自称"林邑王"，该地则称"林邑"。交趾刺史樊演征交趾郡、九真郡之兵前往征讨，但汉军因为害怕远征而发生哗变，导致失败。汉顺帝欲发荆州、扬州、兖州、豫州4万人马前去镇压，但最终被大臣李固劝止。此后，该地区就从中国独立出来，被称作林邑国（Lin-yi，临邑，该名亦见于《三国志》）。到唐朝，出现过"占波""瞻波"等叫法。自8世纪下半叶至唐末，改称环王国。9世纪以后，始以"占城"之名出现在中国和越南史籍中[为梵文"占婆补罗"（Campapura）和"占婆那喝罗"（Campanagara）的简称，意为占族所建之城（梵文词尾"pura"、"nagara"指"邑、城"）]。

占婆实行联邦君主制，全国划分为五个公国：

因陀罗补罗（Indrapura，因陀罗城），约875~1000年为占婆都城，遗址位于今岘港附近的东阳村，该地区内尚有僧伽补罗（"狮城"，遗址在今茶峤村）和美山寺院建筑群等遗址；

阿玛拉瓦蒂（Amaravati，另作阿摩罗波胝，位于今越南广南省），有关它的最早记载来自1160年婆那加寺的一则铭文；

毗阇耶（Vijaya，另作佛逝，位于今越南平定省），首府毗阇耶城[中国史料称"新州"，即今阇槃（又称茶槃）遗址]，在因陀罗城公元1000年废弃后成为占婆新都，直到1471年；

古笪罗（Kauthara，又译古笪），在今富安省至金兰湾沿岸一带，都城杨浦那竭罗城位于今芽庄市附近，8世纪左右，占婆的统治中心从北部移到南部，该地开始兴盛，其宗教及文化中心婆那迦寺即建于此时；

宾童龙（Panduranga，位于今宁顺省首府潘郎-塔占市），为占婆南部地区及后期首府。

实际上，对占婆来说，其外部形势一直不容乐观。在国家受到高棉威胁的同时，还必须面对来自己取得独立并开始向外扩张的越南人（安南人，Annam）的持续压力和不时的攻击。982年，越南占领了占婆都城，占人被迫退守毗阇耶（后者一直是这个国家的中心，即便在北部一些城市收复后）。1145年，在经历了50年的相对平静之后，占婆被高棉军队击败（图1-4）。这场战争持续了上百年，双方都伤了元气，得益的是泰国和越南。14世纪中叶，占婆由于部族分裂更加衰落。1471年，越南后黎王朝占领了占婆大部分土地，领土完全被越南同化。1802年阮氏立国安南，进一步掠取占婆全部领土，定都顺化，占婆最后亡国。

由于占婆的居民主体是源自印度族的占族人（属越南和柬埔寨的少数民族）。作为一个生活在盛产香料的海岸丛林地带、擅长航海的民族，他们很早就和印度商人有来往，早期曾大量接受印度文化，信仰婆罗门教，主神湿婆更受到广泛崇拜（至13世纪前后，才有部分族人改信伊斯兰教）。从古代文献中可知，由占族军事集团组成的这个古代王国，和汉朝属地东京（今北越红河三角洲地区）有直接的联系。从历史上看，这个王国和周边国家（包括中国在内）既有外交来往又曾兵戎相见，这样的政治环境自然有利于各国文化的渗透。例如，在美山建筑的风格上，可以看到来自扶南国和高棉的影响；和印度尼西亚的关系则在9世纪建造的东阳建筑群风格上有所反映。

第二节 占婆王国的建筑

一、占婆早期

据中国文献记载，占婆人是熟练的砖结构匠师，很早就掌握了砖结构的建造方式，相关遗迹散布在原属占婆的狭长海岸地区内，只是到现在为止，尚缺7世纪前有关其技艺的直接证据。占婆的艺术深受印度

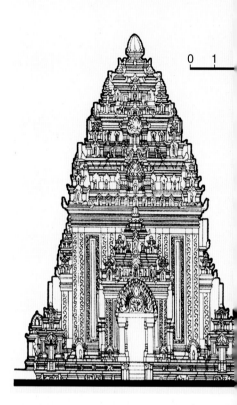

影响，与越南北方有很大差异。占婆人主要尊崇湿婆，特别体现在林伽崇拜上（图1-5）。不过，在信奉印度教的同时，他们也信奉佛教。在占婆，佛教和印度教之间似无明显区分，如9世纪后半叶因陀罗跋摩二世在今东阳建的大佛寺中（除了这个大乘佛教建筑群外，几乎所有的占婆寺庙遗存均属印度教），同样可看到湿婆神像。

除了这些外来宗教外，占婆亦有自己的原始信

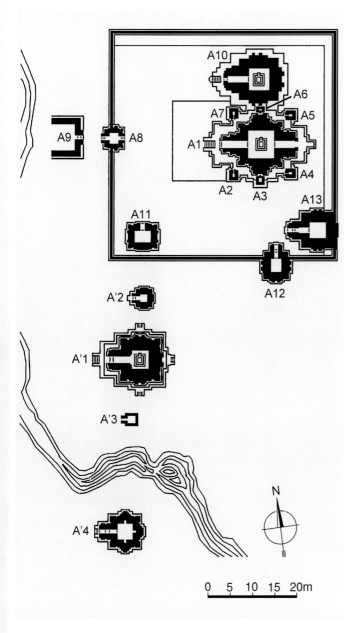

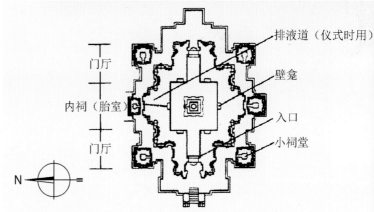

左页：

（左上）图1-5雕刻：约尼和林伽（岘港占婆雕刻博物馆藏品）

（左下）图1-6美山 寺庙建筑群。遗址，卫星图

（右上）图1-7美山 寺庙建筑群。典型祠庙立面

（右下）图1-8美山 博物馆内表现占婆庙塔的浮雕（约10世纪）

本页：

（左）图1-9美山 寺庙建筑群。A组，平面

（右两幅）图1-10美山 寺庙建筑群。A组，A1（商菩-跋陀罗湿婆庙），平面及立面

仰，他们把祖先崇拜、民间神怪和外来宗教糅合到一起，发展成一套独特的二元宗教理念。根据这种理念，王朝的每个都城或建于圣山之上（象征湿婆），或建于圣水之滨（象征湿婆的伴侣之一恒河女神）。由于祠庙是王权与神权相结合的产物，从碑文中可知，新王即位时，不仅要为自己建新庙，还要重建被战火毁坏的先王的祠庙。

占婆有两个主要宗教中心：一个是越南中部广南

省维川县美山村的美山圣地，位于一个宽两公里群山环绕的谷地内；另一个是庆和省芽庄的婆那迦寺，位于出海口河边的小丘上。

早期的重要建筑大都集中在美山圣地（越南语：Thánh địa Mỹ Sơn）。为两个山脉所围的谷地是这个曾统治越南中部及南部地区长达14个世纪的印度教占婆王国的心脏地区，与附近曾为占婆首府和政治中心的因陀罗补罗和僧伽补罗（茶峤村）有密切联系。从4世纪开始一直到13世纪末，美山圣地一直是占婆王国的宗教和历史文化中心，是占婆历任国王举行宗教仪式的场所，也是现存占婆时期年代最早、规模最大的建筑群和去世国王及民族英雄的埋葬地。圣地由这期间占婆国王建造的一系列印度教寺庙组成（主要尊崇印度教神祇湿婆），并一直受到各朝国王的支持与保护、增建及修葺。

美山寺庙群可能是印度支那存在时间最长的考古遗址，不仅是越南最重要的文化遗产，也是东南亚最重要的印度寺庙建筑群之一，堪与印尼爪哇岛的婆罗浮屠、柬埔寨的吴哥窟、缅甸的蒲甘组群以及泰国的

左页：

（左上）图1-11美山 寺庙建筑群。A组，A1，复原模型

（右）图1-12美山 寺庙建筑群。A组，A1，西南侧景色（老照片）

（左中）图1-13美山 寺庙建筑群。A组，A1，遗址，西北侧现状

（左下）图1-14美山 寺庙建筑群。A组，A1，遗址，西侧景观

本页：

（上）图1-15美山 寺庙建筑群。A组，A1，遗址，西入口现状

（中）图1-16美山 寺庙建筑群。A组，A1，内景，东北侧景况（房间中的这个基座及部分墙体饰面是这座被命名为A1的华美祠庙目前仅存的重要遗迹）

（下）图1-17美山 寺庙建筑群。A组，A10，西侧现状

阿育陀耶古城相比。1999年，美山寺庙被列入联合国教科文组织世界文化遗产名录（图1-6~1-8）。

据碑铭记载，圣地最早的建筑是4世纪末或5世纪初，占城王国（林邑国）国王跋陀罗跋摩一世（梵文名，越南语作范胡达或范须达，380~413年在位）所建的供奉跋陀罗湿婆的寺庙，寺中立其象征林伽（按：跋陀罗湿婆为这位国王的梵文名字和湿婆的合成词，即国王自己与湿婆相结合构成的"圣主"）。这座木构圣殿后毁于火灾；7世纪期间，国王商菩跋摩（中国史籍称范梵志，577~629年在位）重建了一座在原名上加入自己名号的寺庙（商菩-跋陀罗湿婆庙，编号A1，见图1-10~1-16），使用了大量耐久的建筑材料。此后，每一代占婆国王都修建新寺庙，或修复旧寺。从4世纪开始一直到13世纪末，修建的寺庙总数达70余个，从而使美山成为王国的圣地。

圣地所有遗存皆为宗教建筑，主要有四种类型：祠庙（占婆人称为卡兰，kalan），为供奉神祇的庙堂，通常砖砌，上置顶塔；廊厅（曼达波，mandapa），是与圣所相连的入口廊道；"火房"（kosagrha），用来收藏神祇的贵重物品或为其烹调的贡品；门楼（瞿布罗，gopura），作为寺庙围墙的入口，通常置顶塔。现存大部分寺庙均建于10世纪，只是这时期的

（上）图1-18美山 寺
庙建筑群。A组，A12
（右）及A13（左），
残迹现状[背景为猫
山（Răng Mèo Moun-
tain）]

（左下）图1-19美山
寺庙建筑群。E组及F
组，平面

（右中）图1-20美山 寺
庙建筑群。E组，E6，
东侧现状

（右下）图1-21美山 寺
庙建筑群。E组，E6，
南侧景观

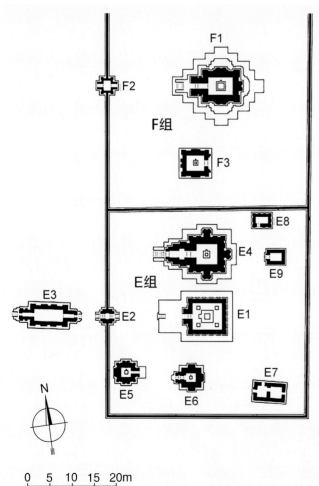

F1

F2

F组

F3

E8

E4

E9

E组

E3

E2

E1

E5

E6

E7

N

0 5 10 15 20m

（左）图1-22美山 寺庙建筑群。E组，E7（21世纪初由意大利考古学家进行修复，图示修复中状态，浅色砖为修复部分）

（右上）图1-23美山 寺庙建筑群。E组，E8，北侧现状

（右中）图1-24美山 寺庙建筑群。E组，E4，西侧现状（20世纪60年代毁于越战）

（右下）图1-25美山 寺庙建筑群。F组，F1，被炸后残墟，南侧景色

碑文仅存残段。

　　在越南中部地区被越族（Viet）占领之后，占婆王国由衰落直至最后消亡，美山建筑群也自13世纪末被遗弃处于荒废状态。留存下来的大部分建筑及许多重要的梵文和占语碑刻直到1898年才被法国人M. C.帕里斯重新发现。一年以后，法国远东学院（École Française d'Extrême-Orient，EFEO）的学者们开始对其碑文、建筑及艺术进行研究，初步成果于1904年在学院会刊（*Bulletin de l'École Française d'Extrême Orient*，BEFEO）上发表。其中包括M. L.菲诺特在那里发现的铭文和亨利·帕芒蒂埃对遗址状况的记录。后

者于1899年在研究美山遗迹时，将在那里发现的71座祠庙遗存分为14个组群，其中10个由多座祠庙组成的主要组群分别以字母A、A'、B、C、D、E、F、G、H、K标示，每个组群内进一步用数字对建筑进行编号（如美山E1，即E组群第1号建筑）。其中B、C、D组我们在后面还要进一步评介，其他各组见图1-9~1-37（A组：图1-9~1-18；E组：图1-19~1-24；F组：图1-25、1-26；G组：图1-27~1-36；K组：图1-37）。

　　1937年，法国学者开始修复美山寺庙。1937~1938年，被命名为A1的主庙及周围一些较小的祠庙

（上）图1-26美山 寺庙建筑群。F组，F1，西南侧，部分修复细部

（左中）图1-27美山 寺庙建筑群。G组，平面：A、禅堂；B、碑塔；C、门楼；D、主祠塔；E、库房

（左下）图1-28美山 寺庙建筑群。G组，西南侧现状（前景为禅堂，后面为门楼及主祠塔）

（右中）图1-29美山 寺庙建筑群。G组，西北侧总观（前景为碑塔残迹，背景为门楼及主祠塔）

（右下）图1-30美山 寺庙建筑群。G组，门楼，东南侧现状

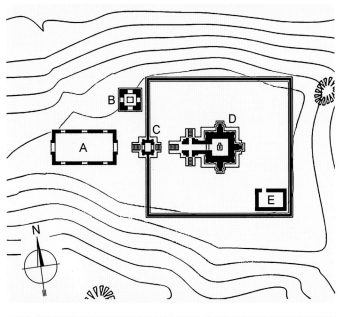

得到修复。其他重要祠庙则于1939~1943年修复。可惜的是，遗址在1969年越战期间遭到美军轰炸，70余座寺庙及古塔中，只有20座幸存下来。

艺术史学家将占婆时期的建筑和艺术分为七种风格（或称发展阶段）。其中六种系以美山命名，即美山E1和F1风格（8世纪），美山A2、C7和F3风格（8世纪末9世纪初），东阳风格（Đồng Dương Style，9世纪后期），美山A1风格（10世纪），过渡风格（11世纪早期~12世纪中叶），平定风格（Style of Bình Định，11世纪末~14世纪初）。但其中据信只有两类，即美山E1风格和美山A1风格是真正源于美山。

在美山，8世纪以前的早期建筑皆已无存，仅建于公元8世纪的美山E1祠庙仍有前期木构建筑的遗痕。但目前E1已成残墟，现场仅余房间中央的雕像基座和部分残墙（图1-38）。另有几件可代表这种风格的展品（如雕刻精美的圣坛基座和入口上方的山墙片段，后者如印度做法，雕倚在那迦身上的毗湿奴像，图1-39），现存岘港市的占婆雕刻博物馆（Museum of Cham Sculpture）内。从现场遗迹及建筑被毁

（左上）图1-31美山 寺庙建筑群。G组，主祠塔，西侧景观
（左下）图1-32美山 寺庙建筑群。G组，主祠塔，北侧现状
（右上）图1-33美山 寺庙建筑群。G组，主祠塔，东侧景色
（右下）图1-34美山 寺庙建筑群。G组，主祠塔，内景

之前的相关资料可知，祠庙朝西，入口前有伸出的平台。平面长宽分别为8米及6米，周围有长宽分别为13.5米和12.5米的柱廊环绕，没有假门或壁龛，形制相对简单（内殿四角有四个方形柱础，显然是用于安置支撑瓦屋顶的木柱）。

二、占婆王国盛期

[宗教建筑的总体布局及卡兰的建筑特色]

虽说占族艺术和高棉艺术均以印度为范本，相互之间有交流也有影响，但两者仍有深刻的区别。这种区别在很大程度上并不是由于不同文化背景而产生的情趣和美学观念上的差异，而是来自两个王国赋予艺术的不同功能和占婆的社会及政治结构。在这里，国

第一章 越南及老挝·95

（上、左中及左下）图
1-35美山 寺庙建筑群。
G组，主祠塔，基座雕饰

（右下）图1-36美山 寺
庙建筑群。G组，库房，
残迹现状

（右中）图1-37美山 寺
庙建筑群。K组，祠庙，
南立面（龛内原有三面
女神像）

（上）图1-38美山 寺庙建筑群。E组，E1，基座雕饰（岘港占婆雕刻博物馆藏品）

（中及下）图1-39美山 寺庙建筑群。E组，E1，入口山墙雕刻：倚在那迦身上的毗湿奴像（现场老照片及在博物馆内的现状）

家长期被分为各个公国。即便有时有一个强悍的国王将它们聚合在一起，但也很难形成一个社会和经济上实现中央集权的国家。艺术也因此成为各个公国君主的特权，规模则取决于各自的实力和愿望。

虽然占婆的这些统治者也如高棉人那样（在这方面可能还受到来自印度尼西亚的影响），祭拜被神化的君主，但他们从未创建过像山庙那样的宏伟巨构。总体而论，在东南亚地区，占婆建筑普遍尺度较小，不像吴哥、中爪哇或蒲甘建筑组群那样宏伟壮观，但

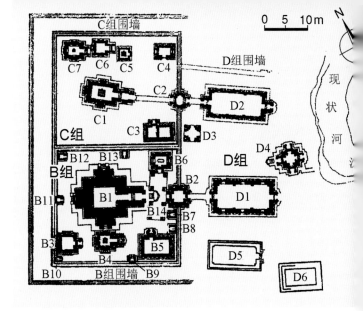

却以其优美的外貌、丰富的石刻和砖雕别具一格。总之，占人对空间的感觉完全不同于高棉人，也不同于印度尼西亚和缅甸的同行。除了东阳的大乘佛教寺院外，占婆再没有建过大的建筑组群。其祠庙仅由围墙内少数平面方形的祠堂组成，甚至祠庙前设长厅的都很少。

　　由于自身的原因和战争的破坏，在越南，完整的建筑群留存下来的甚少。从目前幸存的美山组群（主要是B、C、D三个组群，总平面及遗址总观：图1-40~1-43；B组：图1-44~1-61；C组：图1-62~1-74；D组：图1-75~1-79）来看，作为人们的主要尊崇对

（上）图1-40美山 寺庙建筑群。B、C、D组，总平面（其中C1、B1-主祠，C2、B2-门楼，C4、B6-圣水库，C3、B8-宝库，C6、B7-小圣堂，D1、D2-大厅，D3、D4-碑亭）

（中及下）图1-41美山 寺庙建筑群。B、C、D组，遗址景色（自东面望去的情景，前景为D组残墟，其后自左至右分别为B2、B6、C3、C1和C2；下图示地段植被清理前场景）

（上）图1-42美山 寺庙建筑群。C、D组，遗址景色（自东南侧望去的情景，左侧前景为D1，右侧为D2，中间三座自左至右分别为C3、C1和C2）

（下）图1-43美山 寺庙建筑群。自D组东望C组景观（右前景为D2）

象、体量最大的主要祠庙往往位于围墙内的建筑群中心；主立面通常朝东，即太阳升起的地方。建筑被视为整个宇宙的缩影，顶塔则象征众神的居所须弥山。

只有受过圣训的婆罗门才能进入其内祠。主祠周围布置供奉林伽等崇拜物的次级祠堂（小塔庙，有的在主祠两侧南北轴线上布置副祠，供奉主神的配偶、坐骑

（上）图1-44美山寺庙建筑群。B组，向北望去的景色（左前景为B1残墟，右为B6南入口，中间远处可看到C1南立面）

（左中）图1-45美山寺庙建筑群。B组，B1（主祠），残墟东北侧

（右下）图1-46美山寺庙建筑群。B组，B2（门楼，左）及B6（圣水库，右），东北侧景色

（右中）图1-47美山寺庙建筑群。B组，B2，南侧细部

（左下）图1-48美山寺庙建筑群。B组，B3，北侧景观（前景处可看到越战时留下的弹坑）

或次要神祇）。东面为位于围墙上的门楼及围墙外平面矩形的大厅（mandapa），两者均于东西轴线上辟门（也有将大厅放在主祠及门楼之间的，如藩朗的嘉莱龙王庙）。大厅可以是四面围墙，于东西向辟门、南北侧开窗（如美山D1和D2）；也可以在内部布置几排木柱承重（如嘉莱龙王庙）；或如亭子做法，四面开敞，以砖石柱列支撑屋顶（如芽庄婆那迦寺）。其他砖石砌筑的辅助建筑还包括位于大厅边用于保存碑铭的碑库和位于主祠前方南北两侧的宝库（用于保存奉献物，亦称火塔）及圣水房（内置盛水的石洗礼

（左上）图1-49美山 寺庙建筑群。B组，B3，东南侧现状（象征须弥山的构图）

（右上）图1-50美山 寺庙建筑群。B组，B3，东侧景色

（下）图1-51美山 寺庙建筑群。B组，B3，仰视内景

（右上）图1-52美山 寺庙建筑群。B组，B4，东北侧现状

（右中）图1-53美山 寺庙建筑群。B组，B4，庙边的林伽

（左上）图1-54美山 寺庙建筑群。B组，B4及B5，西北侧近景（左前景为主祠B1基台残迹）

（下）图1-55美山 寺庙建筑群。B组，B5（宝库），北侧远景（前景为B1基础残迹，后为B4和B3）

（右上）图1-56美山 寺庙建筑群。B组，B5，东北侧景色

（左上）图1-57美山 寺庙建筑群。B组，B5，东侧景观

（下）图1-58美山 寺庙建筑群。B组，B5，北墙砖雕细部（红砖砌筑，直接在砖上进行雕刻）

盆）。围墙外其他附属建筑多为木构，现皆无存。由于辅助建筑往往为后期君主增建，并非一次规划完成，因而组群布置往往显得比较凌乱。

实际上，在占婆建筑中，最重要的，甚至可说是唯一的个体建筑类型只有平面方形的砖构塔庙，即所谓卡兰（kalan）。这些个体建筑主要受印度东部及南部寺庙影响，同时纳入了本土艺术的要素。据碑文记载，7世纪前寺庙均为木构，早已湮没。7～8世纪

后，才开始以砖石砌造。圣地或都城的寺庙一般均由王室斥资建造，供奉先祖或神王，如美山寺庙建筑群、东阳寺、芽庄的婆那迦寺组群等，少数由高官权贵建造。

主祠基台平面多为三车（triratha）十字形（自美山A1起，平台转角设微缩的角塔）。立方形的主体结构砖砌，檐部叠涩挑出，上冠向上逐层缩减的叠置式屋顶（一般为三阶金字塔，比例高耸），整体表现出很强的垂向动态。尽管风格上有一系列变化，但这种突出垂向构图的做法始终不变，不仅基座本身向上发展（立面高度大于宽度，不再是立方体），下面还加了高高的基台并辅之以增强视觉效果的装饰部件（包括更加强调垂向构图的突出部分）。角上常常布置缩小的建筑模型（以圆雕的形式制作）。在很多情况下，各层位本身实际上就是下面结构整体缩小的复制品。由于向顶部形式缩减变小，因而赋予建筑一种

（上下两幅）图1-62美山 寺庙建筑群。C组及B组，西北侧全景（前景为C7，中央最高的为C1，右边B1残迹后自左至右分别为B5、B4及B3）

（左上）图1-63美山 寺庙
建筑群。C组，C1（右，
8世纪）和C7（左），西北
侧景观

（下）图1-64美山 寺庙建
筑群。C组，C1，西南侧
景色（右侧依次为门楼
C2、大厅D2及宝库C3）

（左中）图1-65美山 寺庙
建筑群。C组，C1，南侧
现状

（右上）图1-66美山 寺庙
建筑群。C组，C1，东侧
入口

（左上及下）图1-67
美山 寺庙建筑群。C
组，C1，砖雕细部

（右上及右中）图
1-68美山 寺庙建筑
群。C组，C1，内景
及所供奉的湿婆林伽

（左上）图1-69美山寺庙建筑群。C组，C1，内景（叠涩拱顶仰视）

（下）图1-70美山寺庙建筑群。C组，C3（左）及C2（右），东南侧景色（C3前残迹为碑文库D3）

（左中）图1-71美山寺庙建筑群。C组，C3，北侧景观

（右中）图1-72美山寺庙建筑群。C组，C2，西侧现状

（右上）图1-73美山寺庙建筑群。C组，C6（小圣堂）、C5及C4（圣水库），西南侧景色（顶部结构皆失）

（上）图1-74美山 寺庙建筑群。C组，C5，砖雕细部

（下）图1-75美山 寺庙建筑群。D组，D1（大厅），西南侧现状

飞升的奇特效果。

　　建筑下部装饰尤为丰富和华丽。呈平行六面体的基座每个侧面均设一门（有时其中两个是假门），门侧立小柱，上冠多叶形拱券并带独特的流线型廓线。仅入口及其他带雕饰部分以砂岩制作（待砌筑完成后再进行雕饰）；除出入口外不另开窗，墙面饰壁柱、柱间壁及龛室。优美的比例和装饰造型使这种类型的卡兰具有一种特有的协调和活力，构成其主要的魅力。在这方面，由线脚、固定母题（特别是植物图案）和建筑部件组成的外部装饰，起到了特别重要的

（上）图1-76美山 寺庙建筑群。D组，D1，西侧景观

（左下）图1-77美山 寺庙建筑群。D组，D1，南侧景色

（中）图1-78美山 寺庙建筑群。D组，D1，北侧近景

（右下）图1-80宁海县 和来组群。总平面

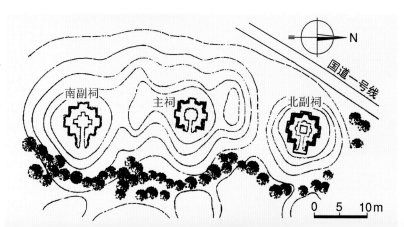

（上）图1-79美山 寺庙建筑群。D组，D2（大厅），南侧现状

（下）图1-81宁海县 和来组群。西北侧总观（近景为修复后的北祠塔）

第一章 越南及老挝·111

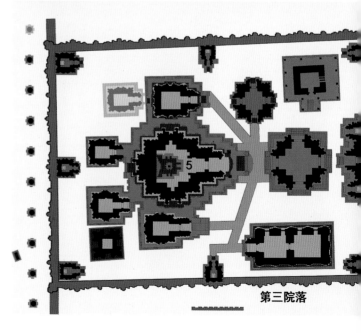

第三院落

作用。壁柱（常常是成对配置的假柱）及各种凸出的拱券部件，此时全都没有任何结构功能。内祠顶部叠涩挑出，高耸狭窄，状如烟囱。矩形主祠内设台座，上置神像或石雕约尼-林伽，内墙无饰或仅有简单的壁柱及浅龛（见图1-10）。

[和来组群]

在占婆后期的宾童龙国（其中心在宁顺省首府藩朗-塔占），现存最古老的寺庙和来建筑群可能建于803年，即诃梨跋摩一世（约803~817年在位）登位之时。

位于宁顺省宁海县一片低地上的这组建筑由三座依南北轴线一字排开的祠塔组成，入口皆朝东（图

本页及左页：

（左上）图1-82宁海县 和来组群。北祠塔，南立面（修复前景色）

（左下）图1-83宁海县 和来组群。北祠塔，西南侧现状

（中上）图1-84宁海县 和来组群。南祠塔，西北侧景观

（右下）图1-85东阳（因陀罗补罗，因陀罗城） 东阳组群。平面（图版，1909年；图中：1、门楼；2、柱殿；3、大厅；4、窣堵坡；5、主祠）

（右上）图1-86东阳 东阳组群（9世纪后期~10世纪初）。第一院落门楼（位于西墙），东南角（老照片）

（中中）图1-87东阳 东阳组群。第一院落主塔（Charles Carpeaux 摄，1902年）

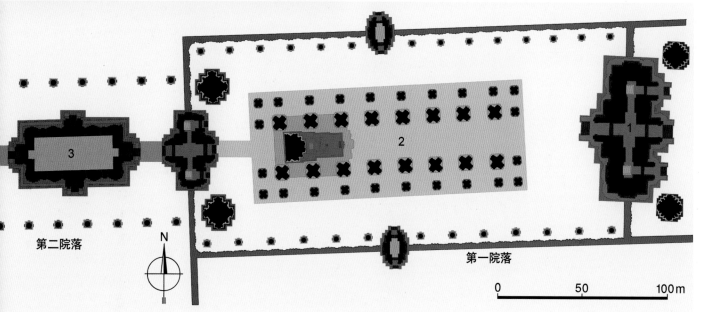

第二院落　　　N　　　第一院落

0　　　50　　　100m

左页：
（上下两幅）图1-88东阳
东阳组群。基座雕饰残段
（一，岘港占婆雕刻博物馆
藏品）

本页：
图1-89东阳 东阳组群。基
座雕饰残段（二）

1-80~1-84）。外部围墙东西长200米，南北宽150米，但现仅存部分墙基。从遗存上看，与中间主祠相对曾有门楼及大厅（现主祠已毁，仅留基础），北面平面方形的砖构副祠（北祠塔）保存相对完好，南面的形制相同，但部分损毁。除转角壁柱外，每面另有两根壁柱及阶梯状退进的柱间壁（在平素的壁柱边框内饰花纹图案，与其他占婆建筑将纹样集中在壁柱上而不是壁柱之间的做法相反），壁柱檐口上饰展翼金翅大鹏鸟。除入口外，其余三面于中部两壁柱之间出壁龛；壁龛两层框架叠置，外框内凹山面雕坐神，内

框山墙外廊及雕饰尤为丰富华丽。三阶金字塔状屋顶每面中间均出小龛。

从这组建筑的装饰风格上可以看到卡兰造型的逐渐变化和发展，特别在大门和龛室拱券的装饰上表现得格外明显。在这个被称为和来风格（Hoa-lai Style）的初始阶段（约9世纪），拱券呈倒U字形并通过多叶形的廊线丰富构图。以美山A2、C7和F3为代表的风格在某种程度上亦与之类似。

[东阳组群]

因陀罗跋摩二世（约854～898年在位）创建了占

左页：

（上下两幅）图1-90东阳 东阳组群。基座雕饰残段（三），图示博物馆展品，上部佛像、周围的菩萨及僧侣群像系1915年法国远东学院（l' École Française d' Extrême-Orient）的学者们归位组合而成

本页：

（上）图1-91东阳 东阳组群。山面雕刻（表现佛教徒集会场景，岘港占婆雕刻博物馆藏品）

（中）图1-92三岐镇 姜美寺。遗存现状

（下）图1-93三岐镇 姜美寺。墙面及雕饰近景

本页：

（上两幅）图1-94三岐镇 姜美寺。壁龛及檐部近景

（下）图1-95广南省 占登寺。现状

右页：

（左上）图1-96斯里博内 平兰寺。现状

（右上）图1-97归仁 银塔。主塔及库房，西南侧景色

（右中）图1-98归仁 银塔。南塔，西立面现状

（右下）图1-99归仁 银塔。东塔，西立面景观

（左下）图1-100芽庄（杨浦那竭罗）婆那迦组群。总平面：1、柱厅；2、主祠塔（祠塔A）；3、东南副祠塔（祠塔B）；4、南副祠塔（祠塔C）；5、副祠塔（祠塔D）；6、副祠塔（祠塔E）；7、西北副祠塔（祠塔F）

婆第六王朝，权力中心再次移向北方。其新都因陀罗补罗（因陀罗城）位于现广南省升平县东阳村附近（该地距岘港市约53公里），遗址因称东阳组群（图1-85~1-91）。随着大乘佛教在东南亚广为传播，金刚乘（密宗）也成为占婆的主要教派，同时并存的尚有印度教及祖先崇拜。据875年一则碑铭记载，和前任不同，笃信大乘佛教的因陀罗跋摩二世，此时在美山圣地以南建造了一座供奉君主保护神的大型佛教寺庙。从神的名号[Laksmindra-lokesvara，为一复合词，由两个印度教神祇Lakshmi（拉克希米，吉祥天女）和Indra（因陀罗，帝释天）及一个佛教菩萨Lokesvara（圣观音）组成]可知，东阳组群虽是佛教寺院，但仍受印度教的影响。

建筑群坐落在美山谷地旁，长期为圣地，保留了

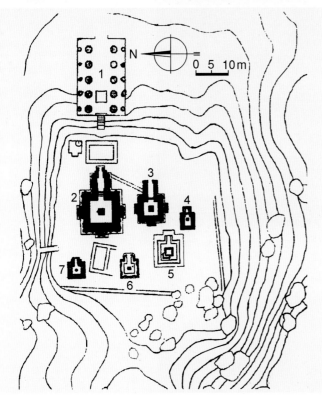

置一系列院落。三进院落中，两个为主要祭拜空间，一个作僧侣居住及日常礼拜处所。主要祠庙、门楼、大厅等砖构建筑均沿东西轴线排列（见图1-85）。

第一院落东门楼与稍稍向北偏移的院落之间有一个小的偏角，门楼前两侧各有一座窣堵坡。院落中心偏西是一座平面矩形四面开敞的列柱厅，基台上以中间两排大方柱及周边一圈小方柱支撑屋顶；往西是通向第二院落的西门楼及两边的窣堵坡；此外，南北围墙上还另设便门与外界相通。

第二院落中只有一座位于中轴线上四面中间辟门的厅堂；南北两侧对称布置成排带圆柱的小塔，每排七座；东面是连接第三院落的门楼。

最西边的第三个院落是个由矩形围墙所环绕的建

各个时期的建筑。20世纪初法国学者亨利·帕芒蒂埃等对遗址进行了实地考察，制作了遗址布局和建筑分布的草图，20世纪20年代又进行了发掘。20世纪60年代末越战期间，遗址大部毁于美国空军的轰炸，现庙区仅存基础，所幸的是此前亨利·帕芒蒂埃已将大部分雕刻移送到岘港博物馆内。

整个庙区长1300米，宽155米，沿东西向横轴布

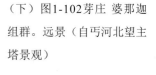

（上）图1-101芽庄 婆那迦
组群。主塔复原图及和其
他寺庙装修的比较（据Hal-
lade，1954年），图中：1、芽
庄 婆那迦组群，主祠塔；
2、平定 银塔，祠塔细部；
3、美山A1，大门细部

（下）图1-102芽庄 婆那迦
组群。远景（自丐河北望主
塔景观）

（中）图1-103芽庄 婆那迦
组群。东侧全景（前景为柱
厅）

（上下两幅）图1-105芽庄婆那迦组群。主塔群，西南侧景色（自左至右为主祠塔A、副祠塔B及C；两幅分别示近期整修前后的状态）

筑组群，围墙东西长230米，南北宽155米，中间偏西处布置组群最重要的祠庙（卡兰）。这座主祠平面方形，四面开门，朝东主入口前加设门廊，室内靠西墙的精美基座上雕佛陀的生平事迹，上立复合神（Laksmindra-lokesvara）铜像（现已无存）。主祠南北两侧及西面布置5个同样朝东供奉先王雕像的小祠堂（南北各一，西面三座）。主祠与门楼之间立一四面辟门的高大石柱塔，西北侧另有一类似的小塔。高塔南侧一座带两间房的建筑可能是宝物库（在占婆，

（左上）图1-104芽庄 婆那迦组群。柱厅俯视（自山顶平台东望景色）

（下）图1-106芽庄 婆那迦组群。主祠塔（祠塔A，781年前，784年重修）及副祠塔B，东南侧景观

（右上）图1-107芽庄 婆那迦组群。主祠塔，东南侧现状

（上）图1-108芽庄 婆那迦
组群。主祠塔，顶塔近景

（下）图1-109芽庄 婆那迦
组群。主祠塔，东侧四臂
杜尔伽浮雕

这类建筑一般朝北，但在这里是朝西）；北侧与之相对的是圣水池。另在围墙四角及除东面外的其他三面正中各设一座小祠堂，供奉四大天王。总计院落内除门楼外有18座祠堂及辅助建筑，院落西面围墙之外另有一排（10根）圆柱。

自第一院落的门楼向东，一条宽30米的引路延伸约760米后到一个位于路北东西宽230米、南北长300

米的蓄水池。其功能可能与高棉寺庙水池类似，具有净身的宗教意义。

大量采用砖雕是东阳组群装饰上的主要特色。其拱券中央饰花朵图案，植物茎干由此落至边侧，沿整个曲线形成圆花饰；檐口下的花环则由装饰性枝叶进一步丰富。建筑群的主塔即采用了这种形式。9世纪50~70年代流行的这种样式被称为东阳风格（Đồng

本页及左页：

（左）图1-110芽庄 婆那迦组群。副祠塔B，西南侧景观（摄于最近一次整修前）

（右）图1-111芽庄 婆那迦组群。副祠塔F（10世纪末），东侧景色

而是复归更为简单和均衡的构图。这种风格有时亦根据近旁的占婆古城所在村落名被称为荼峤风格（Trà Kiệu Style），相关的许多建筑装饰部件现存占婆雕刻博物馆（Museum of Cham Sculpture）内。

位于东阳东南的姜美寺可视为美山A1风格的最初表现。其遗址位于广南省三岐镇，由三座朝东的塔庙组成，因其丰富多样的装饰（特别是砖雕）被认为是占婆最优美的建筑之一（图1-92~1-94）。据文化学者考证，寺庙系供奉毗湿奴。

三座祠庙中南边一座建于10世纪早期，是组群中最大和保存得最好的一个，由主祠和门厅组成。带尖顶的三阶金字塔状屋顶由砂岩砌筑，其高度与殿身大致相等。山墙内置小龛，门厅两侧亦设精巧的壁龛，和其他三面的壁龛造型相互应和；庙身装饰壁柱和柱间壁，壁柱上满布菱形及其他纹样的图案。细部上展现了从东阳组群向美山A1风格过渡的特色。

中间祠庙规模次之，保存状态也较差（规模最小、保存最差的是北祠庙），其装饰图案与南、北祠庙相似，仅在一些细部上有所区别（见图1-94）。组群中雕刻很多取材《罗摩衍那》，有许多猴子的形象（可能为占婆的图腾）。

作为这种风格盛期的代表，装饰精美、尺度合宜、比例优雅、外观宏伟的美山A1寺庙为占婆建筑的杰出作品，也是东南亚最优秀建筑之一（见图1-10~1-16）。20世纪初，一批法国学者考察美山时，发现了这座当时尚在，并以"雄伟的比例、古代的风格和丰富的装饰"为特色的大型建筑，鉴明它为国王商菩跋摩建造的商菩-跋陀罗湿婆庙，并将之命名为"A1"[3]。

建筑平面方形，边长10米，高24米，立在带雕饰的折角十字形基台上（见图1-12）。中央塔楼本身的结构更强调垂向构图，上部结构减缩，五根没有装饰的柱墩比例更为修长。瘦高的塔身前后设门廊，门上起山墙。南北侧墙壁龛由内外两层框架组成，外框龛

Dương Style）。9世纪后期其他这种风格的代表作尚有美山A10~A13、B4和B12等，属这种风格的许多雕刻作品现存越南各博物馆内。

[美山A1风格（10世纪中叶~11世纪早期）]

接下来9世纪的美山A1风格（Mỹ Sơn A1 Style，Mi-Son A1）不再在植物造型装饰的演进上做文章，

内安置立神像，内框顶部如门廊做法，仿微缩的屋顶造型。墙面壁柱间为内凹的狭长矩形，壁柱上方檐口处如中爪哇样式雕环状垂饰及神像。拱券弯曲部分被线性结构取代，外廊几近等边三角形。

　　屋顶与庙身高度大致相等，其三阶平台缩减得当，形成优美廊线。每层平台中间设大龛室，两侧置

小龛，平台折角处立砂岩角塔（为整个祠庙的微缩造型，这种表现和带卡拉形象的双曲拱券，均为来自中爪哇的母题，并作为占国建筑的另一突出特征一直沿用到后期，见图1-11）。

　　可惜的是，这座建筑在越战期间因遭美军轰炸，已成残墟，仅存中央基座及周围部分残墙。由日本学

左页：

（左上）图1-112芽庄 婆那迦组
群。副祠塔F，北侧现状

（右上）图1-113芽庄 婆那迦组
群。副祠塔F，南侧景观

（右下）图1-114阳隆 塔庙群（13
世纪）。入口侧，地段全景

（左下）图1-115阳隆 塔庙群。背
面景色

本页：

图1-116棠田 塔庙（12世纪）。现
状，全景

者制作的一个模型，和立面图一起，目前在岘港市的占婆雕刻博物馆（Museum of Cham Sculpture）内展出。

10世纪中叶出现的美山A1风格一直持续到11世纪早期。其他属这种风格的作品还有美山A8、A9、B3~B9、B11、C1~C5、D1、D2、D4等寺庙。尚存这种风格的建筑中，带有占婆建筑特有的马鞍形屋顶的一个库房（B5）尤为值得注意。

在因陀罗跋摩的继承者阇耶欣哈跋摩一世（898~903年在位）统治期间，占婆与爪哇来往密切，这些颇受中爪哇影响的寺庙建筑，在融汇了外来的元素后逐渐达到了艺术的顶峰。瘦长的主体结构和

本页：

图1-117福禄 塔庙。现状，近景

右页：

（左上）图1-118守天 塔庙。立面全景

（右上）图1-119岘港 邦安组群（12世纪）。主祠，外景

（下）图1-120藩朗（镇，平顺省） 嘉莱龙王寺（婆姜盖莱寺）。平面及立面

具有优美曲线、逐层内收的屋顶一起，强调了上升的动态；在舍弃了过分雕琢的细部后，构图显得更为简朴均衡，优雅精致，由此形成的美山A1风格成为美山最重要的类型之一，甚至成为占婆时期杰作的代名词。

三、占婆后期

占婆建筑在美山A1时期到达顶峰，此后随着国势衰颓，其建筑艺术也渐趋衰落。968年丁部领（968~979年在位）统一安南，建立大瞿越国，占婆王国进一步受到挤压。占婆第七王朝君主毗阇耶（约998~1007年在位）继位后，鉴于国都因陀罗补罗被大瞿越军队破坏，遂迁都于今平定省毗阇耶城（佛逝）。继美山A1那种优雅、协调的艺术之后，接踵而来的是一段向所谓平定风格过渡的时期（政治上与高棉统治时期相对应）。

[过渡时期（约1000~1100年）]

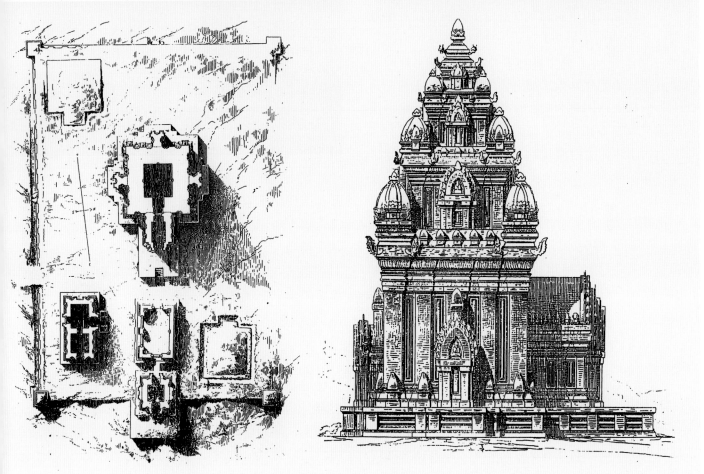

在11世纪早期~12世纪中叶的这段过渡时期，建筑装饰减少，主题也有一些变化。属这种过渡风格的遗存有占登寺（广南省，图1-95），美山E4、F2和K组，平兰寺（位于古代海港城市斯里博内附近一个城堡内，图1-96），银塔（位于平定省归仁市，图

1-97~1-99）和婆那迦组群（位于今越南南部芽庄附近）。

婆那迦组群是这批建筑中最典型的实例（图1-100~1-113）。寺庙位于芽庄市北边2公里处一个可俯瞰大海的瞿寮山顶上，系供奉占城神话中的神祇杨婆那迦，其地位相当于佛教、印度教中的七俱胝佛母[4]和难近母。

组群中原来的木构建筑毁于8世纪两次爪哇人的入侵，后改用砖砌。不规则的平面布局表明各建筑可能是逐渐增建完成。耸立在山上的寺庙由三个层位组成。最东面的柱厅建于山坡砖构平台上，高出现状路面8米，上立4排八角形砖柱，每排6柱，东侧及南北两侧柱子断面较小，中间两排既高且大，可能上承现已无存的两坡木构屋顶。柱厅后是高出平台12米的山崖边坡和陡峭的砖砌台阶。主要组群位于山头平地上，有两排塔楼。主庙塔和下面的柱厅位于同一轴线上，其南侧与西侧另有5座次级祠庙（见图1-100）。

主要祠塔建在高约1米的平台上，由祠堂、前厅及门廊组成。祠堂及前厅侧面均出壁龛，上冠三阶金字塔状屋顶（各层平台四面饰小龛，角上立小塔）。主体结构墙面仅用平素的壁柱分划。入口山墙处雕湿婆像，砖砌山面层层后退（见图1-107）。主塔约高25米。室内有1.2米高十臂杨婆那迦的石雕坐像（越南学者吴仁盈据此认为她相当印度教女神杜尔伽），在入口山墙上，另有一个四臂杜尔伽的浮雕形象。从石碑碑文可知寺庙始建于公元781年之前，并于784年重修。国王因陀罗跋摩三世还下令为七俱胝佛母建了一座金像。965年，金像被真腊人窃走后又于原址重建了一座。

次级祠塔F建于10世纪末，未设门厅，门廊样式同主祠，但全部砖砌，没有石构门柱（仅有小块石楣梁，见图1-111），筒状屋顶两端为桃尖形山墙。祠堂C门廊和祠堂皆为筒状屋顶，山面向前（见图1-105）。

17世纪以后，越南人占领占城，因越南人称杨婆那迦为天依圣母，寺庙遂改称天依圣母庙。

[平定风格（1100~1275年）]

至11世纪，占婆北部行省，包括国都佛逝逐渐落入安南人手中，建筑艺术也随之衰落。此时占婆的政治中心已从美山地区转移到南部平定省的毗阇耶城。按法国学者勒于·菲奥克新近（2010年）在《佛教建筑》（*Buddhist Architecture*）一书中提出的风格分类，约1100~1275年的这段时期称平定风格（Style of Bình Định，Binh Dinh Style，实际上这一风格从11世纪末开始一直流行到14世纪初）。这时期寺庙一般位

于高岗上，作为主要构图要素的卡兰，于简单的立方形体上仅出平素扁平的壁柱和轻快的线脚。入口和壁龛上饰3~4层退阶桃尖券。上部结构增多，厚重的屋顶于转角处立角塔（造型重复建筑本身，如微缩的祠庙顶塔），檐口及屋顶每层角上饰楔形石。但建筑高度有所减少，从而使卡兰具有吴哥塔庙特有的那种尖矢状的曲线外廓。

这一时期的主要代表作和遗存有美山B1、G和H组群，婆那迦组群的南塔，岘港的邦安组群，平定的铜塔及金塔，以及雄清（三塔庙组群，13世纪）、阳隆（三座塔庙，13世纪，中间一座高24米，两边的高22米，图1-114、1-115）、棠田（位于平定省安仁境内，12世纪，单塔，图1-116）、福禄（单塔，图1-117）、守天（单塔，图1-118）等地的塔庙。

其中邦安组群建于12世纪，位于岘港以南30公里处的平定河岸，现仅存八角形主祠（图1-119；据说，原来还有一座八角形的次级祠堂及位于南边的两座方塔）。主祠朝东，八角形，高约20米（其中基台高约2米）。墙体向上略有收分，除基台及叠涩挑出

的檐口外，外墙没有壁柱、壁龛等额外装饰。上部八角锥形顶塔亦不同于其他带复杂装饰的占婆式阶梯状屋顶。门厅开三门，形制尤为独特（其他类似的仅有广义省的正娄寺）。室内石雕林伽位于圆形基座上，穹顶叠涩挑出，空间狭窄高耸。而像平定铜塔和金塔这样一些著名作品的创建很可能属13世纪末。之后在主要拱券上又增加了凸出的附加券，某些上部结构数量增多且没有任何明确的规则可寻，角上的母题被程式化成石钩状。檐口下的花环不再采用，往往被动物

左页：
（上）图1-121藩朗 嘉莱龙王寺。南侧远景
（下）图1-122藩朗 嘉莱龙王寺。南侧全景（自左至右分别为主祠、宝库及门楼）
本页：
（左上）图1-123藩朗 嘉莱龙王寺。主祠及宝库，南侧景色
（下）图1-124藩朗 嘉莱龙王寺。北侧全景（自左至右依次为门楼、大厅基座残迹及后面尚存的宝库、主祠）
（右上）图1-125藩朗 嘉莱龙王寺。主祠，东立面景色

形象的檐壁取代。

[晚期风格（13世纪末~17世纪中叶）]

14世纪以后，随着国家的解体，占族艺术不可避免地走向衰落。从13世纪到17世纪中叶占婆名存实亡的这段时间，只有少数寺庙留存下来，属所谓晚期风格。其代表作嘉莱龙王寺一般认为是由阇耶希摩跋摩三世（1288~1307年在位）为纪念传说中的国王"嘉莱族龙王"（占婆语Po Klaung Garai，死后被尊为民众的保护神）而建，但某些早期碑文表明，他很可能只是对早期结构进行了修复和增建。建筑群位于越南平顺省藩朗镇一座荒山上，围墙内建筑包括主祠、大厅、宝库及门楼（图1-120~1-125）。主祠平面方形，入口朝东，入口处桃尖形拱券四层退阶，山面内

雕舞者湿婆像。墙面仅出平素壁柱，除入口外其余三面另出壁龛。屋顶仍如旧制，取三层阶梯金字塔造型，但平台高度增加，收缩幅度扩大；每层平台四角均立粗大角塔，且基台向外伸出兽尾石雕，极大地丰富了轮廓线，只是不免显得有些破碎。

与主祠相对的大厅仅余基台（两者基台仅相距两米），从各面台阶看系按占婆古制辟四门。大厅东面门楼东西开门，形制同主祠，唯尺度更小、装饰更少。宝库位于大厅南侧，内分两室，按惯例入口朝北，马鞍形屋顶两端起牛角形脊饰。作为占婆晚期风格的代表，雕饰显然要比早期少很多。这时期的作品往往因乏味的重复导致活力衰竭，婆罗梅的卡兰可作为这方面的一个典型。这是由四座砖结构组成的建筑组群，笨拙的结构上饰有不合构造逻辑的沉重龛室。

第三节 越南 自李朝至阮朝

一、自李朝至后黎时期

在越南，对土地神的崇拜具有悠久的历史。由于不在印度文化圈内，国王和贵族阶层更多信奉儒教和道教。在开始阶段，尽管发现了具有很高艺术价值的器具和作品，但在六朝和唐代自中国引进大乘佛教之前，在越南并没有能称得上是艺术的建筑。9世纪期间，这种新宗教的急剧发展和对它的狂热崇拜，导致一批重要寺院的修建，可惜的是，它们几乎全都没有

留存下来。

—— 开创于1009年的李朝，建有帝王的楼台宫殿、城垒、供奉英雄人物的庙宇，以及寺庙、宝塔等。李氏朝廷在国都昇龙（今河内）营建的宏大城垒是越南历代王朝中最大的一个。城墙总长约25公里，皇城之内宫殿高达四层。寺庙建筑中比较著名的有桂武县的招揽寺（现存三层遗址，占地长约120米，宽约70米）；多层宝塔中有报天塔（在今河内，高约60米，12层）、崇善延龄塔（高13层）、章山塔（方形塔基，每边长19米）；另在广宁省东潮县琼琳寺有一高约20米的弥勒佛像。

李朝寺庙往往采用对称的正方形布局。较具特色的如河内的延祐寺（又称一柱寺，图1-126），该寺建于湖中心，以一根大石柱承托，象征一朵盛放在水面上的荷花。

建于陈朝（1225／1226~1397年）的平山塔（位于永福省永庆寺寺内），是座高16.5米、11层的宝塔（据说最初有15层），饰有带圆花饰的陶板，显然是效法中国的范本（图1-127~1-129）。

图1-126河内 延祐寺（一柱寺）。一柱亭，外景

图1-127永福省 永庆寺。平山塔，东南侧，地段全景

在建筑方面，后黎时期作品极为丰富，但幸存下来的建筑都是在中国的题材和部件上进行改造的结果。其中最重要的是林山的国王陵寝及华闾[5]的建筑。

位于越南中部的会安5世纪时即为占婆王国的重要海港，自15世纪起，荷兰、葡萄牙、英国和法国等西方国家先后在这里设立商站，中国和日本商船也经常出入其港口。至16世纪，会安已成为东南亚最重要的贸易交流中心。目前城内尚保存有不少中国和日本的建筑（会馆、桥梁等），古城已于1999年被列入联合国教科文组织世界文化遗产名录（图1-130~1-132）。

二、阮朝

[宗教建筑类型]

19世纪初创建的阮朝留有大量的建筑作品。除了顺化的王宫外，其他均属宗教建筑，可分为四种类型，即供奉村寨保护神的祠堂或村庙（dinh）、佛寺（chua）、道观（den）和儒教的文庙（van-mieu）。

村庙建造在桩基上，使人想起前述东山铜鼓上的房舍形象。村中要人在这里接待客人、商议公益事宜、祭拜守护神，以及举办其他的社会活动。建筑通常由两个平行翼组成，后排中心处设前厅，内置保护神的圣坛，大厅则用于聚会和举办宴会。相邻建筑包括厨房和准备牲礼的处所。佛寺的形式则如横放的H形，三面布置凉廊，第四面为院落。H形部分包括佛殿、香堂和信徒的聚会厅，凉廊和院落里布置佛教僧人的铜像。道观外观上类似佛寺，但内部雕像或象征物安置在无法进入的神龛内。供奉孔子的文庙则是一组布置在围院内的庞大建筑组群。建筑均为木构，支撑构架的柱子不用安置在地面的石础。建筑和自然景观多融为一体。佛塔很多是砖砌，高耸在周围建

图1-128永福省 永庆寺。
平山塔，西北侧景色

筑之上，如耸立于顺化城西郊、香江江畔北岸高处的天姥寺塔（天姥寺又名灵姥寺，始建于1601年）。寺前这座楼阁式塔建于阮朝绍治四年（1844年），平面八角形，塔高21米，共七层，每层内祀佛一尊（图1-133、1-134）。

[顺化皇宫]

由于中国与越南的历史渊源，来自中国的影响在这里表现得格外突出，在古代城市、宫殿的布局及建设上，汲取了大量的中国经验。位于越南中部的顺化曾为越南旧阮、西山阮和新阮三朝古都（今为越南承

天-顺化省省会，图1-135~1-139）。建于9世纪初的顺化皇城（又称大内）是阮朝的故宫，尽管受到自然灾害及战争的破坏，但大部分城郭、宫殿仍保存至今，是越南现存最大、最完整的古建筑群，也是东南亚地区唯一保存最完整的按中国明清故宫形制建造的宫殿建筑群。作为越南古代建筑艺术的最高成就，1993年它与顺化京城一起以"顺化古迹建筑群"之名被联合国教科文组织列入世界文化遗产名录。

顺化原为占城之地，后被越南夺取，郑阮纷争时期成为广南阮主的统治中心。1635~1687年，广南阮氏领主在此建金龙城作为都城，经后世扩建后，改名

（上）图1-129永福省
永庆寺。平山塔，塔
身，雕饰细部

（下）图1-130会安古
城。广肇会馆，外景

富春。阮福映（嘉隆帝，1802~1820年在位）建立阮
朝、定都顺化后，在原有宫殿的基础上，仿北京紫
禁城规制大规模扩建皇宫。工程始于嘉隆三年（1804
年），负责人为阮文谦、黎质、范文仁。

顺化古城位于香江北岸，宫殿和城郭面向南方
（实为南偏东）。整个城市建筑群由都城、陵寝及祭
祀建筑几部分组成（见图1-136）。都城包括京城、
皇城和紫禁城，计大小100多座建筑。

嘉隆帝建造的顺化皇宫组群完全按风水要求建
造，以保证皇族的好运。宫殿由一系列逐渐缩小的围
院组成，直到位于建筑中心（同样也是代表帝国中

心）的御座厅。宫殿周围的群山则起到防止恶魔入侵的作用。每个院落都是一个由山石、林木和池塘组成的微缩世界和整个宇宙的缩影。平面总体布局虽然是以明清北京城及故宫为范本，由三道城墙分别形成京城、皇城和紫禁城，但并不严格追求对称，也不是正南北向，而是更多地和自然环境（如河道、各类水体、花草）相结合，尺度上也更为亲切宜人。

最外层平面近方形的京城以东南面沿香江北侧延伸，面对着南岸不远处的御屏山。砖砌城墙每边长约2.5公里，四周有护城河环绕（见图1-137）。城墙高6米，厚20米，炮台24个。东北角另有一个附城（称茫个屯）。砖砌城门10座，高约16米，于基台上置望楼。主要城门顺仁门基台高6米，向上收分，略突出

图1-134顺化 天姥寺。佛塔，背面景色

于周围城墙，正中拱门上设横向匾额。上部望楼高两层，内部设楼梯相通；下层设拱门，两侧开"寿"字圆窗；上层南北向开贯通拱门。屋顶均覆黄色琉璃瓦，檐角饰凤凰造型。

京城之内有供官员办公使用的六部区、国子监、枢密院、都察院、习贤院、史馆，以及统率各军的都

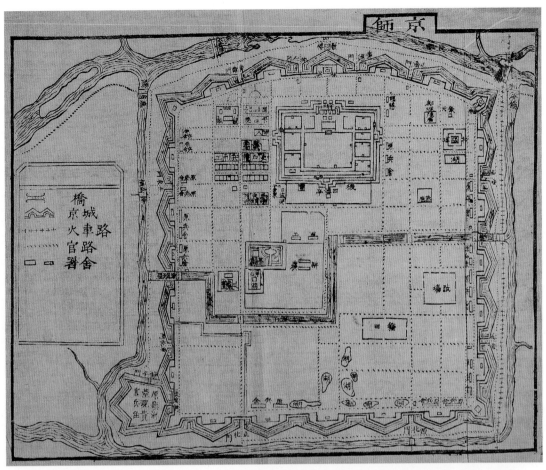

（上）图1-135顺化 古城。20世纪初城图[取自阮朝地理典籍《大南一统志》（Đại Nam nhất thống chí）京师图，作者高春育（Cao Xuân Dục）、刘德称（Lưu Đức Xứng）、陈灿（Trần Xán），1909年，图版上为南]

（左下）图1-136顺化 古城。布局简图，图中：1、京城；2、皇城；3、紫禁城；4、御河；5、天母寺；6、文庙；7、御屏山；8、南郊坛

（右下）图1-137顺化 古城。京城，平面图

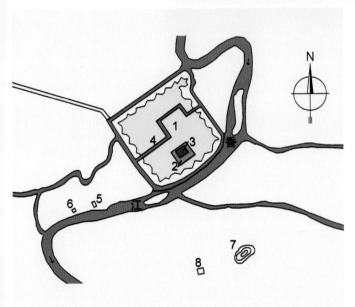

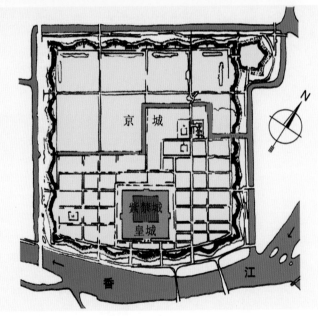

统府等机构。

　　京城之内最主要的部分是按北京故宫形制建造的皇城及其内的紫禁城。皇城平面方形，位于京城城南，城墙周长约2500米，南北长604米，东西宽620米；城墙高6.5米，厚1.04米。城门4座（南午门、北和平门、东显仁门、西彰德门）。周围护城河（称金水池，图1-138、1-139）开凿于嘉隆年间，以后扩建，城内另开一道御河。

　　整个皇城取中轴对称的平面布局，南侧正门午门之内的正殿太和殿及前面的广场，是举行皇帝加冕等重大庆典之处。位于皇城西北区段的延寿宫（寿祉宫）和长生宫（长宁宫，1821年）分别为皇太后与太皇太后的住所；东北区段有御苑几暇园（1904年拆除）和瀛洲（系以金水湖和瀛洲岛为中心的水景

本页及右页：

（左两幅）图1-138顺化 古城。皇城及紫禁城，平面及卫星图，图中：1、午门；2、太液湖；3、中道桥；4、大朝院；5、太和殿；6、大宫门；7、左庑、右庑；8、勤政殿；8a、文明殿；8b、武显殿；9a、贞明殿；9b、光明殿；10、乾成殿；11、坤泰宫；11a、顺徽院（顺辉院）；11b、养心殿；12、建中楼；13、阅视堂（阅示堂）；14、太平楼；15、静观堂；16、绍芳园；17、肇庙（肇祖庙）；18、太庙（太祖庙）；19、长宁宫；20、寿祉宫；21、奉先殿；22、兴庙；23、世庙（世祖庙）；24、九鼎；25、显临阁；26、显仁门；27、和平门；28、彰德门；29、御前文房；30、六院（后宫）；31、明慎殿；32、瀛洲；33、马厂、象厂；34、将军厂；35、金水池；36、东关台；37、北关台；38、西关台；39、几暇园；40、内务府；41、长廊；42、尚膳所；43、御医院

（中上）图1-139顺化 皇城。模型

（右上）图1-140顺化 皇城。午门，平面及立面比例分析（取自莫海量等．王权的印记：东南亚宫殿建筑．南京：东南大学出版社，2008年）

（右下）图1-141顺化 皇城。午门，西南侧地段形势

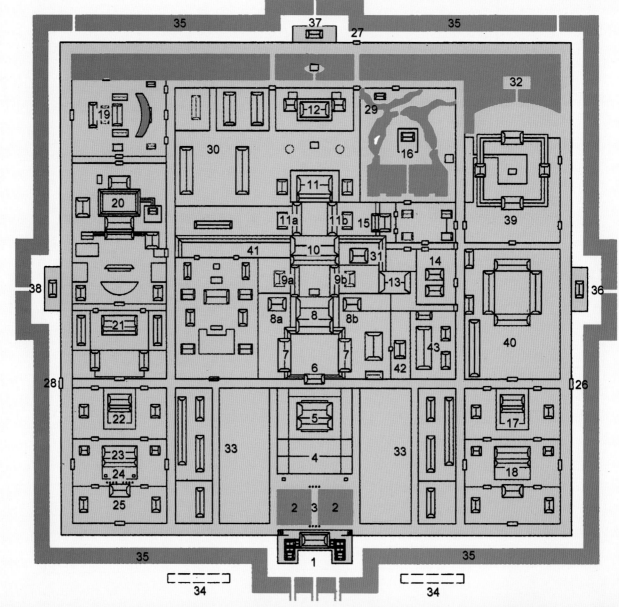

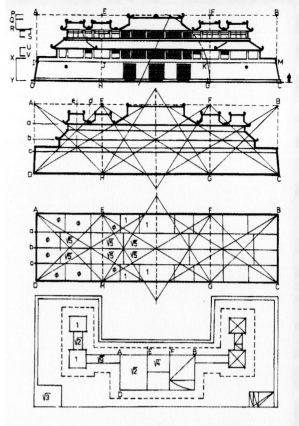

左页：

（上）图1-142顺化 皇城。午门，立面全景（东南侧，自护城河外望去的景色）

（下）图1-143顺化 皇城。午门，东南侧，自护城河堤道上望去的情景

本页：

（上）图1-144顺化 皇城。午门，东北翼楼，近景

（下）图1-145顺化 皇城。大旗台（1809年，1846年改建），北侧外景

区）。东南及西南区段分别布置祀奉阮朝历代皇帝的肇庙、太庙、兴庙和世庙；太和殿北面大宫门内即阮朝帝后、嫔妃、太子居住的紫禁城（包括御医院、尚膳所等配套设施）。此外，皇城内还设有内务府、象厂（饲养御象处所）、马厂（御马所，为宫内养马场所）、将军厂（铸炮场所）等辅助建筑和服务性设施。

作为顺化皇城南面正门，午门是4座城门中最宏伟的一个（图1-140~1-144）。其前身南关台为凸出城墙的长方形墩台建筑，建于嘉隆年间。1832年阮圣祖（明命帝）下令将南关台改建为午门。建筑本身的形制及风格在很大程度上系仿北京故宫午门，只是规模要小得多。平面凹字形的城台高约5米（故宫午门高约12米），底面长57.77米，两边侧翼长27.06

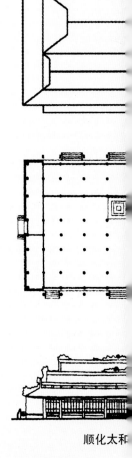

顺化太和

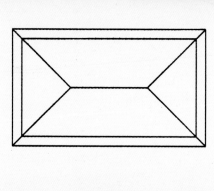

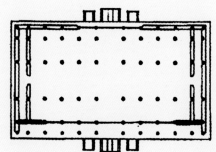

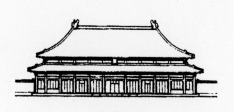

北京太和殿

本页及左页：

（左上）图1-146顺化 皇城。彰德门，外景

（左下）图1-147顺化 皇城。显仁门，门头卫兽雕饰

（右上）图1-148顺化 皇城。显仁门，壁柱近景

（右下）图1-149顺化 皇城。北关台（1923年），四方无事楼（1968年毁，2001年重建），现状

（中上）图1-150顺化 皇城。太和殿，屋顶平面、平面及立面，与北京太和殿的比较（取自莫海量等. 王权的印记：东南亚宫殿建筑.南京：东南大学出版社，2008年；未按同一比例，顺化太和殿面阔9间，长约30米，前后屋顶分别高10.2米和12.4米；北京太和殿面阔11间，长63.96米，大殿本身高26.9米，加上高8米的三层基座，总高约35米）

米。中部开三门，中门为皇帝专用通道；两翼各设券门一个。上部五凤楼高两层，采用重檐歇山顶；中间正殿平面向后凸出；两边侧殿及翼楼底层敞开（见图1-144），大大缓和了整体的沉重感觉（比例和尺度分析见图1-140）。午门前设金水桥三座；其外大旗台建于1809年，1846年改建（图1-145）。旗台分为三层，自下而上分别高5.12米、5.80米和6米，正面与御屏山遥相对应。有仪式活动时升挂旗帜，平时作为瞭望台。

除午门外，其他三座城门样式基本相同。东侧显仁门与西侧彰德门（图1-146~1-148）分别位于东西关台（为位于皇城东西墙正中、凸出城墙之外的长方形墩台）南侧，为两层石构牌坊式建筑，上下两层，各开三个券门。上部三个门楼中，中间的既高且宽。门柱上有青瓷及彩色琉璃浮雕，屋顶均覆黄色琉璃筒瓦，正脊端部上翘，于火焰宝珠两端饰龙形飞檐。皇城西墙与东侧两座建筑对应的西关台和彰德门形制大致相同。位于皇城北墙正中的北关台建于1923年，台上有四方无事楼，1968年楼毁于顺化战役，2001年重建（图1-149）。北关台东侧的皇城北门和平门，

本页：

（上）图1-151顺化 皇
城。太和殿，立面远景
（东南侧，自午门上望去
的景色）

（下）图1-152顺化 皇
城。太和殿，立面远景
（自太易湖前牌坊望去
的情景）

右页：

（上）图1-153顺化 皇
城。太和殿，立面全景

（中）图1-154顺化 皇
城。太和殿，屋檐近景

（下）图1-155顺化 皇
城。太和殿，内景

建于1804年，为三开间门厅式建筑，辟三门，外墙黄色，上覆黑色屋瓦，1894及1933年两次维修及改建。

原建于1804~1805年的太和殿是皇城内最重要的建筑，也是内部中轴线上仅有的大殿，为节庆期间举行朝拜仪式之处（1806年，阮朝世祖阮福映即在此举行登基典礼）。大殿位于午门之内，太液湖及中道桥之北。最初这座建筑位于现址北侧，即现在的大宫门所在地。1832年，明命帝下令将大殿移至南侧重建。1891、1899年建筑两次维修，1923年再次扩建。在1968年的顺化战役中大殿遭破坏，1970年重建（图1-150~1-155）。

大殿前设石台丹陛，称大朝仪或大朝院。殿基高

2米，主体结构面阔9间，进深7间，中辟7门，总长约30米，面积1200平方米左右，由南北两进殿堂相连而成（两者进深及高度均不相同）。殿内设皇帝宝座及华盖，由80根朱漆木柱（上饰金漆云龙浮雕）及16根檐柱支撑上部重檐歇山顶（南侧屋顶高10.2米，北面正殿高12.4米），屋顶覆黄色琉璃瓦并嵌彩色瓷雕。

皇城各宗庙中，位于太和殿东侧的太庙（又称太祖庙）原为广南阮主祭祀祖先的宗庙。大殿面阔9间，周围设有回廊，殿内供奉广南国九代阮主神位。肇庙（又称肇祖庙），位于太庙墙外北侧，内务府南侧。正殿为越南特有的前后两楹建筑，周以回廊。太庙在1947年法越战争中焚毁，肇庙幸存。

位于太和殿西侧的世庙（又称世祖庙）为供奉阮朝诸帝神位的宗庙（图1-156）。正殿前方有显临阁（高17米，为顺化皇城最高的建筑，图1-157、1-158），左右两门上设钟楼及鼓楼。世庙墙外北侧的兴庙（又称兴祖庙）建于1821年，前后两楹建筑，周以回廊。目前世庙原构尚存，兴庙在1947年法越战争中烧毁，1951年重建。

兴庙之北，皇城西侧的奉先殿建于1814年，前楹11间，正楹9间。建筑于1968年顺化战役中焚毁，现

（上）图1-156顺化 皇城。世
庙（世祖庙），现状

（下）图1-157顺化 皇城。显
临阁，东侧，地段全景

仅存围墙、殿基及庙门遗迹。

　　皇城之内的宫城位于皇城中央偏后区域，规划于
1802年，建于1804年，1822年太和殿南移后始建围墙
并易名为紫禁城。城墙高2.81米[6]，厚0.54米，东西
宽245米，南北深220米，周长930米。城门7座，南面
正门为大宫门，其他各面均设两门。

　　城内宫殿采取中轴对称布局。中轴线上依次为大
宫门、勤政殿（始建于1804年，后多次重修；外观类
似于太和殿，面阔9间，为帝王日常理政处，院落两
侧配左右配殿）、乾成殿（为皇帝寝宫，前后两楹建
筑，面阔9间）、坤泰宫（为皇后寝宫，面阔9间）、
建中楼（位于紫禁城中轴线北端，始建于1824年，
1921年增建，为面阔66米的巴洛克式楼房，1947年毁
于法越战争，仅存基址）。

（上）图1-158顺化 皇城。显临阁，立面（东南侧）近景

（下）图1-159顺化 宫城（紫禁城）。太平楼，立面现状

中轴线主要宫殿两侧对称布置其他建筑。次级殿堂中包括东侧的文明殿、光明殿（为皇太子居所），西侧的武显殿、贞明殿。

外围的其他附属建筑及内廷服务机构尚有养心殿、静观堂、顺徽院（顺辉院，后妃居所）、御前文房、太平楼（皇家藏书楼和帝王阅读写作处，图

1-159～1-161）等。位于紫禁城西北隅的六院包括六组院落，是阮朝嫔妃和宫女居住的后宫。位于紫禁城东北角的绍芳园为皇帝御花园。不过，这些建筑中，除勤政殿左右庑外，大都毁于1968年的顺化战役。位于光明殿东墙外的阅视堂（阅示堂，图1-162）是宫中戏楼，也是皇城中体量最大的建筑之一。原构建于1826年，为两层楼阁；目前的建筑系1995～2002年间重建。

总的来看，宫内建筑以单层木构为主，平面多为简单的矩形，仅部分亭台楼阁取多边形。基台大小反

（上）图1-162顺化 宫城。阅
视堂（阅示堂），地段全景

（左下）图1-163顺化 京
城。隆安殿（宫廷艺术博物
馆），现状

（右下）图1-164顺化 天授
陵（嘉隆陵）。入口大门，全景

映建筑等级，最重要的如太和殿位于逐层升高的三层　　存最大的木构遗存。
宽阔基台上。由于自然损毁及战争破坏，目前留存下　　　重要殿堂多用单檐或重檐的歇山屋顶（见图
来的木建筑多经重建修复。太和殿（见图1-153）、　1-150）。在南北向房屋沿进深方向相接时，往往采
隆安殿[位于皇城外东北侧，现为宫廷艺术博物馆　用不同的进深，屋顶高度亦相应不同（通常以北屋为
（Museum of Imperial Court Art），图1-163]是越南现　正殿，进深较大，屋顶也更高），屋顶连接处形成水

本页：

（上）图1-165顺化 天授
陵。殿堂，现状

（中）图1-166顺化 孝陵（明
命陵，1840~1843年）。明
楼，外景

（下）图1-167顺化 孝陵。显
德门，立面全景

右页：

（上）图1-168顺化 孝陵。崇
恩门，立面现状

（下）图1-169顺化 孝陵。崇
恩殿，背面景色

平天沟，两边排水，即所谓"勾连搭"式屋顶。其他
辅助建筑（如廊道）多用悬山或硬山顶，攒尖顶主要
用于亭阁。形制最高、最复杂的太和殿，为勾连搭式
重檐歇山顶外加前后雨檐；午门及左右配殿为重檐歇
山顶；阅示堂则为更简单的单檐歇山顶。歇山顶山墙
部分通常饰浅浮雕的龙首图案（如太和殿）。屋顶普
遍高度较大，出檐较短，但多设雨檐（由雕饰精美的
檐柱支撑）；屋面和屋脊没有明显的曲线和起翘，主
要靠集中在屋脊部位（正脊、垂脊及戗脊）的装饰部
件打破单调的建筑廓线。其装饰母题包括踏云行龙、
祥云、火焰宝珠及火葫芦等，手法写实，显然是受到
中国南方（福建、广东一带）民俗建筑的影响。

　　宫殿大门形制统一，大型的如朝门（图

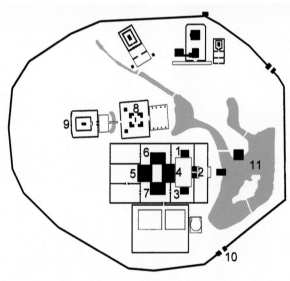

1-164），三个券洞，上部为两边起翘的三重檐庑殿顶，檐角饰凤凰，挂风铃。檐下及柱墩于红色底面上饰镶瓷彩画。小型的仅一个券洞，形式同三个券洞的中央跨间。窗户样式自由。主要大殿和正门两侧多用圆窗，次要建筑为方窗或圆窗外套方框。窗上图案多为汉字"寿"的程式化图案。

　　重要殿堂前往往立一至两道牌坊。如太和殿（见图1-152），四根盘龙柱组成三个跨间，横梁两层，图案嵌板间镂空。中央横梁顶上饰火焰宝珠，柱顶冠蟠桃。

　　镶瓷及雕刻（石雕及木雕）是主要的建筑装饰手段。越南镶瓷艺术形成于李朝，到阮朝已臻于完美

左页：
（左上）图1-170顺化 孝陵。石像（卫士队列）
（左下）图1-171顺化 谦陵（嗣德陵）。总平面，图中：
1、黎谦堂；2、谦宫门；3、法谦堂；4、和谦殿；5、良谦殿；6、鸣谦堂（戏院）；7、温谦堂；8、碑亭；9、嗣德帝陵寝；10、武谦门；11、流谦湖
（右上）图1-172顺化 谦陵。通向嗣德帝陵寝的碑亭
（右中）图1-173顺化 谦陵。谦宫门，外立面现状
（右下）图1-174顺化 谦陵。谦宫门，朝院落一侧的景观

本页：
（上两幅）图1-175顺化 谦陵。和谦殿，现状
（下）图1-176顺化 思陵（同庆陵）。凝禧殿，内景

（以不同色彩的陶瓷碎片在底层灰浆上拼出各种图案及人物，装饰题材则很多是来自中国）。

建筑室内陈设精致、典雅，以太和殿和阅示堂最为精美（见图1-155）。

[陵寝]

阮朝历代皇帝的陵寝建在御屏山西南香江及其支流的两侧。国王祭天的南郊坛和文庙等建筑位于顺化西郊。

越南皇陵同样受到中国的影响。阮朝的七个皇陵拥有和明代陵寝相同的特色，靠山面谷，建筑类型也几乎一致，皆有陵门、大红门、碑亭、石像生、寝殿、方城明楼、宝城、宝顶等，只是规模大小不同而已。

阮朝开国皇帝阮福映（嘉隆帝）和妻妾的陵墓因位于顺化市南20公里外天授山上而名天授陵（俗称嘉隆陵，图1-165、1-166）。天授陵原本是嘉隆帝给自己的正室宋氏兰（后追封承天皇后）建立的。1814年，宋氏兰被葬于此。嘉隆帝死后，在皇后陵墓左侧立坟安葬。左、右两陵并称天授陵。

孝陵（俗称明命陵）是阮朝第二代皇帝阮福晈（明命帝）的陵墓，位于顺化以南12公里、香江之傍的锦鸡山上（今属承天顺化省香茶市社）。1840年开始兴建，山名亦改为孝山。1841年明命帝去世时，陵寝仅完成地宫部分，1843年方最后竣工（图1-167~1-170）。孝陵在整体配置与命名上充分体现了中国文化的影响，28公顷的陵区范围周以1700米长的椭圆形围墙，40座大小建筑沿着700米长的轴线对称布置。但主殿崇恩殿仍保留了越南传统木建筑的"重檐叠屋"形式

本页：

（上）图1-177顺化 思陵。雕龙柱列

（下）图1-178顺化 应陵（启定陵）。自首层台地望二层台地牌楼门，现状全景

右页：

（上）图1-179顺化 应陵。上层台地，主殿近景

（下）图1-180顺化 应陵。石雕系列

（平行两栋相连、双屋脊），并没有照抄中国的木构建筑。

　　谦陵（嗣德陵）是越南阮朝第四代皇帝嗣德帝的陵墓，位于顺化市水春社上坡村，系由原来的行宫改造而成，是阮朝诸皇陵中风景最优美、建造最奢华的一个。陵墓和行宫有各自的出入口，前有流谦湖，周围布置园林。行宫内除了帝王居住的良谦殿、执行公务的和谦殿及嫔妃居住的空间外，尚有贮存衣物的温谦堂、作为戏院的鸣谦堂等生活娱乐建筑。嗣德帝死后，良谦殿改作祭祀其母的处所，和谦殿则奉祀皇帝和皇后的牌位（图1-171~1-175）。

　　思陵（同庆陵）为阮朝第九任皇帝同庆帝的陵寝。同庆帝去世时年仅25岁，继承皇位的成泰帝并非他的儿子。他在位期间，由于财政拮据，未为同庆帝兴建大型陵墓，而是将先帝为生父营造的追思殿改为凝禧殿，并将同庆帝葬在这里，称思陵（图1-176、1-177）。

　　应陵（启定陵）是阮朝第十二代皇帝阮福晙（启

定帝）的陵墓，位于承天顺化省香水市社，始建于1920年，1931年完成，位于朝向西南的几个山坡台地上。其面积要比诸前任的陵寝为小，但设计精美，融汇了越南及法国风格（图1-178~1-180）。

一、历史及宗教背景

公元7~9世纪的老挝属南诏国，9~14世纪在吴哥王朝的统治下。老挝历史上第一个统一的国家是1353年由法昂（1316～1393年，1353~1372/1373年在位）创建的澜沧王国（Kingdom of Lan Xang Hom Khao，Lang Ch'ang Kingdom，另译南掌王国，老挝语，意为"万象白伞之地"。万象即百万战象，寓意强盛；白伞是国王乘象出行时头上的遮伞，指君权），其领土差不多相当于现老挝全部领土及湄公河右岸部分地区。

法昂是柬埔寨国王的女婿，在吴哥长大成人。加冕为王后，他立即召集了一批高棉僧侣和工匠到宫

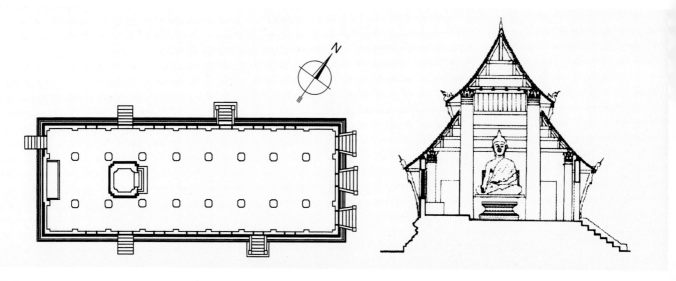

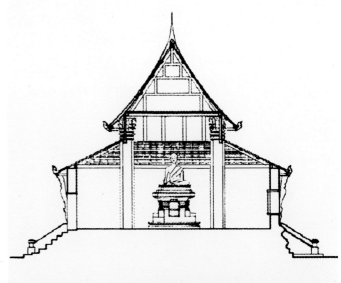

左页：

（上）图1-181琅勃拉邦（孟骚，香通）塔琅寺。主殿，平面及剖面

（下）图1-182琅勃拉邦 塔琅寺。主殿及佛塔，西侧，地段现状

本页：

（左上）图1-183琅勃拉邦 塔琅寺。主殿，近观

（下）图1-184琅勃拉邦 塔琅寺。主殿，山面细部（前景为佛塔基台雕刻）

（右上）图1-185琅勃拉邦 巴卡内寺。佛堂，剖面

左页：

（上）图1-186万象 玉佛
寺。会堂，西侧景观

（下）图1-187万象 玉佛
寺。会堂，正立面全景（西
北侧）

本页：

（上）图1-188万象 玉佛
寺。会堂，外廊佛像

（下）图1-189万象 布亚寺。
透视剖析图（据Groslier，
1961年）

中。在他的治理下，国家保持了相对稳定的政治局面。当时最重要的文化中心有两个：一是北面的琅勃拉邦（另译隆勃拉邦、龙帕邦或銮佛邦，位于上寮湄公河畔，南堪河口，为老挝上寮重镇，琅勃拉邦省省会，1975年前为老挝都城），在那里，占主导地位的是来自泰国清迈及之后缅甸的影响；二是南部城市万象，高棉的文化遗产在这里起到了更重要的作用，来自大城（阿育陀耶）的艺术冲击表现尤为明显。狭长的湄公河流域形成的地理结构，自然不利于形成一个真正统一的社会，老挝的泰族人也因此一直未能超越

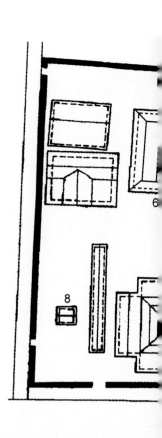

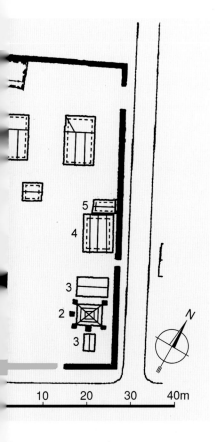

本页及左页：

（左上）图1-190琅勃拉邦 维孙纳拉寺。佛堂，现状

（中上）图1-191琅勃拉邦 迈寺。总平面，图中：1、大殿；2、佛塔；3、小圣堂；4、藏经阁；5、鼓楼；6、寮房；7、僧舍；8、水池

（左下）图1-192琅勃拉邦 迈寺。大殿，自东面望去的景色

（右）图1-193琅勃拉邦 迈寺。大殿，廊道挑腿细部

小型山地侯国的发展阶段。不断的内斗（特别在18世纪初表现尤为激烈）、和缅甸及暹罗的战争，使人们无暇顾及发展艺术。1778年万象的陷落和随后1828年暹罗人的破坏，令形势变得更为严峻。

老挝原本信奉婆罗门教和精灵崇拜。大乘佛教约于7世纪（中国南诏时期）自云南传入老挝，但立国后法昂自柬埔寨（其岳父是柬埔寨吴哥王朝君主）迎来上座部佛教（小乘佛教）并尊为国教。由于老挝和泰国两个民族有着类似的起源且信奉同一宗教——小乘佛教，因此他们的艺术也非常相近。但在老挝，由

本页:

（上）图1-194琅勃拉邦 迈
寺。大殿，廊道内景（为全市
最大和装饰最华丽的佛寺）

（下）图1-195琅勃拉邦 迈
寺。大殿，廊道墙面雕饰细部

右页:

（上）图1-196琅勃拉邦 西
恩穆昂寺。大殿（佛堂），
现状

（下）图1-198琅勃拉邦 西
恩通寺（金城寺，1560年）。
大殿（佛堂），东北侧现状

本页：
图1-197琅勃拉邦 西恩穆昂
寺。大殿，门饰及壁画

右页：
（上）图1-199琅勃拉邦 西
恩通寺。大殿，东南侧全景

（下）图1-200琅勃拉邦 西
恩通寺。大殿，正立面全景
（入口朝东偏北方向）

于一直没有形成中央集权的政治体制，建筑上大量采
用了轻快但不耐久的建筑材料，因而留存下来的遗迹
甚少，很难完整追溯这一特定艺术的发展。

二、佛寺

在老挝，留存下来的少量宗教建筑大致可分
为两类，即佛寺（寺庙，wat）和佛塔（圣骨塔，
th'at），后者往往也是佛寺的组成部分。

寺庙规模不大，布局比较自由，既不强调轴线也
不强求对称。只是在寺院内的主要建筑主殿（戒堂，

（上）图1-201琅勃拉邦 西恩通寺。大殿，西南侧景色（背立面）

（下）图1-202琅勃拉邦 西恩通寺。大殿，入口及墙面装饰

（左上）图1-203琅勃拉邦 巴芳寺。大殿（佛堂），东侧全景

（左中）图1-204琅勃拉邦 巴芳寺。大殿，内景

（右上）图1-205琅勃拉邦 巴芳寺。大殿，室内仰视景色

（右中）图1-206琅勃拉邦 塞内寺。大殿（佛堂）及尖塔，外景

（下）图1-207琅勃拉邦 塞内寺。大殿，近景（主体结构采用跌落式屋顶，但在主脊上添加了一个小顶）

祭拜厅，bot，老挝语sim）或佛堂（vihan）周围按实际需求布置其他附属建筑，如砖石砌筑的小祠（Ou Mong）、位于高台上的藏经阁（Hortai，木构，有时为砖木混合结构）、鼓楼（Hor Kong）、僧舍（Ku-tis）、佛塔（That）等（见图1-191）。老挝北方寺庙很多还设有独立的法堂，南方则将它与佛堂放在一起，形成一座庞大的建筑。

在老挝，佛堂是举行宗教仪式和信众祈拜的地

（左上）图1-208琅勃拉邦 西邦璜寺（1758年）。主殿，东北侧，全景

（左中）图1-209琅勃拉邦 西邦璜寺。主殿，东立面，现状

（左下）图1-210琅勃拉邦 西邦璜寺。主殿，西北侧（背面）景色

（右上）图1-211琅勃拉邦 西邦璜寺。主殿，入口近景

（右中上）图1-212琅勃拉邦 西邦璜寺。主殿，内景

（右下）图1-213琅勃拉邦 基利寺。佛堂（大殿），平面

（右中下）图1-214琅勃拉邦 基利寺。佛堂，东北侧全景

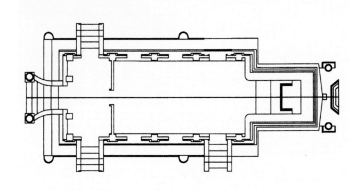

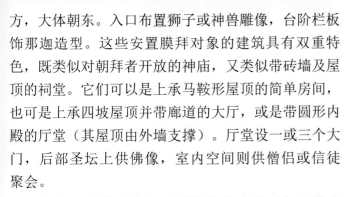

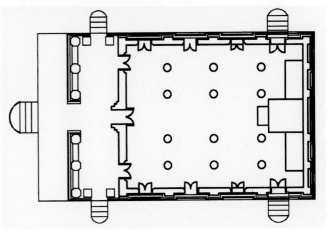

方，大体朝东。入口布置狮子或神兽雕像，台阶栏板饰那迦造型。这些安置膜拜对象的建筑具有双重特色，既类似对朝拜者开放的神庙，又类似带砖墙及屋顶的祠堂。它们可以是上承马鞍形屋顶的简单房间，也可是上承四坡屋顶并带廊道的大厅，或是带圆形内殿的厅堂（其屋顶由外墙支撑）。厅堂设一或三个大门，后部圣坛上供佛像，室内空间则供僧侣或信徒聚会。

留存下来的建筑主要采用大块砖及石灰砂浆砌造，墙体大都稍稍内斜。小型结构里常常采用筒拱顶；马鞍形屋顶和四坡屋顶亦为老挝特有的形式。马鞍形屋顶中主梁（keel，龙骨）按大厅主轴方向布置，屋顶斜面伸出墙体之外。在带四个叠置坡面的屋顶中，挑出四边墙面之外的下面两组屋顶支撑在柱子上，形成外廊。厅堂内部大都划分为三条廊道，柱子直接支撑屋顶。屋顶采用抬梁式构架或人字架，如琅勃拉邦塔琅寺（图1-181~1-184）和巴卡内寺的佛堂（图1-185）。

对应老挝的三个省，可分辨出三种建筑风格：1、镇宁风格（Tran Ninh style），最突出的特色是墙体不高，屋顶向侧面极度扩展；2、琅勃拉邦风格，佛堂大都坐落在低矮的矩形基台上，较少采用砖石砌体，面宽等于或大于主体结构立面高度；重檐屋顶采用内凹曲面，坡度上陡下缓（由40°~50°降至20°~30°），令檐口尽可能向外伸展，但屋顶并不显得特别壮观；中后期的佛堂主要受泰国北部兰那泰同类建筑的影响（见图4-217、1-209）；3、万象风格，与曼谷建筑有更多的关联（万象于18世纪下半叶至19世纪长期处于曼谷王朝统治下），只是在长期的发展过程中逐渐形成了自己的特色。佛堂以高墙和宽敞的厅堂为特征，多以回廊或围墙环绕，与其他附属建筑分开（如万象玉佛寺，图1-186~1-188）。一般立面高度大于面宽，屋顶较陡（约50°~60°），且上下变化不大，山面因加披檐类似歇山顶（如万象布亚寺，图1-189）。

（左上）图1-215琅勃拉邦 基利寺。佛堂，北侧全景
（左下）图1-216琅勃拉邦 基利寺。佛堂，西北侧景色
（右上）图1-217琅勃拉邦 基利寺。佛堂，东立面近景
（右下）图1-218琅勃拉邦 西恩梅内寺。佛堂，平面

（左上）图1-219琅勃拉
邦 门纳寺。佛堂，南侧
景观

（左中）图1-220琅勃拉
邦 门纳寺。佛堂，东侧
现状

（右上）图1-221琅勃拉
邦 门纳寺。佛堂，侧面
景色

（右中）图1-222琅勃拉
邦 门纳寺。佛堂，入口
山墙细部（表现骑在白
象上的因陀罗）

（下）图1-223琅勃拉邦
阿罕寺。东北侧全景

（上）图1-224琅勃拉邦 阿罕寺。佛堂（主殿），侧面景色

（下）图1-225琅勃拉邦 阿罕寺。佛堂，东侧现状

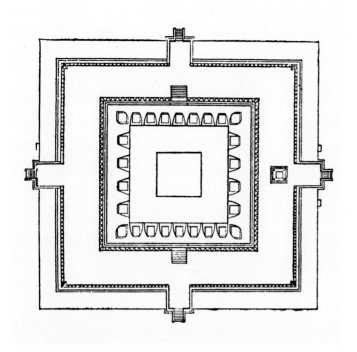

琅勃拉邦的佛堂不仅历史悠久、留存下来的数量最多，而且保护得最好，因而可从中进一步探得其风格演变的轨迹。

早期佛堂平面矩形，不设前廊（仅有少数在主殿前加披檐形成类似前廊的空间，如琅勃拉邦现存年代最久远的维孙纳拉寺佛堂，图1-190）；迈寺大殿如此构成的两侧廊道与前后廊相通，形成围绕主堂的回廊（图1-191~1-195）。正面一般设三门，一大两小。重檐屋顶通常两层（最多可达四层，如迈寺）。上层屋顶多为两坡悬山式，也有用四坡庑殿顶的，如维孙纳拉寺。殿内通常立柱两排，形成中堂及边廊。由于檐柱较矮（为内柱高度1/2或2/3），中央空间格外突出。鉴于佛像与后墙保持一定距离，室内遂形成可绕行的回廊。

自中期开始，佛堂普遍设置与主厅形成统一整

本页及左页：

（左上）图1-226万象 塔銮（大宰堵坡、大塔）。平面（图版，取自
GARNIER F. Voyage d' Exploration en Indo-Chine, 1873年，原图比
例1：2000，上为北）

（左中）图1-227万象 塔銮。19世纪60年代后期景色（版画，取自
GARNIER F. Voyage d' Exploration en Indo-Chine, 1873年）

（下）图1-228万象 塔銮。地段全景

（右上）图1-229万象 塔銮。入口面，全景

本页：

（上）图1-230万象 塔銮。塔身近景

（下）图1-231万象 塔銮。入口台阶雕饰（那迦）

右页：

（左两幅）图1-232琅勃拉邦古城。总平面及卫星图

（右两幅）图1-233琅勃拉邦 王宫（1904年）。总平面及宫殿二层平面示意（总平面：1、宫殿；2、王家剧院；3、勃拉邦寺；4、厨房及贮藏库；5、莲花池；宫殿平面：1、入口大厅；2、接见厅堂；3、御座厅；4、国王卧室；5、王后卧室；6、藏书室；7、音乐厅/舞厅；8、餐厅）

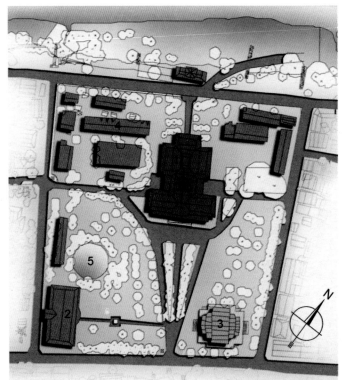

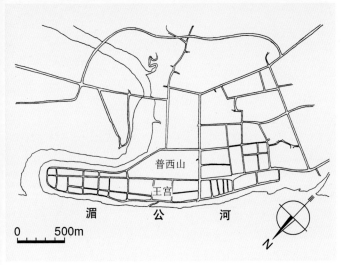

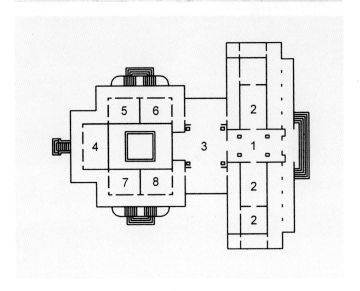

体、共用屋顶的前廊。入口前门廊以不高的栏墙围合，形成内外的过渡空间。屋顶形式此时亦趋于多样化：有的只是在悬山顶上叠加一层类似气楼的小屋顶，屋脊和两坡方向均不跌落（如西恩穆昂寺大殿，图1-196、1-197），有的则在屋脊及两侧坡面均设叠置重檐[如西恩通寺（金城寺）大殿，图1-198~1-202]，还有的是混合使用这两种手法[如巴芳寺大殿（图1-203~1-205）和塞内寺大殿（图1-206、1-207）]。建于1758年的西邦璜寺因其比例优雅、装饰精美可视为小型寺庙中的优秀实例（图1-208~1-212）。

室内除设两排柱子的通用类型外，还有不立柱的（如基利寺佛堂，但仅此一例；其后墙成凸字形向外延伸，形成胎室般的昏暗空间，内置佛像，图1-213~1-217），或设四排柱子，将室内分为五条廊道（如西恩梅内寺佛堂，图1-218）。由于佛像紧贴

后墙，早期的室内回廊已不复存在。

晚期最大的变化是大殿（佛堂）内不再立柱，形成完整空间。基台较前期更为宽大，大部分均于两边设侧廊或后廊，有的甚至形成回廊。还有的将佛堂本身和前廊基台抬高，高出侧廊和后廊平面（如门纳寺佛堂，图1-219~1-222）。和中期相比，屋顶变化相对较少，在屋脊方向不再跌落，除少数佛堂（如阿罕寺主殿，图1-223~1-225）外，屋脊上叠加屋顶的做法亦不再采用。

在老挝寺庙建筑中，最值得注意的是，在这里，看不到在高棉和占族艺术中非常流行的塔式寺庙（prasat或kalan）。在所有受印度影响的国家当中，

唯独老挝没有在建筑中采用这种类型，这点看上去似乎颇令人费解。亨利·帕芒蒂埃相信，在老挝古代木结构建筑里，可能不乏塔式寺庙[7]，但国家的政治条件使这类建筑未能转变为石构。因而除了少数实例，如琅勃拉邦的圣骨寺和孟古（的）斯达蓬寺圣骨塔（th'at），没有任何这方面的遗迹留存下来。这种说法或许是可信的，由于没有中央集权，既不需要强调高大以壮声势，也没有以耐久材料砌造巨构的实力。爪哇、占婆和柬埔寨的建筑很多都具有悠久的历史，而老挝最早的宝塔一般也就刚刚超过200年。

三、佛塔

在老挝，取代窣堵坡或支提作为收藏圣骨处所的佛塔（圣骨塔，th'at）大多与佛寺相连。尽管形式变化极其多样，但都表现出一种易于辨认的共同特征。佛塔全由砖石砌筑，位于基座与顶饰之间的主体结构

照例来源于窣堵坡。其中最有特色的是瓶式塔，其他尚有半球形、覆钟形、球茎形和塔庙形等。

作为老挝佛塔的典型代表，最著名的瓶式塔是万象的塔銮（老挝语意为"大窣堵坡、大塔"）。这是位于万象市中心的一座覆金的佛教窣堵坡，被认为是老挝最重要的国家纪念碑和象征（图1-226~1-231）。

按老挝人的说法，塔銮原为一座印度教寺庙。据传最初建于1世纪[8]，以后由于外族入侵经历了多次重建。现塔系16世纪中叶澜沧王国国王塞塔提腊将都城自琅勃拉邦迁至万象后，于1566年下令建造。1641年，荷兰东印度公司（Dutch East India Company）代表、荷兰人格里特·范维索夫造访万象，在寺庙前受到国王索林那的盛情接待。这座建筑显然给他留下了深刻的印象，因其"巨大的金字塔及顶部外覆金叶，重量约达1000英磅"[9]。

这座窣堵坡曾多次遭到缅甸、暹罗等外族入侵者的劫掠。1828年，建筑毁于泰国入侵，破坏严重并被

左页：

（左）图1-234琅勃拉邦 王宫。东南侧，俯视全景

（右）图1-235琅勃拉邦 王宫。西北侧，俯视景色

本页：

（上）图1-236琅勃拉邦 王宫。东南侧，立面现状

（下）图1-237琅勃拉邦 王宫。东南侧，立面近景

左页：

（上）图1-238琅勃拉邦 王宫。内景

（下）图1-239琅勃拉邦 王宫。勃拉邦寺，南侧景色

本页：

图1-240琅勃拉邦 王宫。勃拉邦寺，西南侧立面

弃置，此后处于荒废状态。直到1900年，法国人才按最初的设计进行复原，主要的根据是1867年路易·德拉波特绘制的详尽图纸。但这次修复尝试未获成功，不得不重新设计并于20世纪30年代再次重建。在1940~1941年泰法战争期间[10]，塔銮因泰国空军的轰炸损毁严重。二战结束后，才再次进行修复和重建。

采用当时暹罗风格的这座建筑位于一个每边长约85米的方院围墙内，被一圈朝向院内的双坡顶廊屋围绕。围墙正向轴线上布置院门，与二层台地四面中央向外突出的门楼相对。大塔本身位于三层基台上，第一层长68米，宽67米，第二层和第三层分别为47米和29米见方。基台侧面饰覆莲及菩提叶，台地上绕荷花瓣条带围栏。中央大塔覆钵为平面方形的凸面截锥体，周围绕以30个精美的小塔（为尺度缩小的主体形象），越近端头角塔处塔身越高。覆钵上部巨大的莲花座托起两层须弥座般的平台，再上以厚实的倒梯形台座承高高的方瓶状塔身，最后以优雅的尖头塔刹作为结束。从地面到尖塔高44米。

这座造型独特的大塔可认为是自印度经典的窣堵坡演化而来，只是基部覆钵平面改为方形，其上平台演变成两层须弥座式样，方瓶状塔身则如变形的相轮。这些变化显然是受到高棉艺术及素可泰时期佛塔（如拜琅寺佛塔，见图4-146）的影响。

四、宫殿

作为琅勃拉邦省省会，琅勃拉邦市（原名孟骚、香通等）是一座有上千年历史的古城，曾为古代澜沧王国的都城和老挝小乘佛教的发祥地（图1-232）。据记载，澜沧王国时期的宫殿为高耸的坡顶建筑，但1887年前的宫殿已毁于战火。现存王宫系20世纪初国王西萨旺·冯（1904~1945年、1946~1959年在位）执政期间由法国殖民当局委托建造，是一个混合传统风格和法国古典建筑的产物。

受暹罗文化的影响，琅勃拉邦王宫在选址上参照泰国大城皇宫和曼谷大皇宫的模式，坐落在高100米的圣山普西山和湄公河之间并以它们为背景。宫殿占地南北长约100米，东西长150米左右，和其他国家的宫殿相比，并不算很大。宫内约12栋建筑，除王宫（1976年后改作博物馆）外，尚有寺庙及王家剧院等（图1-233~1-240）。主入口位于东南方向，位于寺庙和王家剧院之间，正对着王宫。

第一章注释：

[1]安阳王（越南语：An Dương Vương），本名蜀泮（越南语：Thục Phán），原是古蜀王子，在秦国于公元前316年灭古蜀之后，辗转到现越南北部，建立瓯貉国，自称安阳王。

[2]东京三角洲（Tonkin Delta），所谓东京（Tonkin，亦作Tongkin、Tonquin或Tongking）是法国殖民时期对越南北方地区的称呼，越南语称北圻（Bắc Kỳ，意为"北部地区"）。

[3]见FINOT M. L. F. Les Inscriptions de Mi-Son, 1904.

[4]七俱胝佛母（Cundhi），即准提菩萨、准提佛母，为佛教中显宗、密宗共尊的大菩萨；密宗称其为"莲花部诸尊之母""七俱胝佛母"。

[5]华闾（Hoa-lu'），曾为越南丁朝（968~980年）和前黎朝（980~1009年）的都城。

[6]另说高3.5米。

[7]见PARMENTIER H. L'Art du Laos. Paris, 1954.

[8]另说3世纪。

[9]见CUMMINGS J, BURKE A. Lonely Planet Country Guides: Laos, 1994.

[10]1940~1941年，泰国和维希法国之间因为对法属印度支那（Indochine française）某些地区的所有权发生争执，从而爆发了小规模的战争。

第二章 柬埔寨

第一节 历史背景

一、扶南国（1世纪~约627年）

[概况]

创建于公元1世纪的扶南国（Funan Kingdom，又作夫南国、跋南国，来自高棉语Phnom，越南语Phù Nam，意为"山岳"），是中南半岛上的一个印度化国家，也是当时世界文明古国之一。其辖境大致相当今柬埔寨全部以及老挝南部、越南南部和泰国东南部一带[其中位于巴塞河和暹罗湾之间的地区在法国殖民时期被称为"交趾支那"（Cochin China）]。扶南是历史上第一个出现在中国古代史籍上的东南亚国家，在《汉书》中被称为"究不事"。其国王在高棉语中意为"山帝"（Kurung Bnam, Kurung-帝, Bnam-山）。

公元5世纪期间的扶南国都毗耶陀补罗（亦作耶达诃补罗，梵文原意"猎人城"，在今波罗勉省巴南附近）是柬埔寨有文献记载的最早都城。城市位于洞里萨湖至湄公河下游三角洲的肥沃地带。该地距海岸及古代港口喔呔（Oc Eo，来自高棉语O Keo，意为"镜面运河"）约200公里，西北有湄公河向东流入大海，控制了暹罗湾以及马六甲海峡，是中国和印度之间海上贸易往来的要道[1]。

除了有关其创建和所谓"黄金之地"的传说外，某些中国文献还谈到其丰富的资源（金、银、珍珠和香料等）[2]。对这一地区进行的空中考古探测进一步揭示了密集的运河网，它们相互连接，主要自东北向西南方向延伸。这些运河系用来将巴塞河的泛滥洪水排入海洋，同时"浸湿"土壤，防止它因干旱而盐碱化，以便密植稻米，同时这些运河还为大批船队提供了停泊处所。在运河体系的重要地段，已探得城市存在的迹象；运河深入市区，将城市划分为各个街区，并通向可容远航船只的更大水道。这些不同寻常的工程设施表明当时存在着一个强有力的政权和经济实体。

遗憾的是，这时期的建筑基本无存，包括都城在内，想必都是建在桩基上的木构住宅聚居地。耐久的材料显然只用于祠庙，其中仅有少数遗迹能得到确认。这些少量遗存表明，尽管其中可以看到中国和罗马的某些要素，但作为一个奉印度教为国教的国家，在文化上主要还是受印度影响。

[朝代沿革]

扶南国是个处于母系社会末期的早期王朝。但由于记载不甚详细，早期王朝的统治者（即女王）的姓名大多未流传下来。在中国古籍中，只记载了一个在混氏王填（《晋书》作溃）到达扶南国前进行统治的女王，即柳叶（《晋书》作叶柳，传为蛇王那迦之女）。在《南齐书》中，有关该国之后的演变有如下一段文字："扶南国，在日南之南、大海西蛮湾中，广袤三千余里，有大江水西流入海。其先有女人为王，名柳叶。又有激（徼）国人混填，梦神赐弓一张，教乘舶入海。混填晨起，于神庙树下得弓，即乘舶向扶南。柳叶见舶，率众欲御之。混填举弓遥射，贯船一面通中人。柳叶怖，遂降。混填娶以为妻。"

混填就这样成为扶南国混氏王朝（1世纪末~3世纪初）的第一代国王，娶女王柳叶为妻后生七子，各分封王，治理七邑，并将印度的文化和制度带入扶南。

又据唐李延寿撰《南史》（《卷七十八 列传第六十八》）记载，以计取得混氏王朝王位、号称小王的混盘况"年九十余乃死，立中子盘盘，以国事委其大将范蔓。盘盘立三年死，国人共举蔓为王"。就这样，大将军范蔓成为接下来的范氏王朝（3世纪初~4世纪中叶）的第一代王。

继范氏王朝后的侨陈如王朝第一代王史称侨陈如

二世（484~514年在位，侨陈如一世即混氏王朝开国大王混填）。侨陈如本是印度婆罗门的一个种姓，有一位名叫阿若侨陈如的僧人是佛教最初五比丘之一，释迦牟尼弟子中第一位证得罗汉果的阿罗汉。扶南国人们用"侨陈如"（Kauṇḍinya）来称呼自己的国王，表明国人都是释迦牟尼的弟子。其实，侨陈如二世的真名叫阇耶跋摩（Jayavarman），梵文"跋摩"（varman）意为"盾牌"，引申为"保护者"。可知侨陈如王朝国王均用梵文名字，名字中的"跋摩"应该是一种类似"国王"的称号，以后几代国王的名字中都有这一后缀。

至7世纪中叶，扶南国为其北方属国真腊所灭。

二、真腊王国（7世纪初~9世纪初）

[王国的创建及崛起]

公元6世纪初，由于扶南国内矛盾日趋尖锐，统治阶级内部争夺王位的内讧加剧，引发了国内的动乱，王国急剧衰落。在同一时期，在湄公河中游地区，兴起了另一个印度化的国家——真腊（Chen-la，越南语：Chân Lạp，同时期的占婆碑铭称Kmir；《新唐书》称吉蔑）。虽说真腊一名的由来，至今尚未能有确切的说明和考证，但其名来自中国古籍，似无疑问（《隋书》卷八二《真腊传》当为最早记载之一）。

公元627年之前，真腊只是位于北部山区的扶南属国之一。作为中南半岛上的一个农业古国，其领土包括今柬埔寨北部和老挝南部，湄公河中下游地带，早期以老挝巴沙克为中心。有关它的记载可上溯到6世纪，7~8世纪的一些铭文证实，在真腊，主要居民为高棉人（Khmer）。据《隋书卷八十二列传第四十七·真腊篇》记载，当地"人形小而色黑，妇人亦有白者。悉拳发垂耳，性气捷劲"。

从公元604年的吉蔑碑文可知，公元550年前后，真腊王去世，由女婿、扶南王子拔婆跋摩一世（约550~600年在位，据中国史书《隋书·真腊传》记载，其姓为刹利氏）继位。在他统治期间，真腊不仅摆脱了扶南的控制，更在扶南国王留陁跋摩死后发生内讧时，趁机举兵背叛，兼并了扶南东境，日渐强大起来。他与堂弟质多斯那（《隋书》所记名字）一起，力图以武力吞并扶南，迫使扶南太子迁都[3]。质多斯那在这场运动中可能是实际的领导者和统帅，战功卓著。拔婆跋摩死后，质多斯那继位，号摩诃陀罗跋摩[即"受因陀罗（印度神话中的战神）保护的人"，约600~616年在位]，继续武力征讨，攻占了下孟河流域。但直到627年前后（相当唐贞观初年），在他儿子伊奢那跋摩一世（616~635/637年在位）任内才最终完成征服扶南的大业。

伊奢那跋摩在7世纪上半叶大事扩展疆域，征服了森河流域的无毁城，并把国都迁到伊奢那补罗（梵文Isanapura，《隋书》称伊奢那城，7世纪时玄奘《大唐西域记》卷十记为伊赏那补罗）。其位置在今磅同市以北、森河（与湄公河平行的洞里萨河的一条支流）岸边的三坡布雷卡（另译三坡比粒库克）。真腊国的早期艺术——或更准确地说，高棉艺术的第一阶段——也因此得名为三坡风格（Sambor Style）。遗址现存古迹属6世纪后期到9世纪，已被联合国教科文组织列为世界文化遗产项目。

从扶南到真腊，高棉社会发展到一个新的高度。到7世纪中叶，真腊国的政治、经济、文化都有了很大的发展，据《隋书卷八十二列传第四十七·真腊篇》载：王都"伊奢那城，郭下二万余家。城中有一大堂，是王听政之所。总大城三十，城有数千家，各有部帅，官名与林邑同"。此时真腊国的封建制度已日臻完善，军事力量很强，引进了骑兵兵种。

伊奢那跋摩死后，拔婆跋摩二世（639~657年在位）继位，国势更加强盛。他正式将婆罗门教的湿婆神定为国家信仰的宗教，但仍继续信奉毗湿奴，即所谓二神一体（诃利诃罗），亦即《梁书》中所记的二面四手或四面八手之神像。此时大乘佛教也在民间流行。

至拔婆跋摩二世的继承人阇耶跋摩一世（约657~690年在位）统治时期，真腊的领土范围进一步扩大，接续征服了老挝的中部和北部地区，使国境北接南诏，南抵暹罗湾沿岸、湄公河下游占巴塞一带，包括今柬埔寨、老挝以及越南南部。至8世纪初，通过逐渐扩张，真腊几乎获得了所有扶南国的领地，并在其基础上，进一步巩固和扩大。

[王国的衰落]

阇耶跋摩一世去世后，因无子嗣，由侄女阇耶特维（阇耶提鞞女王，681~713年在位）继位。到8世纪初，国家陷于混乱，政治动荡不安，部属叛离，分裂成许多各自为政的小邦。约8世纪初，真腊终于分裂为两个国家，史称水陆真腊。其中水真腊据有昔日扶南国旧境，都毗耶陀补罗，疆域包括今日柬埔寨及上湄公河三角洲地带；陆真腊又称文单、婆镂，据有真腊故地，包括今日湄公河中游及冈雷克山脉以北的地域[4]。水、陆真腊分裂之后，两个真腊对峙了将近两个世纪，国势越发衰颓。

相对而言，陆真腊比较稳定。水真腊则后来又分为太阴王朝和太阳王朝。这两个王朝以后进一步分裂成五个相互敌对的小邦和国家。其中最大和最重要的三波补罗（三波城）系716年由普希迦罗沙创建。到了8世纪下半叶，水真腊陷入混乱。爪哇的岳帝王朝兴起，势力伸展到马来半岛及中南半岛沿岸。水真腊于774～787年间不断遭到爪哇海盗侵袭。787年前后，水真腊太阳王朝都城被爪哇海盗攻陷，国王摩希婆提跋摩（约780~787年在位）被杀，王子（后来的阇耶跋摩二世）被虏。水真腊南部沿海地区自此开始受到爪哇的夏连特拉王朝（山帝王朝）统治，直至公元802年。是年阇耶跋摩二世（802~835年在位）从爪哇潜回（另说作为封臣回国即位），将两国重新统一，结束分裂局面，摆脱爪哇控制后创立了吴哥（Angkor）王朝。

[宗教及建筑表现]
自公元6世纪中叶至8世纪后期，有关真腊国印度化及宗教状况的记述大多来自中国史籍或柬埔寨出土的碑铭。碑铭及门柱的刻文，往往是记载国家制度和历史的主要资料，记述宗教的碑文尤多。真腊信奉婆罗门教，尤重祭拜湿婆；佛法亦盛行，以大乘为主。虽然这时期婆罗门教与佛教、道教并行，但婆罗门教地位似更为重要。如《旧唐书》卷一九七《真腊传》中所述：“国尚佛道及天神，天神为大，佛道次之。”这里的天神，即指印度教的主神湿婆、毗湿奴以及其结合体诃利诃罗。至于佛教，只发现一块碑文上说有少数的佛像及两位比丘。如与扶南时期佛教盛行相比，似有所不及。

另据《隋书》卷八十二列传第四十七《真腊篇》记述：“近都有陵伽钵婆山，上有神祠，每以兵五千人守卫之；城东有神名婆多利[5]，祭用人肉，其王年别杀人，以夜祀祷，亦有守卫者千人，其敬鬼如此。

多奉佛法，尤信道士（指婆罗门）；佛及道士并立像于馆。”文中陵伽钵婆（另作林伽钵婆）意为“性器之山”，在今日老挝南端湄公河西岸，山高1397米，因山顶有一天然巨石，形似祭奉之林伽而名[6]。真腊最初的都城，即建于此山麓。从这里也可看到真腊人对山岳和湿婆的尊崇。湿婆信仰中，主要以石雕的男性生殖器为尊崇对象，此外还有对祖先和自然神灵的崇拜。

留存下来的建筑基本上全属于宗教范畴，但铭文证实，曾有过具有公共用途的世俗建筑，如医院和为旅游者建造的住所（houses with fire）。只是所有这些建筑均用不耐久的材料建造，没有一栋能留存下来。

当政权稳定局势相对和平时，建筑一般都建得更为宏伟壮丽。例如，三坡布雷卡的两个大建筑群——一个在北面，一个在南面——均属伊奢那跋摩一世（616~635年在位）统治盛期。在他的儿子和继承人拔婆跋摩二世（639~657年在位）任上，由于局势欠稳，风行一时的普雷格门风格（Prei Kmeng Style）主要用于不甚重要的塔式祠庙。盛行于635~700年的这一风格系根据吴哥一个遗址而名，主要在建筑上有所表现，扁平的拱券端头内弯为其标志特征。尽管这时期印度教的影响逐渐扩大，但采用大乘佛教的造像仍很流行。直到吴哥王朝建立后，新的稳定局面才再次出现。

在真腊后期，建筑和雕刻一样，此时都处在衰退阶段。不过，与其说是文化上出了问题，不如说是政治和社会危机更为确切。整个8世纪期间，真腊都处在动乱之中。和印度商贸关系的中断显然对经济产生了负面的影响。只有创建新的政治体制、新的社会和经济秩序，艺术才可能得到复兴。夏连特拉王朝（Sailendras）统治下的印度尼西亚，可能对这场复兴运动起到了推动的作用。此时这个爪哇王朝控制着南中国海，特别是马来西亚沿岸地区（在那里，大乘佛教得到广泛的传播）。

通过空中探测人们可大致复原和想象真腊的城市格局及其对自然空间的开发利用。城市占有大片土地，周以土墙和壕沟。后者自恒定水道取水，充满后用于灌溉围墙内的稻田。这种供水技术系由高棉人引进柬埔寨。和扶南国不同的是，在这里，一开始就需有一个高度集中的社会组织和单一的政治强权，日后吴哥的社会结构正是由此发展而来。

三、高棉帝国（吴哥王朝，802~1594年）

[历史沿革]

8世纪末叶爪哇夏连特拉王朝征服真腊后，当时还是王子的阇耶跋摩（约770~835年）被带到爪哇（可能是作为人质，尽管可能有自愿的成分）。他在爪哇宫廷里度过了很长一段时间，从政治上看，当时的夏连特拉王朝显然为真腊提供了一个光辉灿烂且具有帝国特色的文明样板。阇耶跋摩在790年左右回国后，便着手重新整治真腊的领土，统一了柬埔寨地区，并于802年宣布自爪哇独立，自称转轮王（Cakravartin，意即"宇宙之王""王中之王"）。已成为阇耶跋摩二世的这位统治者及其继承人就这样宣称自己是世界的主宰，通过和神的直接联系使其权力合法化，而神本身则是宇宙之本，是其秩序的维系者和原动力。整个高棉自此再次得到统一，成为一个中央集权国家。政治和社会秩序的恢复促成了一种富有活力的艺术成就，并在接续而来的各种风格及壮美的建筑上得到体现。阇耶跋摩二世笃信婆罗门教，崇拜湿婆并以湿婆派为国教，从而为吴哥王朝奠定了宗教意识基础。其政教合一的"神王思想"在吴哥王朝一直得到传续。

阇耶跋摩二世在占领了洞里萨湖畔的大片土地后，将都城选在湖北边的诃利诃罗洛耶，即今罗洛士遗址区。但当他于802年登基宣布自己为"宇宙之王"后，另选了位于吴哥东北约30公里荔枝山上的马亨德拉帕瓦塔为都。在那里，他建了一个林伽（lingam），作为湿婆和他自己神圣王权的象征，这随后便成为所有高棉国王的象征标记。之后他又将都城迁回诃利诃罗洛耶，并于835年在那里去世。

在阇耶跋摩二世之后相继登上王位的阇耶跋摩三世（835~877年在位）和因陀罗跋摩一世（877~889年在位）在罗洛士建成了巴孔寺，后者还于880年完成了尺度更小的圣牛寺。889年，因陀罗跋摩一世的儿子和继承人耶输跋摩一世在因陀罗塔塔迦湖中间的一个人工岛上建造了洛莱寺（其名可能是诃利诃罗洛耶的近代变体形式），同时还在今暹粒市北面吴哥城基址上建了一座名耶输陀罗补罗的新城作为他的都城，并在那里建了新的王寺——巴肯寺。这座城市一直延续到12世纪70年代，最后毁于占婆王国（Champa）的入侵。

在政治和经济领域，确立高棉帝国国势的最重要革新可说都是在因陀罗跋摩一世任内完成的。在国王宫邸所在地罗洛士，他监督建造的完美水利系统使这个国家得以在3个世纪期间保持繁荣昌盛。他首先开挖了一个名因陀罗塔塔迦的人工湖（高棉语baray或barai），通过灌溉渠网为稻田供水；随后将水送入为城市服务的沟渠并以此确定城市的边界，使运送建筑材料的河道航运扩展到运河系统。法国考古学家贝尔纳-菲利普·格罗利耶（1926~1986年）在他1961年出版的《印度支那》（Indochine）一书中，亦特别强调这项革新的意义和它对发展地方经济的价值。

在接下来的几个世纪期间，人们继续建造类似的工程，说明这种灌溉体系在干旱地区不失为一种有效的举措。甚至在高棉国王因王朝争斗放弃吴哥迁到位于它东北约100公里的贡开（其名来自古高棉语Chok Gargyar或Chok Grager，其意为"香坡垒树丛林"，928~944年为都城）时，为了在干旱地区立足，同样建造了和吴哥类似的水利工程和灌溉系统。

显然，只有在一个强大的中央集权国家里，才能完成这样宏大的工程。这些水利工程的成功赋予建造它的国王一种几乎是神奇的力量。由于这种供水方式可以保证生命的存续，对统治者的神化和对他们死后的尊崇也因此无论从社会还是经济角度，都有了法理的依据。在高棉艺术中，这一基本观念可说是贯穿始终。各种各样的风格接踵而来，名称大多来自它们所属的那个时代最重要的建筑中心。通过对重要建筑的考察即可阐明每种风格的基本类型。高棉人在建造祠庙时巧妙利用运河水网，以水面作为建筑背景的做法尤为引人注目。

到罗贞陀罗跋摩二世统治时期（944~968年），都城又从贡开迁回吴哥。建造山庙的传统仍在延续，但其他规模较小的祠庙则由国王的主要廷臣建造。其中最突出的即婆罗门艾纳瓦拉哈斥资建造的女王宫（女人堡，湿婆庙）。

不过，高棉艺术的声誉主要还是来自苏利耶跋摩二世（意为"日铠"，1113~1150年在位）建造的以吴哥窟为代表的一批作品。

苏利耶跋摩二世在内战中夺得王位后，随即举兵南征，征讨湄南河河谷地带的孟族国家及占婆，使吴哥成为当时东南亚地区疆域最广的王国。其领土北与中国相接，南至中国南海，东起占婆，西抵缅甸蒲甘。除吴哥窟本身外，这时期修建的许多大型寺庙（托玛侬寺、召赛寺、萨姆雷堡寺、泰国武里南府的帕侬龙寺等）和早先兴建的披迈石宫及崩密列寺一起，均可视为吴哥风格的代表作。

高棉艺术最后一批伟大作品属阇耶跋摩七世（意"胜铠"，另作迦牙伏曼七世，1125~1215年，1181~1215年在位）时期。阇耶跋摩七世活了90岁，是吴哥王朝最著名的统治者之一（见图2-768）。作为长子和王族，他既没有从父亲那里承继王位，甚至也没有继死于非命的弟弟之后登基，而是在50多岁后，凭借自己的意志和能力，在国家危难之际，起兵抗敌，登上王位。他经历了太多的事变，既看到苏利耶跋摩二世时期的繁荣昌盛、吴哥寺的兴建，也看到了权臣的叛乱、外敌的入侵和劫掠；同时也有在废墟上重建家园和都城的经历。这是个谜一般的人物，在以残暴的手段对付敌人的同时又是一个虔诚的宗教信徒。在经历了生死争斗、兴衰荣耻、背叛和复仇、侵略和抗击这些人生的大起大伏之后，阇耶跋摩七世改变了信仰，皈依了大乘佛教。在他统治时期，上座部佛教成为吴哥最具有影响力的宗教。与此同时，他引进了一种新的观念神化统治者。在30余年的统治期间，他尤为关注对祖先的崇拜，修复了几乎所有的古代神庙。

阇耶跋摩七世重建了国都吴哥城，使这座都城深深地打下了自己的印记。在那里，他为纪念父王修建了圣剑寺，为纪念其母修建了塔布茏寺，并在城市中心为自己修建了顶塔式的山庙——巴戎寺（巴扬寺）及其他大量建筑。他身体力行，事必躬亲，经常在施工期间还坚持对最初的设计进行修改。

作为继扶南及真腊王国而起的东南亚最强大的印度教-佛教国家，高棉帝国（亦称吴哥帝国，Khmer Empire，Angkor Empire）现存最主要的建筑遗产即帝国全盛时期的都城吴哥。吴哥的主要古迹——吴哥窟和巴戎寺，成为帝国的财富和威权、艺术和文化、建筑技术和美学成就，以及当时各种各样宗教信仰的主要实物见证。卫星图像显示，在11~13世纪，吴哥是工业革命前（所谓前工业化时期）世界上面积最大的城市之一。据2007年国际研究团队的研究，在王朝鼎盛时期，吴哥地区面积近3000平方公里，拥有50万~100万人口，地区内建有一套完整的灌溉系统，以调节旱季与雨季的水量，保证足够的粮食供应。

在中国古籍文献中，有不少关于高棉帝国的记载。南宋泉州市舶司提举赵汝适1225年著《诸蕃志》中云："真腊……其地约方七千余里，国都号禄兀[7]。""官民悉编竹覆茅为屋，惟国王镌石为室，有青石莲花池沼之胜，跨以金桥，约三十余丈。殿宇雄壮，侈丽特甚。"

元成宗铁穆耳于元贞元年（1295年）遣浙江温州人周达观出使真腊（即吴哥）。周达观及其使团驻吴哥一年。1296年回国后以游记形式撰写了关于真腊风土民情的报告《真腊风土记》。当时正值因陀罗跋摩三世在位期间，文中记录了这时期吴哥的城池及生活，如城郭、宗教、司法、官僚、农业、奴隶、动植物、沐浴、衣着、器具、商业、贸易、柴米油盐等等。下面一段是对城郭的记述："州城周围可二十里，有五门，门各两重。惟东向开二门，余向皆一门。城之外巨濠，濠之外皆通衢大桥。桥之两傍各有石神五十四枚，如石将军之状，甚巨而狞。五门皆相似。桥之阑皆石为之，凿为蛇形，蛇皆九头，五十四神皆以手拔蛇，有不容其走逸之势。城门之上有大石佛头五，面向西方。中置其一，饰之以金。门之两傍，凿石为象形。城皆叠石为之，可二丈，石甚周密坚固，且不生繁草，却无女墙。城之上，间或种桄榔木，比比皆空屋。其内向如坡子，厚可十余丈。坡上皆有大门，夜闭早开。亦有监门者，惟狗不许入门。其城甚方整，四方各有石塔一座，曾受斩趾刑人亦不许入门。当国之中，有金塔一座。傍有石塔二十余座；石屋百余间；东向金桥一所；金狮子二枚，列于桥之左右；金佛八身，列于石屋之下。金塔至北可一里许，有铜塔一座。比金塔更高，望之郁然，其下亦有石屋十数间。又其北一里许，则国主之庐也。其寝室又有金塔一座焉，所以舶商自来有富贵真腊之褒者，想为此也"。报告中还称吴哥窟为"鲁般（班）墓"：鲁般墓"在南门外一里许，周围可十里，石屋数百间。"又说国王死后，有塔埋葬，可见吴哥寺乃皇陵。

元朝航海家汪大渊曾于1330~1339年游历吴哥，他称吴哥窟为"桑香佛舍"，这表明在14世纪中叶，吴哥窟已经从印度教寺变为佛寺。汪大渊还报告吴哥窟有"裹金石桥四十余丈"，十分华丽，有"富贵真腊"之语。

明朝永乐元年（1403年），明成祖派遣尹绶出使真腊。尹绶回国后将真腊国的山川、地理和在吴哥都城所见，一并绘图上呈明成祖。

作为一个强势人物，阇耶跋摩七世暂时延缓了帝国的衰落，但并没有能挽回它最终的命运。随着他的去世，帝国的衰落加剧，中央集权的削弱导致经济的崩溃，土地复归干旱荒芜。1431年，暹罗军队占领吴哥地区，摧毁了许多建筑和灌溉设施。王室被迫搬离吴哥，迁都金边，吴哥窟被遗弃，吴哥王城亦逐渐为丛林覆盖。

[近代的发现和整修]

吴哥窟及吴哥城虽然被弃，但直到17世纪，实际上并没有完全荒芜，而是改作佛寺。尚有一些当地的佛教徒在庙边搭盖屋寮居住，以便到庙宇中进行朝拜。还有一些高棉猎户进入森林打猎，于无意中得知这些宏伟的庙宇。但总体而论，吴哥古迹已淡出了世人的视野。自16世纪起，这些残迹即被称为"吴哥窟"（Angkor Wat）。

葡萄牙人安东尼奥·达·马达连那是第一个造访吴哥寺庙的欧洲人（1586年）。他曾向葡萄牙历史学家蒂欧格·都·科托（1542~1616年）报告其游历吴哥的见闻。在这位方济各会修士和旅行家看来，吴哥"是如此非凡的建筑，以致无法用笔墨来形容，特别是因为它有别于世界上任何其他建筑，配有塔楼、装饰及人类天才所能构想的所有精品"[8]。

1819年，周达观《真腊风土记》的法文译本首次在巴黎刊行。1857年，驻马德望的法国传教士夏尔·艾米尔·布意孚神父在他的著作《1848~1856年印度支那旅行记，安南与柬埔寨》（*Voyage en Indo-chine 1848-1856, L'Annam et le Cambodge*）中同样报

图2-1法国湄公河考察团成员在吴哥（版画，作者Emile Batard，据M. Gsel的照片绘制，取自《*Voyage d' Exploration en Indo-Chine*》，vol.1，1866年；版画下方标有成员的姓名）

COMMISSION D'EXPLORATION DU MEKONG.

M. GARNIER.　　M. DELAPORTE.　　M. JOUBERT.　　M. THOREL.　　M. DE CARNÉ　　M. DE LAGRÉE.

告了吴哥的状况。但这些著述，似乎并没有引起人们的太多注意。

1860年1月，法国博物学者和探险家亨利·穆奥为寻找热带动物，无意中在原始丛林中发现了宏伟惊人的吴哥古庙遗迹。他于1863年在巴黎和伦敦同时发表了图文并茂的法文游记《暹罗、柬埔寨及老挝诸王国旅行记》（*Voyage dans les royaumes de Siam, de Cambodge, de Laos*），在第十二章"吴哥窟"中写道："吴哥是古高棉王国的国都……此地庙宇之宏伟，远胜古希腊、罗马遗留给我们的一切……一见到吴哥的寺刹，人们立刻忘却旅途的疲劳，喜悦和仰慕之情油然而生，一瞬间犹如从沙漠踏足绿洲、从混沌的蛮荒进入灿烂的文明。"

穆奥的游记大大激发了欧洲人对吴哥窟的兴趣。苏格兰摄影师约翰·汤姆森受到穆奥游记的启发，1866年3月抵达吴哥，拍摄了世界上最早的吴哥窟照片。1867年他在爱丁堡出版了带照片的《柬埔寨古迹》（*The Antiquities of Cambodia: A Series of Photographs Taken on the Spot with Letterpress Description*）一书。此后造访这里的还有在暹罗宫廷中任职的英国人安娜·利奥诺温斯（1865年）。1863年法国殖民政权建立，许多学者慕名而来挖掘丛林中的吴哥遗

左页:

图2-2路易·德拉波特：吴哥城门想象复原图（版画，19世纪末）

本页:

图2-3《柬埔寨游记：高棉的建筑艺术》（*Voyage au Cambodge: l' Architecture Khmére*，1880年版）插图：19世纪法国考察队在高棉遗址（作者路易·德拉波特）

址（实际上，直到19世纪末，遗址一直为丛林所掩盖）。1866年，法国殖民当局开始进行系统研究，19年后编定了一份吴哥王室年表。差不多同时期在这里进行考察并发表著作的还有法国考古学家、建筑师和探险家路易·德拉波特（1842~1925年）及德国民族学者阿道夫·巴斯蒂安（1826~1905年）。前者于1866~1868年及1873年进行了两次考察，后者自1861年起在东南亚进行了4年考察。从此吴哥引起了西方的普遍注意。

1866~1868年由法国护卫舰舰长埃内斯特·杜达尔·德拉格雷率领的湄公河考察团（Mekong Commission，图2-1），对吴哥进行了有史以来第一次科学考察，团员中就包括时为陆军中尉兼考古学家的路易·德拉波特（图2-2）。后者将大约70件吴哥窟的雕刻和建筑部件带回法国，在1867年和1878年的万国博览会上展出，并在1880年出版了附有多幅素描画的著作《柬埔寨游记：高棉的建筑艺术》（*Voyage au Cambodge: l'Architecture Khmer*，图2-3）。他后来又数次重返吴哥窟，收集实物样本。其藏品后来被收入巴黎吉梅国立亚洲艺术博物馆（Le Musée National des Arts Asiatiques-Guimet）[9]。随同德拉波特前往吴哥的，还有法国摄影师艾米尔·基瑟尔。1866年他发表《亚洲》（Asie）画册，其中的吴哥窟照片使人们可以目睹当时吴哥窟的壮观景色。1873年法国湄公河考察团在巴黎出版了由团员弗朗西斯·加尼耶执笔的《印度支那考察纪行》（*Voyage d'Exploration en Indo-Chine*），其中也收入了德拉波特的吴哥窟素描。差不多同时期（1871~1872年）问世的尚有美国

旅行家弗兰克·文森特（1848~1916年）的游记《白象之国，东南亚景色-远印度地区（缅甸、暹罗、柬埔寨、南圻）旅游探险纪行》（*The Land of the White Elephant，Sights and Scenes in South-eastern Asia: a Personal Narrative of Travel and Adventure in Farther India, Embracing the Countries of Burma，Siam，Cambodia，and Cochin-China*）[10]。

1907年，暹罗将暹粒、马德望等省份归还柬埔寨。自1908年起，法国远东学院（École Française d'Extrême-Orient）开始对包括吴哥窟在内的大批吴哥古迹进行了为期数十年的大规模整治。吴哥窟周围190米宽的护城河，如一道屏障，阻挡了四周森林的蔓延，因此和其他吴哥古迹相比，这里保存最为完整。但仍然有树根深入部分建筑缝隙，导致建筑物坍塌。修复工程包括清除覆土及杂草树林，稳定地基和修补墙体，1911年清理工作基本完成。20世纪30年代，开始进行加固支撑及归位复原。这项工作时断时续直至1970年（二战后柬埔寨王国独立，虽对吴哥古迹的维护没有中断，但战后因文物盗窃导致的雕刻损毁相当严重）。在这期间参与相关研究的法国学者主要有乔治·科代斯（1886~1969年）、莫里斯·格莱兹（1886~1964年）、保罗·穆斯（1902~1969年）和菲利普·斯特恩（1895~1979年）等。20世纪70~80年代柬埔寨内战和红色高棉控制时期整治工作被迫停顿，庙宇群也遭到破坏和盗窃，直至20世纪90年代修复工作才重新展开。1992年联合国教科文组织将吴哥古迹列入世界文化遗产。自1993年起，国际修缮团队进驻吴哥遗址群，相关工作持续至今。

一、概况

[宗教背景]

印度教在公元前传入高棉，直到12世纪末都是高棉的主要宗教。印度教的三大主神（创造神梵天，宇宙保护神毗湿奴，破坏、再生之神湿婆）在柬埔寨的地位尤为重要。湿婆的代表形象之一是林伽的圆形段（林伽分上、中、下三段，象征三神：上段截面圆形，代表湿婆；中段八角形，代表毗湿奴；下段方形，代表梵天）。

《古代高棉帝国》（The Ancient Khmer Empire）一书的作者劳伦斯·帕默·布里格斯特别指出印度婆罗门在将其宗教文化传到扶南及其属国所起的重要作用。侨陈如二世登扶南王位后，进一步倡导婆罗门教。与之同时，佛教也开始传入。从中国古代典籍中可知，在当时的扶南，婆罗门教与佛教已同时并行，相互融合[11]。

高棉人，和之前的印度人一样，并没有把神庙视为信徒集会的场所，而是他们所尊崇的神祇的居所；他们相信，神实际上是以圣像的形式住在那里。因此，高棉的神庙相对较小。寺庙结构包括为主神建造的主要塔庙和一或几座为主神的配偶及其"坐骑"建造的祠庙。除这些建筑外，另有辅助结构，用来保存祭祀物品，以及与敬神仪式和经文相关的物品。建筑群周以带门的围墙，其内还用不耐久的材料建造第二道围墙，内部布置祭司、乐师和男女舞蹈演员的住所。

对山岳的崇拜在扶南本土信仰中占有重要的地位。"扶南"（克美尔语Phnom，来自古高棉语Bnum）的意思即"山丘"，扶南王的尊号为"山王"（Kurung-bnam）。山丘（无论是山顶或山脚）是古高棉人拜神之地，因而圣殿往往都建在市内高处，如果没有高山，也要想法建在人工堆成的土丘上。在这点

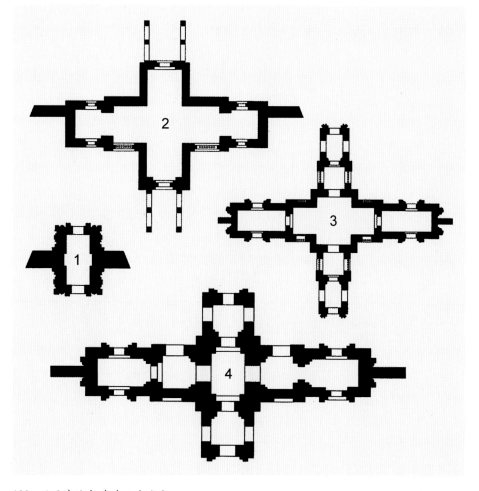

本页：

图2-4高棉寺庙 门楼平面形式：1、单一矩形房间；2、十字形房间带延伸的侧厅；3、十字形房间带前后双门廊及延伸的侧厅；4、五间十字形主体带延伸的侧厅

右页：

（上）图2-5高棉寺庙 平面形式（据Boisselier，1966年）：1、披迈 石宫，主祠；2、吴哥 萨姆雷堡寺；3、诃利诃罗洛耶 巴孔寺；4、吴哥 巴色占空寺；5、吴哥 摩迦拉陀寺；6、吴哥 茶胶寺；7、吴哥 特戈尔寺；8、贡开 托姆庙塔；9、吴哥 布雷祠；10、吴哥 埃格祠

（下）图2-6高棉寺庙 门柱窗棂形式的演化：1、吴哥 布雷格门寺，门柱；2和4、诃利诃罗洛耶 德拉贝昂蓬寺，门柱；3、伊奢那补罗门柱；5、诃利诃罗洛耶 圣牛寺，窗棂；6和7、贡开 托姆寺，窗棂；8、扁担山 圣殿寺，窗棂；9、吴哥 吴哥窟，窗棂

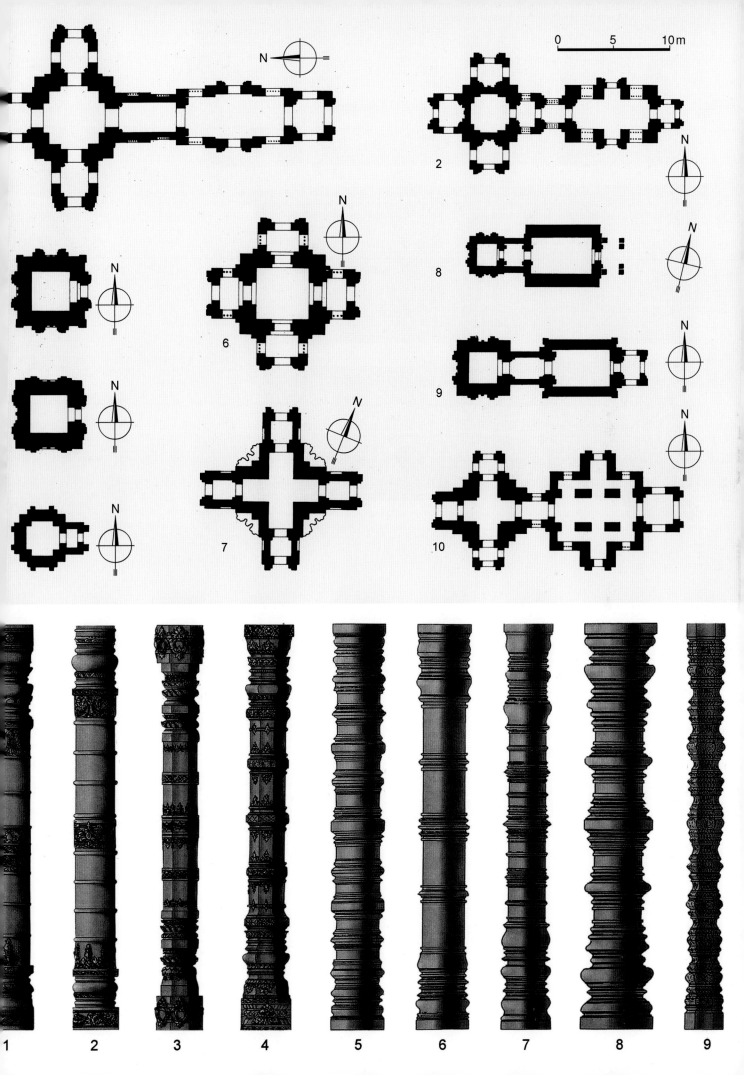

2

8

9

10

6

7

1

0   5   10m

1   2   3   4   5   6   7   8   9

内殿

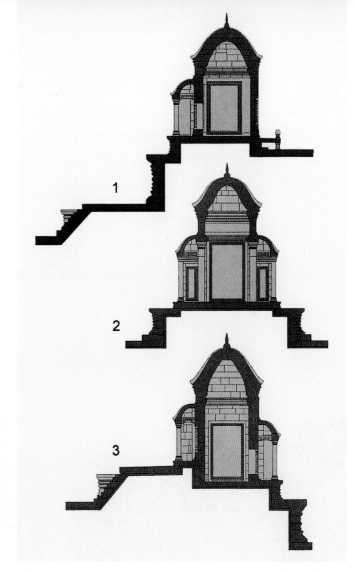

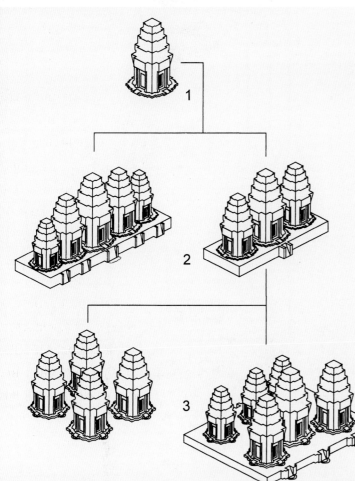

本页及左页：

（左上）图2-7高棉寺庙 楣梁形式的演进：1和2、前吴哥风格；3、圣牛寺风格（9世纪）；4、南北仓风格（11世纪上半叶）；5、巴芳风格（11世纪下半叶）；6、巴戎风格（12~13世纪）

（右上）图2-8高棉寺庙 廊道剖面形式（拱顶叠涩挑出，带半拱顶侧廊）：1、一边出侧廊；2、两边出侧廊；3、两边侧廊不在同一标高上

（左下）图2-9高棉寺庙 廊道结构及构造剖析图：1、采用楔形砌块的真券拱顶；2、叠涩挑出拱顶；3、脊顶饰；4、锚固件

（中下）图2-10吴哥 塔庙构成图（通常由五个渐次缩小的层位组成，上面各层实为底层的缩小复制品）

（右下）图2-11高棉 塔庙的组合方式（至10世纪上半叶）：1、单座塔庙（为用得最多的一种形式）；2、单排并列[通常为三个一组，分别供奉梵天、湿婆及毗湿奴，左侧五座并列的吴哥豆蔻寺（供奉毗湿奴）为特例]；3、双排并列[如诃利诃罗洛耶的洛莱寺（左）及圣牛寺（右），均为祭祀国王先祖的寺庙]

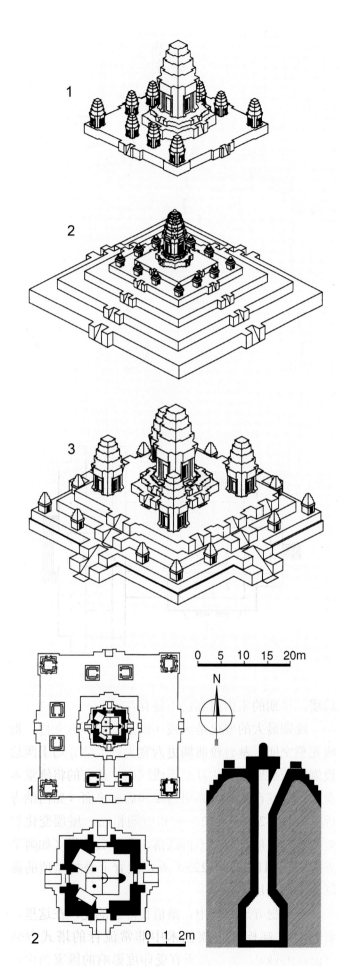

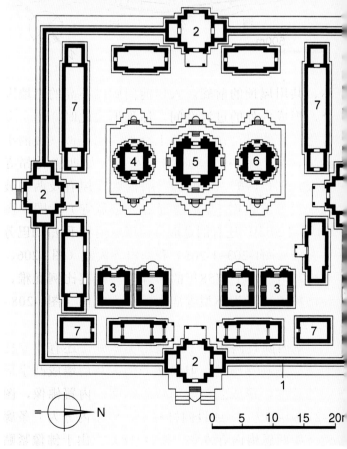

左页：

（左上）图2-12高棉 山庙的布局方式（未按同一比尺）：1、最初的原型（如阿加·约姆山庙，7世纪，规模较小）；2、位于多层台地上的金字塔式祠庙（如诃利诃罗洛耶的巴孔寺、吴哥的巴色占空寺）；3、五点式（梅花式）布局的塔庙（如吴哥早期的巴肯寺、东湄本寺及比粒寺，后期的茶胶寺及吴哥窟等）

（左下）图2-13阿加·约姆（亚扬）山庙（亚扬寺）。平面及剖面：1、总平面（除主祠残迹外，东南区尚有三座小型砖构祠堂的遗存）；2、主祠平面及剖面（现场已被盗宝者破坏，林伽基座下有一个孔洞通向12米深处一个边长为2.6米的小室，1932年法国考古学家Georges Trouvé发现时，室内已被盗空。不过，受这一发现启示，他在巴戎寺下面也找到了一个井坑，其内有一些破损的佛像）

（右上及右中）图2-14阿加·约姆 山庙。遗址现状

（右下）图2-15克罗姆山 寺庙（9世纪末或10世纪初）。总平面：1、围墙；2、门楼；3、"藏经阁"；4、梵天祠塔；5、湿婆祠塔；6、毗湿奴祠塔；7、厅堂

本页：

（上）图2-16克罗姆山 寺庙。俯视全景

（下）图2-17克罗姆山 寺庙。入口处残迹景色

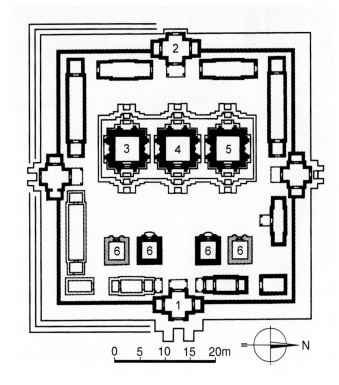

本页及左页：

（左上）图2-18克罗姆山 寺庙。主塔群，东北侧现状

（左中）图2-19克罗姆山 寺庙。主塔群，东南侧景色

（中下）图2-20克罗姆山 寺庙。主塔群，背立面景观

（右下）图2-21克罗姆山 寺庙。祠塔边饰（采用微缩祠塔造型，由于靠近洞里萨湖，湿度较大，石块侵蚀严重，许多最初的装饰现仅能寻得一些痕迹）

（中上）图2-22克罗姆山 寺庙。梵天祠塔，基座雕饰

（左下）图2-23博克山 寺庙（10世纪早期）。平面：1、东门；2、西门；3、梵天祠塔；4、湿婆祠塔；5、毗湿奴祠塔；6、"藏经阁"

（中中）图2-24博克山 寺庙。东侧现状

（右上）图2-25博克山 寺庙。中塔及北塔，近景

上，和印度的观念（湿婆居于圣山之上）倒是非常契合。山岳在这里不仅是城市的中心，而且象征众神栖息的须弥山，是宇宙的中心，也是人们得以和神沟通的圣地。在朝拜者途径的山路边上，往往不规则地布置一些次级祠堂或附属建筑。

[建筑形制]

　　神庙既是当地宗教信仰的象征性表现，也为这种信仰提供了具体的形式。宗教建筑严格遵守集中形制

并朝向四个主要方位，正立面（主入口）朝代表生命之源的东方。主要圣殿象征作为世界中心和诸神居所的须弥山（Mount Meru）。它建造在城市中心，面

本页及左页：

（左上）图2-26博克山 寺庙。"藏经阁"，遗存现状

（余三幅）图2-27博克山 寺庙。神像雕刻（巴黎吉梅博物馆藏品），自左至右分别为湿婆（额头上的第三只竖向眼睛是其独特的标志）、梵天及毗湿奴

对着王宫，因为国王正是从神那里取得统治人间的授权。多少个世纪期间，不论风格如何演变，这样的形制和布局方式一直保留下来，未曾改动。从宗教层面来说，这种古制的沿袭更具有保留礼仪传统的神圣意义。在石建筑里，继续采用早期木建筑的结构体系和形式，同样是这种保守天性和倾向的表现。

（左上）图2-28博克山 寺庙。墙面雕饰细部

（下）图2-29吴哥 人工湖及堤道。剖面（取自STIERLIN H. Comprendre l' Architecture Universelle，II，1977年）

（右上）图2-30毗湿奴雕像（喔呋出土，6/7世纪）

（左中）图2-31吴哥比粒（茶胶省）达山寺（6世纪）。假门立面

X-X 剖面

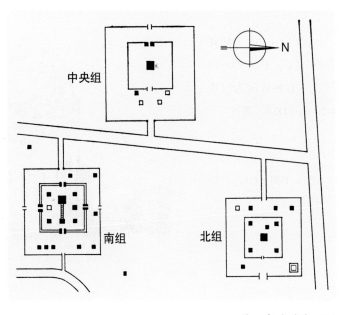

（上两幅）图2-32吴哥比粒 达山寺。现状

（左中）图2-33吴哥比粒 阿什兰玛哈罗诗庙（7世纪）。北立面全景

（左下）图2-34吴哥比粒 阿什兰玛哈罗诗庙。西北侧近景

（右中）图2-35巴扬山 湿婆神庙（7世纪后期）。立面复原图（据
Parmentier）

（右下）图2-36三坡布雷卡（伊奢那补罗） 遗址总平面（取自
STIERLIN H. Comprendre l' Architecture Universelle，II，1977年）

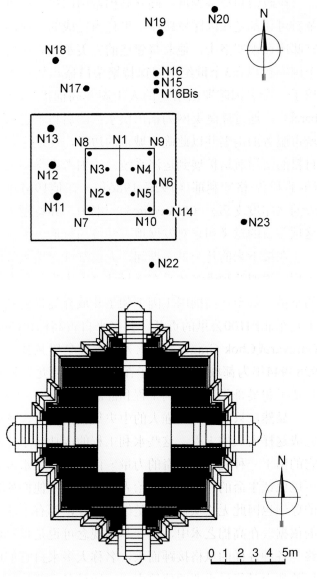

左页：

（左上）图2-37三坡布雷卡 北组。各祠庙位置示意

（左中）图2-38三坡布雷卡 北组。N1，平面

（左下及右上）图2-39三坡布雷卡 北组。N1，遗存现状

（右中及右下）图2-40三坡布雷卡 北组。N7（八角庙），现状（正面及背面）

本页：

（左上）图2-41三坡布雷卡 北组。N7，雕饰细部

（左下）图2-42三坡布雷卡 北组。N7，内景

（右上）图2-43三坡布雷卡 北组。N7，雕刻：马头神（Vajimukha，现存巴黎吉梅博物馆）

（右下）图2-44三坡布雷卡 北组。N16，现状外景

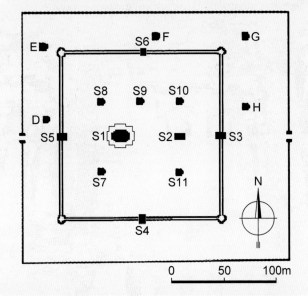

本页及左页：

（左）图2-45三坡布雷卡 北组。N16，浮雕：天宫图

（中上及中中上）图2-46三坡布雷卡 北组。N17，外景（为三坡布雷卡唯一的石构建筑）

（中中下及右上）图2-47三坡布雷卡 北组。N18，残迹现状

（右下）图2-48三坡布雷卡 北组。N23，门楣雕饰

（右中）图2-49三坡布雷卡 南组（7世纪）。总平面示意

左页：

（上下两幅）图2-50三坡布雷卡 南组。内院（第一道围墙院落），西墙内侧墙面浮雕

本页：

（上下两幅）图2-51三坡布雷卡 南组。图2-50细部（下图示一个正在与狮子搏斗的勇士，躺在地上的可能是国王）

本页：

（左上）图2-52三坡布雷卡 南组。S11（八角祠塔），外景

（左下）图2-53三坡布雷卡 南组。S11，浮雕：天宫（飞宫）

（右）图2-55三坡布雷卡 南组。S1，树木及植被清理前景观

右页：

（上）图2-54三坡布雷卡 南组。S1（耶本塔庙，右，内置湿婆金像）及S2（左，内置湿婆坐骑、公牛南迪的银像），外景

（下）图2-56三坡布雷卡 南组。S1，地段现状全景

门楼和圣殿主体多为单体建筑，平面由四方形或矩形组合而成，无装饰性壁龛（图2-4、2-5）。门柱及窗棂为重点装饰部位（图2-6）。圣殿门柱多为圆形，柱头带球状装饰；从已发现的陶制品上看，有时窗上还带有马蹄形的装饰。门楣为雕饰集中区，往往也是表现建筑主题雕刻的处所（图2-7）。阶梯状屋

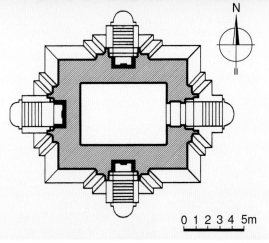

（左上）图2-57三坡布雷卡 南组。S1，立面全景（内殿长9米，宽5米，内祠墙厚2.7米）

（左下左）图2-58三坡布雷卡 南组。S1，外墙浮雕：飞宫

（左下右）图2-59三坡布雷卡 南组。S1，入口大门近景

（中上左）图2-60三坡布雷卡 南组。S1，入口楣梁雕饰

（右）图2-61三坡布雷卡 南组。S1，内景

（中上右）图2-62三坡布雷卡 中央组。中央祠庙（C1，博拉姆塔庙，"狮庙"，9世纪），平面

（中下）图2-63三坡布雷卡 中央组。中央祠庙，现状

（左上）图2-64三坡布雷卡 中央组。中央祠庙，北门楣梁雕饰

（余三幅）图2-65三坡布雷卡 中央组。中央祠庙，入口大门及石狮

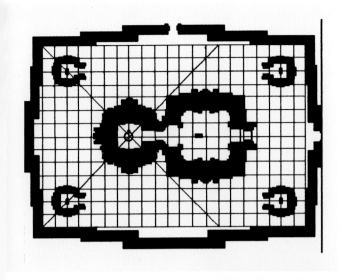

顶逐层内收，显然是象征圣山，但坡度不大，形制古拙。

高棉建筑的基本类型主要是塔式祠庙（塔庙，prasat，tower-sanctuary）和山庙（temple-mountain），随后又增加了廊道（gallery，图2-8、2-9）。较为壮观的作品都是由这三种要素按各种不同的方式组合而成。

塔式祠庙平面方形，以砖砌造，主立面朝东，上冠分层叠置式屋顶，以逐渐缩小的尺度重复主体的结构形式（图2-10）。这种塔式祠庙可以是单个，也可以组合成一排或两排（图2-11）。山庙的创造则可能和阇耶跋摩二世密切相关。在被爪哇夏连特拉王朝扣

（上）图2-66印度教寺庙 梅花式布局，平面图式

（下）图2-67印度18世纪手稿中有关宇宙和世界模式（Yantras）的表述

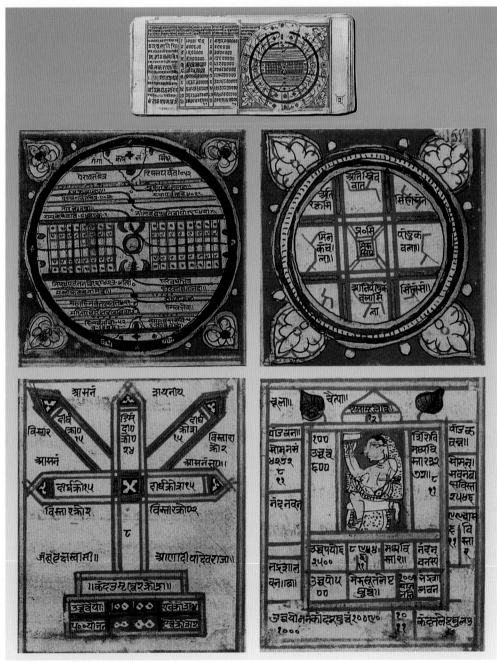

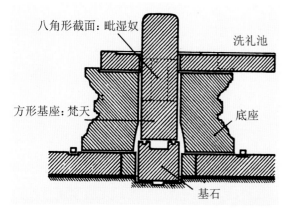

八角形截面：毗湿奴　　　　　洗礼池

方形基座：梵天　　　　　底座

基石

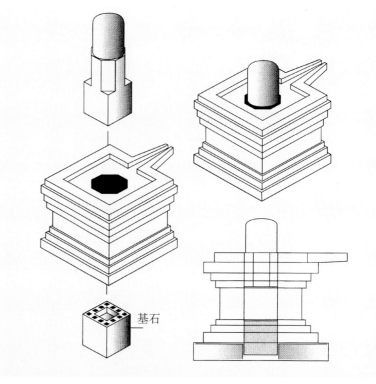

基石

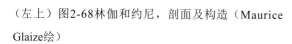

（左上）图2-68林伽和约尼，剖面及构造（Maurice Glaize绘）

（右上）图2-69林伽和约尼，构造图

（右下）图2-70林伽和约尼，实景

（左下）图2-71荔枝山"桥头"（遗址）。特马达祠（9世纪上半叶），东侧现状

（右中）图2-72荔枝山"桥头"。特马达祠，南侧楣梁细部（中央的卡拉怪兽头像为9世纪早期荔枝山风格的作品，这类头像在后期得到了广泛的运用）

作人质期间，他对支撑夏连特拉王朝统治的宗教基础进行过深入的研究。称王后，他以中爪哇婆罗浮图为范本，并结合本土的山岳崇拜创造出这种新的建筑形式（图2-12）。这类被神化的山丘亦可视为本土的山岳崇拜与印度教圣山崇拜的结合，这种结合在号称"山王"的夏连特拉王朝已臻于成熟。阇耶跋摩二世

（左上）图2-73荔枝山"桥头"。奥邦祠（9世纪上半叶），东侧现状

（右上两幅）图2-74荔枝山"桥头"。河床雕刻（位于自然桥北侧岩面上，11世纪中叶）：上图于双排林伽之上表现毗湿奴（卧在大蛇阿南塔身上）、梵天及莲花；下图左为毗湿奴及林伽，右侧表现骑在南迪身上的湿婆和他的妻子乌玛

（中下两幅）图2-75荔枝山"桥头"。河床雕刻：毗湿奴卧像（为这批河床雕刻中用得最多的题材）

本页：

（左上）图2-76荔枝山 "桥头"。河床雕刻：坐在莲花上的四头四臂神梵天（位于自然桥北侧石面上）

（右上）图2-77荔枝山 "桥头"。河床雕刻：浮现在水中的神

（中）图2-78荔枝山 "桥头"。河床雕刻：约尼（程式化的女性阴部象征，外部被成排的林伽包围，中间安放布置成梅花式的五个林伽）

（下）图2-79荔枝山 "桥头"。河床雕刻：鳄鱼（位于现已侵蚀的湿婆浮雕上部）

右页：

（左上）图2-80毗湿奴雕像（荔枝山出土，现存金边国家博物馆）

（下）图2-81吴哥 西湖。地区俯视图：1、西湖；2、西湄本寺；3、阿格尤姆庙

（右上）图2-82吴哥 阿格尤姆庙（7~8世纪）。平面：1、第三台地；2、中央祠塔；3、林伽及井；4、小塔；5、角塔（位于第二台地上）

（右中两幅）图2-83吴哥 阿格尤姆庙。遗址现状（原有三个台地，现仅能看到两个的部分残迹，中央祠塔底下有12米深的井道通向一个用途不明的拱顶小室）

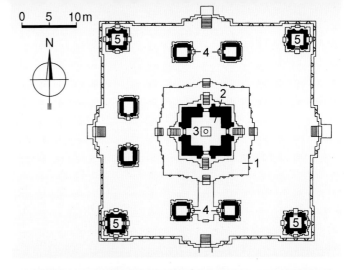

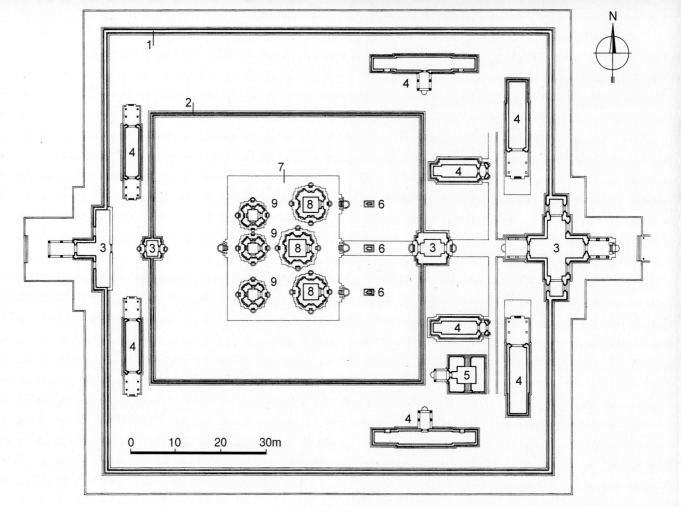

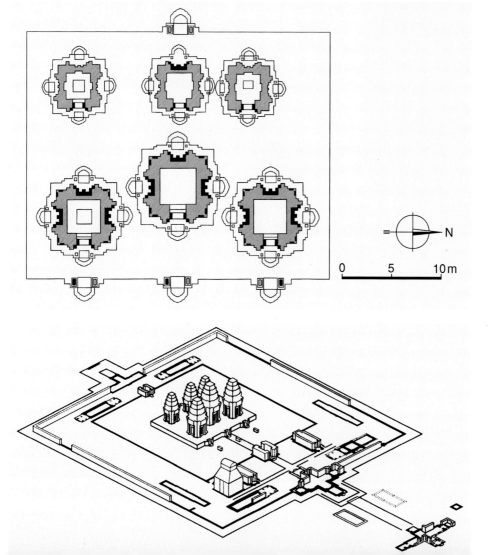

本页：

（上）图2-84诃利诃罗洛耶（罗洛士）圣牛寺（匹寇寺，877~893年）。总平面（1：800，取自STIERLIN H. Comprendre l' Architecture Universelle, II, 1977年），图中：1、第二道围墙；2、第一道围墙；3、门楼；4、长厅；5、"藏经阁"；6、南迪雕像；7、祠塔平台；8、国王祠塔；9、王后祠塔

（中）图2-85诃利诃罗洛耶 圣牛寺。中央祠塔群，平面（东侧国王祠塔较大，中央主塔稍许后退；西侧王后祠塔较小，北塔与中塔非常靠近，缘由不详）

（下）图2-86诃利诃罗洛耶 圣牛寺。透视景观示意图（右侧第三道围墙东门可能一直未建）

右页：

（上）图2-87诃利诃罗洛耶 圣牛寺。东南侧景色（自第三院落望去的情景，右侧为中央组群，左为"藏经阁"）

（下）图2-88诃利诃罗洛耶 圣牛寺。东侧全景（自第二道院落东门望去的景色）

（上）图2-91诃利诃罗洛耶 圣
牛寺。中央祠塔群，东侧（主
菩修复期间拍摄）

（下）图2-92诃利诃罗洛耶 圣
牛寺。中央祠塔群，东北侧现状

沿袭了这套理念并有所发展。在他以后，每位国王都
创建一座山庙，既作为生前的国寺，又作为死后的陵
寝。这是一个由阶梯状金字塔形成的结构（阶梯的数
目随时间而有所变化），顶上以主塔为中心周边布置
次级塔庙（最典型的是形成梅花状的五塔组群）。此

外，还可通过在平台上布置一系列砂岩塔楼进一步丰
富基本结构的构图。

这两种类型均可在早期所谓荔枝山风格（Ku-
len Style，约825~875年，系以阇耶跋摩二世建都的
山头而名）的高棉建筑中看到，在阿加·约姆（另

本页及左页：

（左上）图2-93诃利诃罗洛耶
圣牛寺。西北祠塔，东北侧景色

（中上）图2-94诃利诃罗洛耶
圣牛寺。西南祠塔，东立面近景

（左下）图2-95诃利诃罗洛耶
圣牛寺。藏经阁，现状（为吴
哥地区这类建筑最早的例证）

（中下）图2-96诃利诃罗洛耶
圣牛寺。中央主塔，上部结构
近景（经局部修复）

（右）图2-97诃利诃罗洛耶 圣
牛寺。中央主塔，西侧假门及
壁龛近景（砖构外施灰泥）

本页：

（左右两幅）图2-98诃利诃罗洛耶 圣牛寺。
东北祠塔，东南角墙面及龛室灰泥装饰细部

右页：

图2-99诃利诃罗洛耶 圣牛寺。西北祠塔，
卡拉塑像细部（据信这样的怪兽可阻止恶
魔进入寺庙）

译亚扬），这种风格为我们提供了第一个以最简单
形式出现的山庙（亚扬寺，图2-13、2-14）。该遗
址于1932年在法国考古学家乔治·亚历山大·特鲁韦
（1902~1935年）的领导下进行了发掘。遗址上的第
一个结构为一座可能建于8世纪后期的砖构祠庙，带
单一内室的这座建筑之后被改造成一座规模更大的
阶梯状金字塔，方形底部边长近100米。很可能于9世
纪初在高棉帝国创立人阇耶跋摩二世任内再次进行
了扩建。山庙的另类精美实例属巴肯风格（Bakheng
Style），如巴孔寺塔和建于9世纪末的巴肯山建筑
群。和阿加·约姆神庙相比，巴孔寺塔各个层位上的
台地和塔楼数量更多，结构也更为复杂。同时，基址
上还围有两道连续的石砌围墙，与两条宽阔的壕沟相
间布置。巴肯山建筑群还通过其丰富的象征表现，构

（上及下）图2-100诃利诃罗洛耶 圣牛寺。楣梁雕饰：上、中央主塔南侧门楣，中央为迦鲁达雕像；下、东南祠塔东侧门楣，中间卡拉头像两边雕马上的骑手，下面是成排坐在那迦身上的武士

（中）图2-101诃利诃罗洛耶 圣牛寺。假门灰泥装饰细部及龛室内的守护神雕像

（上三幅）图2-102诃
利诃罗洛耶 圣牛寺。
各塔灰泥装饰图案及
细部

（左中及下）图2-103
诃利诃罗洛耶 圣牛
寺。圣牛雕像（对着
祠塔，表明主要祭祀
对象为湿婆）

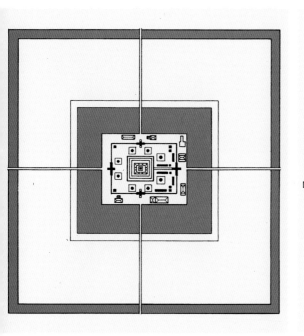

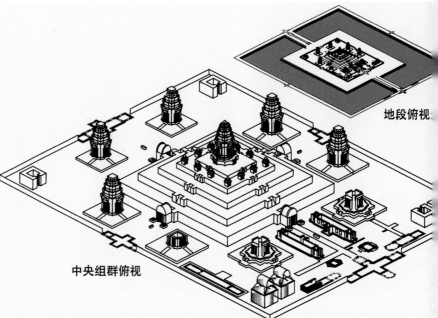

地段俯视

中央组群俯视

X-X 剖面

中央主塔平面

N

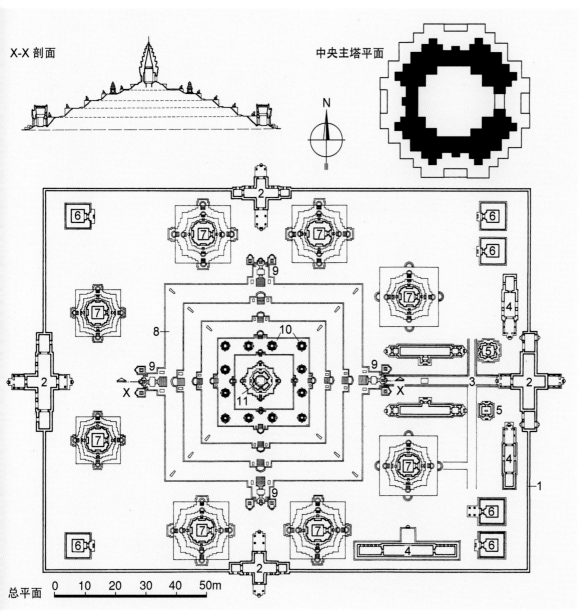

8

10

11

9

X

X

9

9

9

2

6

6

7

7

7

7

7

7

7

7

4

5

4

5

3

2

2

6

6

6

6

4

4

2

总平面 0 10 20 30 40 50m

（左上）图2-104诃利诃罗洛耶 巴孔寺（约881年）。总平面（原稿1:8000，取自STIERLIN H. Comprendre l' Architecture Universelle, II, 1977年）

（下）图2-105诃利诃罗洛耶 巴孔寺。主建筑群，总平面及剖面（1:1200，取自STIERLIN H. Comprendre l' Architecture Universelle, II, 1977年；经补充），图中：1、内院围墙；2、门楼；3、大道；4、长厅；5、小祠；6、带通风口的砖构建筑；7、祠塔；8、金字塔式基台；9、通向梯道的入口；10、小塔；11、中央主塔（平面详图见右上角）

（右上）图2-106诃利诃罗洛耶 巴孔寺。俯视全景图（为吴哥第一座重要的山庙组群，五层金字塔式台地象征须弥山）

（上）图2-107诃利诃罗洛耶 巴孔寺。东北侧俯视全景

（中）图2-108诃利诃罗洛耶 巴孔寺。东侧全景

（下）图2-109诃利诃罗洛耶 巴孔寺。西侧景观

左页:

图2-110诃利诃罗洛耶 巴孔
寺。中央组群,东侧现状

本页:

(上)图2-111诃利诃罗洛耶
巴孔寺。中央组群,东侧入口

(下)图2-112诃利诃罗洛耶
巴孔寺。中央组群,北侧景观

本页及左页：

（左）图2-113诃利诃罗洛耶 巴孔寺。主塔，东立面景观

（中上）图2-114诃利诃罗洛耶 巴孔寺。主塔，南侧现状

（右上）图2-115诃利诃罗洛耶 巴孔寺。主塔周围的小石塔（位于第四层平台上，共12座，自底层院落望去的景色）

（中下及右下）图2-116诃利诃罗洛耶 巴孔寺。主塔周围的小石塔（中下图背景为主塔，自东面望去的情景）

成了真正的石头历法，在各个水平层位上标出行星的位置和位相。

和山庙一起，各种组合形态的塔式祠庙继续得到应用：克罗姆山和博克山两地的寺庙每组均由三座成排布置的石砌塔楼组成（克罗姆山寺庙：图2-15~2-22；博克山寺庙：图2-23~2-28）。吴哥的石塔则经历了几个发展阶段：9世纪初为一座座独立的密檐式塔；10世纪出现了排列在平台上的塔群，如豆蔻寺、东湄本寺（双子塔）及空中宫殿（"天庙"，中心双塔耸立在有回廊的祭坛之上）。

在接下来的政治动荡时期，高棉人在艺术领域没有什么值得注意的成就。直到11世纪初（1001年）建造的茶胶寺，始于阿加·约姆的山庙类型才最后获得了确定的形式。这是座典型的古印度式金刚宝座塔，五座宝塔立在三阶宝座上。茶胶寺第二层台地的廊道在后期人们建造山庙时得到了进一步的发展并在角

本页及左页：

（左上）图2-117诃利诃罗洛耶 巴孔寺。底层院落，北侧祠塔（自主塔第三台地西北角望去的景色；这样的砖构祠塔每边两座，共八座，围绕着中央的金字塔式主祠）

（中上）图2-118诃利诃罗洛耶 巴孔寺。底层院落，北侧祠塔（自东南方向望去的景色，前景为北侧东塔）

（左下）图2-119诃利诃罗洛耶 巴孔寺。底层院落，西侧南塔，东南侧景色

（中下）图2-120诃利诃罗洛耶 巴孔寺。底层院落，西侧北塔，东南侧景色

（右上）图2-121诃利诃罗洛耶 巴孔寺。底层院落，西侧北塔（南立面）

（右下）图2-122诃利诃罗洛耶 巴孔寺。底层院落，东区景观（自主塔平台上望去的景色，中央大道前的东门楼仅留基础，大道两侧为长厅，其外是已残毁的两座东侧祠塔）

（上）图2-123诃利诃罗洛耶
巴孔寺。底层院落，长厅残
迹（西北侧景观，左前景为
主轴北侧长厅，对面为南侧
长厅）

（下两幅）图2-124诃利诃罗
洛耶 巴孔寺。底层院落，
主轴北侧长厅（南侧及东南
侧景色）

上建造塔楼[如约1050年建的巴普昂寺（巴芳寺）]。这时期的塔式祠庙（prasat）同样为石砌，立在平台上，有时还有前室，在主要入口边上布置经堂。塔布茏寺（1186/1191年）的宝塔则和长廊结合成为塔门长廊，成为吴哥窟外郭长廊的原型。寺庙周围往往绕以壕沟或水池。即便是尺度较小的组群，在精炼的程度上同样可与重要的建筑媲美。

由土坝围成的蓄水池（人工湖，baray）是这时期的另一种新型的建筑类型（图2-29）。在旱季，水从坝底通过与之相连的水渠被引入农田，以此保证粮食的生产。在高棉，水作为繁殖的象征同样受到人们的崇拜。因而，这些水池不仅具有实用的功能，在意识形态的表现上同样扮演着重要的角色。它与寺庙相结合，形成在乳海中耸立的须弥山（成为塔庙和寺山的象征），这也是吴哥寺庙的一大特色。

（上）图2-125诃利诃罗洛耶 巴孔寺。底层院落，主轴北侧，向西北方向望去的景色（前景左侧为北长厅东头，后为已倒塌的东侧北祠塔，背景为北侧尚存的东塔，右侧前景是东门内主轴线北侧的小祠堂残迹）

（下）图2-126诃利诃罗洛耶 巴孔寺。底层院落，东南角带通风口的两栋砖构建筑

（左）图2-127诃利诃罗洛耶 巴孔寺。雕
刻：湿婆及他的两个妻子（原在中央金
字塔东面的祠堂内，现移至库内保存）

（右上）图2-128诃利诃罗洛耶 巴孔寺。
雕刻：石狮（位于主塔前）

（右下）图2-129诃利诃罗洛耶 巴孔寺。
雕刻：石象（位于头三层平台四角）

（上）图2-130诃利诃罗洛耶 巴
孔寺。雕刻：那迦（位于引道处）

（下两幅）图2-131诃利诃罗洛
耶 巴孔寺。底层院落，祠塔八
角柱及圆柱

本页：

图2-132诃利诃罗洛耶 巴孔
寺。底层院落，祠塔门饰细
部（北侧东塔，南门）

右页：

（上下两幅）图2-133诃利诃
罗洛耶 巴孔寺。底层院落，
祠塔楣梁雕刻（下面一幅示
西侧北塔南门，是门楣雕饰
中表现得最完整的一个）

二、扶南及真腊早期的寺庙

[扶南时期]

根据中国古代史籍的记录，繁荣时期的扶南国都城建筑已相当考究。尽管一般居民仍然住在河道两边架在桩上的竹屋里，主要建筑已为砖构并施抹灰，都城本身甚至建有砖围墙。

不过，扶南时期的遗址遗迹较少，在旧都附近罗马克发现的石雕立佛和佛陀头像造型生动，风格上颇似印度笈多时期的作品。位于湄公河三角洲地区

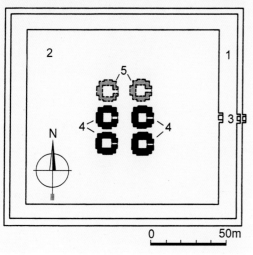

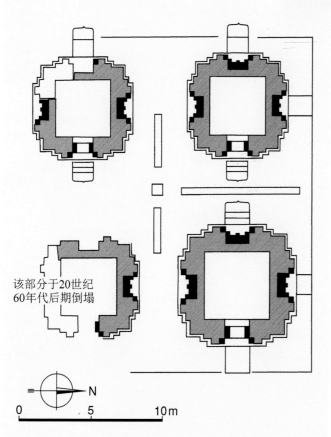

该部分于20世纪
60年代后期倒塌

0   5   10m

（左上及右下）图2-13
诃利诃罗洛耶 巴孔
寺。主祠塔，基台雕饰
（左上、第四层台地，南
侧浮雕；右下、北入口
门楼，微缩祠庙形象）

（右上）图2-135诃利诃
罗洛耶 巴孔寺。主祠
塔，墙龛雕饰（位于东
南角，南侧）

（左中）图2-136诃利
诃罗洛耶 洛莱寺（893
年）。总平面复原设想：
1、人工岛；2、平台；3、
梯道；4、现存祠塔；5、
设想中未建的祠塔

（左下）图2-137诃利诃
罗洛耶 洛莱寺。现状
平面

的喔呋，1~7世纪期间为扶南国的重要港口（现属越
南）。自1942年开始，法国考古学家路易·马拉雷在
此主持发掘，1996年法国和日本组成的国际团队又对
城址进行了进一步的研究，已发现了6/7世纪的毗湿
奴雕像（图2-30），类似的发现被称为喔呋文化。

这时期建筑上具有扶南风格的主要有茶胶省吴哥

（上）图2-138诃利诃
罗洛耶 洛莱寺。东北
则，全景

（下）图2-139诃利诃
罗洛耶 洛莱寺。东南
则，全景

比粒县的达山寺和阿什兰玛哈罗诗庙。

达山寺位于高约40米的达山顶上，法国历史学家米布雷诺认为它建于公元6世纪扶南末代国王留陁跋摩（514~约545年在位）时期。神庙平面方形，边长约12米，高18米（图2-31、2-32）。神庙朝北，面向当时扶南国的都城（Norkor Kork Thalor）。基座、檐部及门上雕饰部分以砂岩砌筑和制作，余皆用红土岩砌造。须弥座基台高约1米，设三道腰线；上部檐口

本页及左页：

（左两幅）图2-140诃利诃罗洛耶 洛莱寺。东侧景观（上下两幅分别示南塔于20世纪60年代末倒塌前后状态）

（中）图2-141诃利诃罗洛耶 洛莱寺。东北塔，东侧全景

（右）图2-142诃利诃罗洛耶 洛莱寺。西北塔，近景

本页及右页：

（左）图2-143诃利诃罗洛耶 洛莱寺。塔体近景（左侧为东南塔东北角，右侧为东北塔东南角）

（中）图2-144诃利诃罗洛耶 洛莱寺。塔体近景及龛室雕刻（东南塔，摄于倒塌前，可看到墙体的腐蚀已很严重）

（右上）图2-145诃利诃罗洛耶 洛莱寺。假门细部（东北塔南门）

（右下）图2-146诃利诃罗洛耶 洛莱寺。门柱及铭文细部（西南塔南门）

叠涩挑出，状如倒置的须弥座。立方形主体内部空间约深7.5米，宽8米，高7米；墙厚2.5米左右。类似的比例构成了高棉神庙建筑的总体廓线，有别于爪哇、占婆的建筑，是其重要特征之一。

　　目前，以叠涩方式砌造的阶梯金字塔状屋顶已严

左页：

（左上及下两幅）图2-147诃利诃罗洛耶 洛莱寺。龛室雕刻

（右上）图2-148诃利诃罗洛耶 洛莱寺。墙角灰塑（狮子，位于西南塔东南角）

本页：

（上）图2-149诃利诃罗洛耶洛莱寺。楣梁雕饰（东北塔东门，表现骑在白象上的因陀罗，花环雕成多头巨蛇那迦的形式，头部位于两端）

（下）图2-150诃利诃罗洛耶洛莱寺。楣梁雕饰（西北塔东门，由中央的卡拉和那迦头像，以及大量的植物图案和人物形象组成）

本页及左页：

（左上）图2-151诃利诃罗洛耶 洛莱寺。雕刻：柱础坐像

（左下）图2-152诃利诃罗洛耶 洛莱寺。雕刻：石狮

（右上）图2-153耶输陀罗补罗 城市总平面示意（取自STIERLIN H. Comprendre l' Architecture Universelle，II，1977年），图中：1、东湖；
2、巴肯寺（位于城市中心）；3、暹粒河

（右下）图2-154吴哥（耶输陀罗补罗）及罗洛士（诃利诃罗洛耶）地区 遗址总平面（现状）

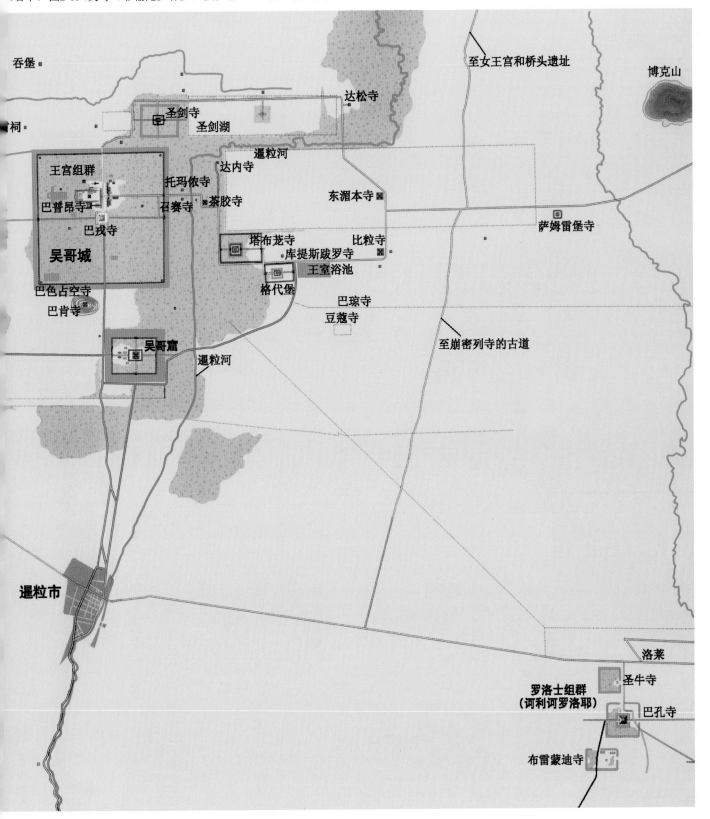

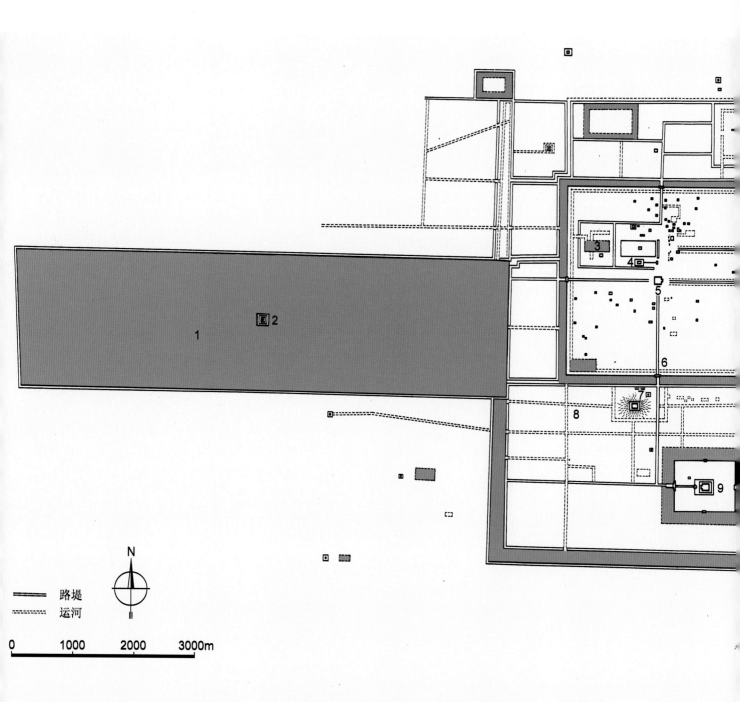

重损毁。表现"乳海翻腾"[12]典故的雕刻破裂成两部分。除北面真正入口外，其他三面均设假门，于墙上刻出门框和门扇，门中档处凸出五个方形门簪。楣梁浮雕表现睡卧的毗湿奴。门柱柱头已失，柱身由鼓状部件叠置而成。大门及假门山墙形成形态复杂的拱形，特别是假门山墙上的三头那迦（Naga）雕饰，构成立面上最引人注目的部分。

塔内有一组6世纪末至7世纪初的重要石雕，包括一尊3米高的八臂毗湿奴雕像及两尊真人大小的毗湿奴化身大力罗摩（Balarama）和持斧罗摩（Parashura-ma）的造像，风格接近印度原型。

另在山侧有五个类似印度风格的人工石窟，内置婆罗门尊崇的湿婆林伽（男子阳具的象征）及其妻子乌摩（雪山神女）的约尼（女子阴部的象征）。1975~1979年，这些石窟曾一度被用作火葬处所。

同样位于吴哥比粒县属扶南时期（7世纪）的阿什兰玛哈罗诗庙建在达山半山腰处，为一座以玄武岩砌造供奉湿婆的神庙（图2-33、2-34）。其入口朝北，平面方形，边长约5米；基台高约0.5米，上置高约1米的须弥座式基座。殿身高约3米，内部有宽约0.5米的方形同心环道。阶梯状金字塔式屋顶高约4米，分为两层，每层带山花蕉叶，上置宝瓶状尖顶。

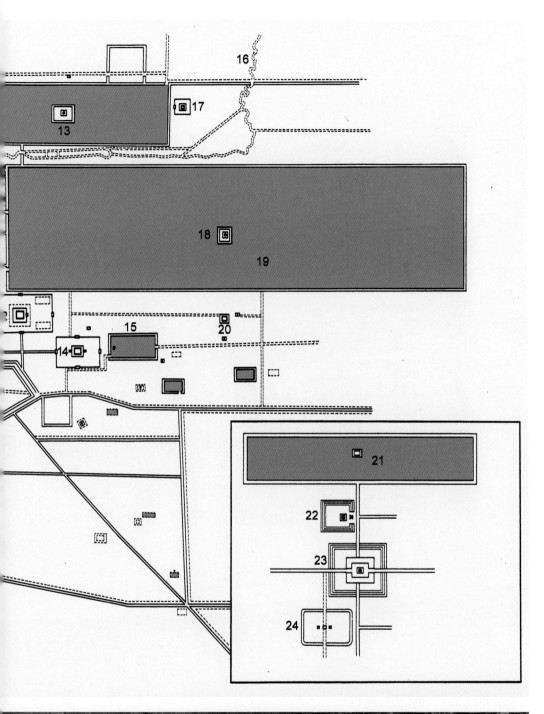

本页及左页：

（上）图2-155吴哥及罗洛士遗址。中心区，平面（12世纪形势复原图，1：60000，取自STIERLIN H. Comprendre l'Architecture Universelle, II, 1977年），图中：1、西湖；2、西湄本寺；3、空中宫殿（"天庙"）；4、巴普昂寺（巴芳寺）；5、巴戎寺（巴扬寺）；6、吴哥城城门；7、巴色占空寺；8、巴肯寺（山庙）；9、吴哥窟；10、圣剑寺；11、茶胶寺；12、塔布茏寺；13、盘龙祠；14、格代堡（"僧舍之堡"）；15、王室浴池；16、暹粒河；17、达松寺；18、东湄本寺；19、东湖；20、比粒寺（变身塔）；21、因陀罗塔塔迦湖（洛莱湖）；22、圣牛寺（匹寇寺）；23、巴孔寺；24、布雷蒙迪寺

（下）图2-156吴哥 遗址地区。卫星图，图上可清楚辨认出目前还基本上充满水的西湖及其中心的西湄本寺（1），吴哥城（2，边长3公里，由此可把握整个地区的尺度），吴哥窟（3）和圣剑寺东面较小的水池（4，池中央为盘龙祠），左侧在古代道路（5）下方可看到自暹粒市通向柬埔寨西北边境重镇诗梳风直至曼谷的近代道路

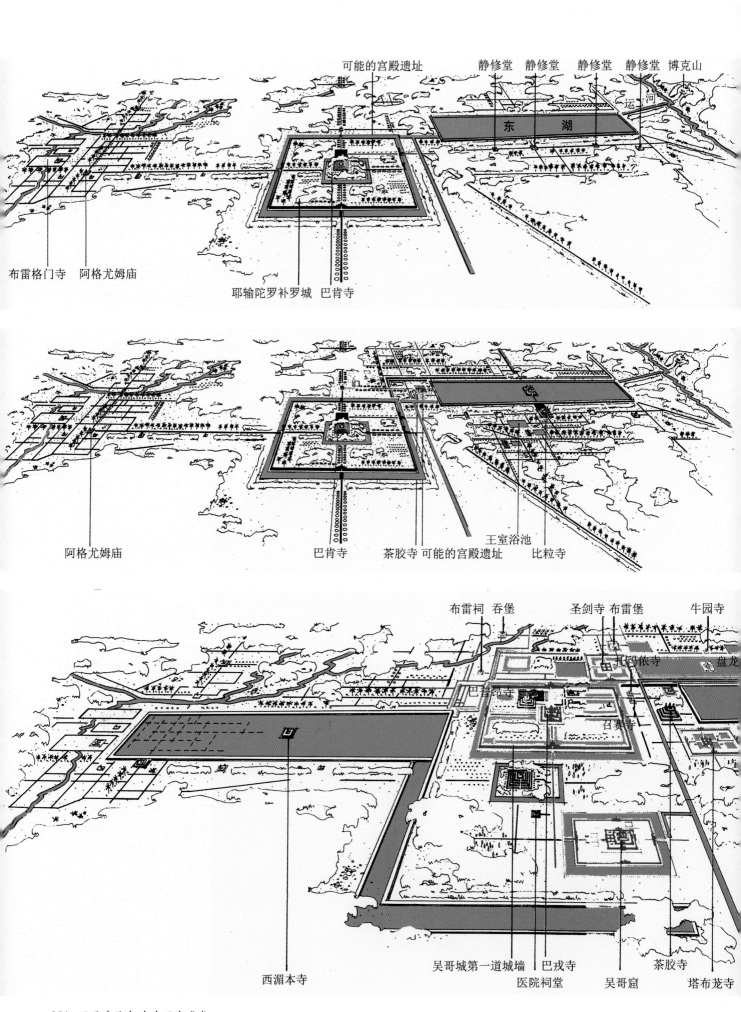

静修堂　静修堂　静修堂　静修堂　博克山

可能的宫殿遗址

运河

东　湖

布雷格门寺　阿格尤姆庙

耶输陀罗补罗城　巴肯寺

阿格尤姆庙

巴肯寺　茶胶寺　可能的宫殿遗址

王室浴池

比粒寺

布雷祠　吞堡　圣剑寺　布雷堡　牛园寺

扎鸦依寺　盘龙

巴普昂寺

召赛寺

西湄本寺

吴哥城第一道城墙　巴戎寺

医院祠堂　吴哥窟

茶胶寺

塔布茏寺

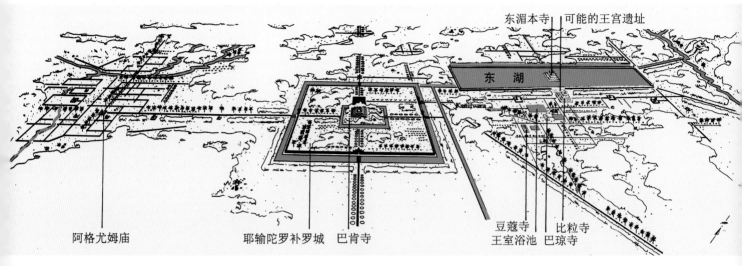

东湄本寺　可能的王宫遗址

东湖

比粒寺
巴琼寺

豆蔻寺
王室浴池

阿格尤姆庙　　　　耶输陀罗补罗城　巴肯寺

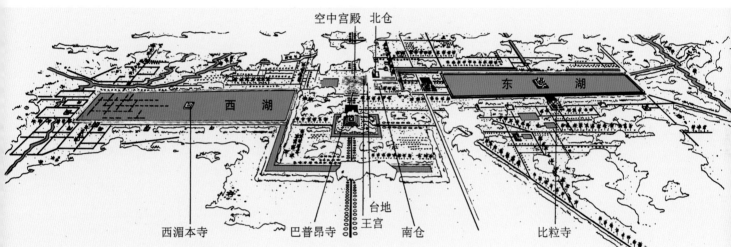

空中宫殿　北仓

西湖

东湖

比粒寺

西湄本寺　　　巴普昂寺　台地　南仓
王宫

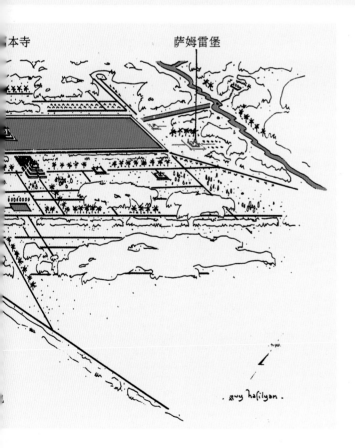

本寺　　　萨姆雷堡

guy nafilyan.

本页及左页：

（左上）图2-157吴哥 遗址地区。全景图（耶输跋摩一世时期，为吴哥地区的第一个都城；制图Guy Nafilyan，下几幅作者同）

（右上）图2-158吴哥 遗址地区。全景图（罗贞陀罗跋摩时期，放弃了耶输跋摩一世时期的旧都，将新都东移，安置在离东湖南岸中心不远处）

（左中）图2-159吴哥 遗址地区。全景图（阇耶跋摩五世时期，舍弃了他父亲的都城，再次回到靠近巴肯寺的地域）

（右中）图2-160吴哥 遗址地区。全景图（苏利耶跋摩一世时期，自东湖地区撤离，重点西移，围绕宫殿区建设并开发西湖）

（下）图2-161吴哥 遗址地区。全景图（阇耶跋摩七世时期，通过这时期的大规模建设，吴哥地区的总体面貌大体形成）

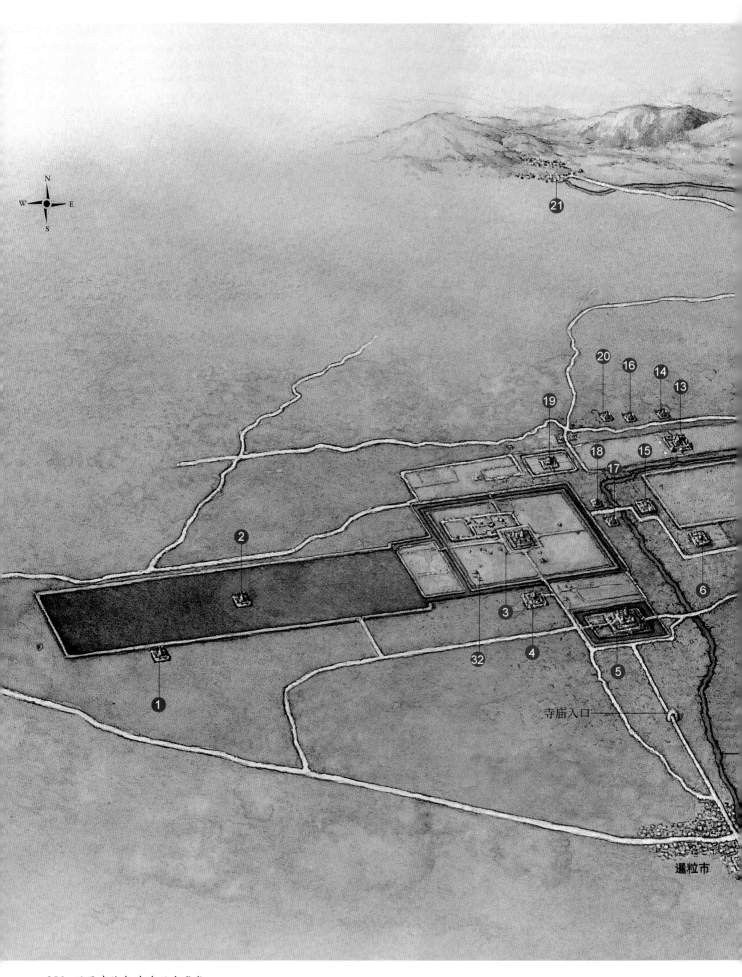

寺庙入口

遏粒市

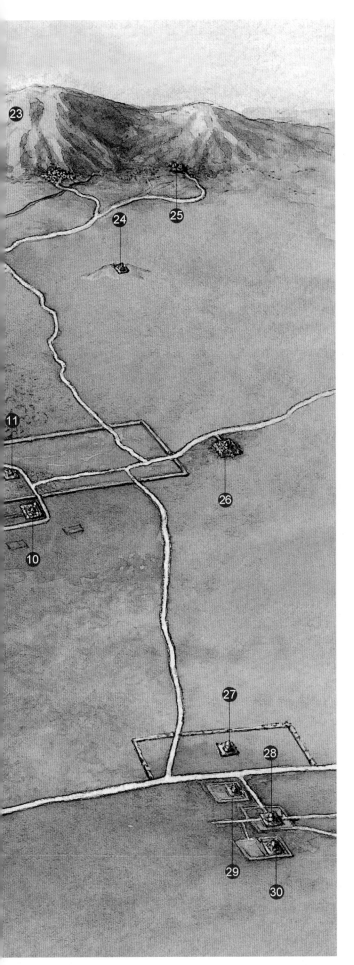

屋顶较殿身为高，但由于地处半山腰只能仰视或俯视，感觉上并不显得特别高耸。其门柱系自殿身石块雕出，并非独立部件，这种做法比较少见。柱身圆形，柱头由圆瓶及环状线脚组成，上置方形冠板。内殿门柱形制相同。入口上马蹄形山墙高约1.5米，顶部至屋顶第一阶台处；山面内以浮雕表现殿堂。大门两侧辟带侧柱的小窗，东、西两侧各有三个简易方窗，南侧不开窗。窗口方形，边长约0.5米，殿内仅有微弱的光线[13]。

在达德·巴诺姆（三坡，位于湄公河畔，和三坡布雷卡不是一个地方）和巴扬山尚存扶南后期部分神庙和祠堂的遗迹，包括达德·巴诺姆的一栋佛教建筑（6或7世纪，采用具有鲜明印度特色的陶砖）、巴扬

本页及左页：

（左）图2-162吴哥 遗址地区。全景图（取自ZEPHIR T，TETTONI L I. Angkor，a Tour of the Monuments，2013年）：1、阿格尤姆庙；2、西湄本寺；3、巴戎寺；4、巴肯寺；5、吴哥窟；6、塔布茏寺；7、格代堡；8、豆蔻寺；9、王室浴池；10、比粒寺；11、东湄本寺；12、达松寺；13、盘龙祠；14、牛园寺；15、茶胶寺；16、布雷祠；17、召赛寺；18、托玛侬寺；19、圣剑寺；20、布雷堡；21、"桥头"（遗址）；22、女王宫；23、荔枝山；24、博克山；25、崩密列寺；26、萨姆雷堡；27、洛莱寺；28、巴孔寺；29、圣牛寺；30、布雷蒙迪寺；31、克罗姆山；32、吴哥城

（右）图2-163吴哥 东湖。部分堤岸，现状

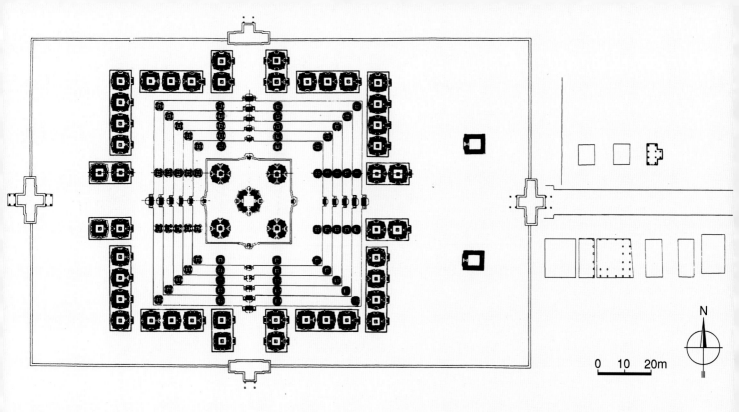

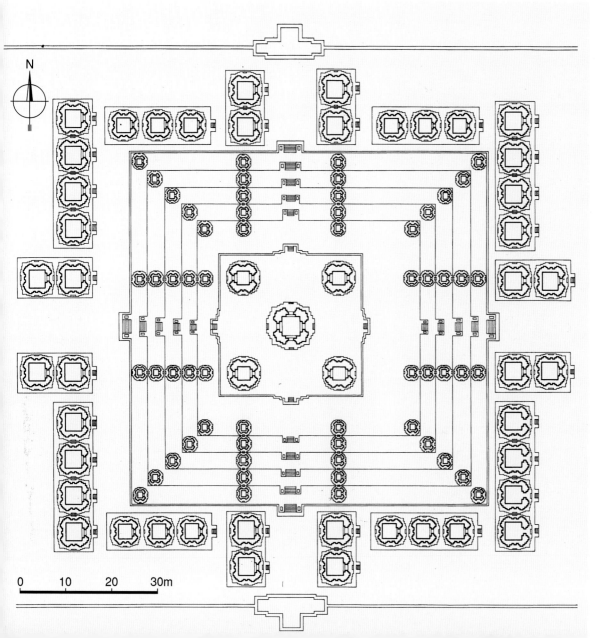

（上）图2-164吴哥 巴肯寺（893年）。总平面[法国远东学院（EFEO）图版，作者Jacques Dumarçay, 1971年]

（下）图2-165吴哥 巴肯寺。总平面（1∶800，取自STIERLIN H. Comprendre l' Architecture Universelle, II, 1977年；第一道围墙长宽分别为180米和120米）

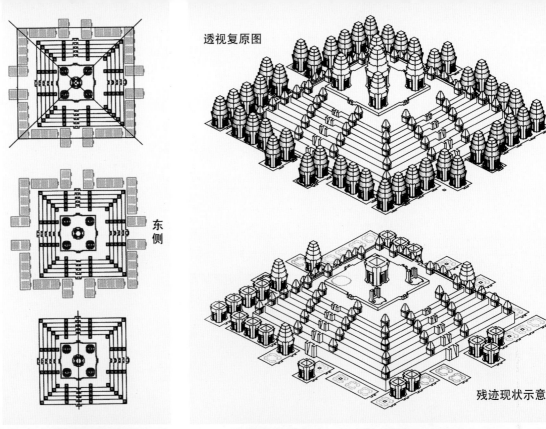

（左上）图2-166吴哥 巴肯寺。平面布局分析（顶部五塔庙组群并没有位于平台中心，而是按高棉寺庙的传统做法稍稍向西偏移，在东面留出较大的活动空间；以蓝色标示的底层祠塔同样整体向西偏移，因而保证中央祠塔仍处在整个构图的中心位置，尽管在底层，这样做的结果是在西面留出了更大的空间）

东侧

透视复原图

（右上）图2-167吴哥 巴肯寺。透视复原图及残迹现状示意

残迹现状示意

（下）图2-168吴哥 巴肯寺。西侧，俯视全景

山上的湿婆神庙（7世纪早期，砖构，平面矩形，配有三层龙骨状退阶屋顶，只是已成残墟，图2-35）及布雷卡的一个小型砂岩祠堂。

[真腊前期]

真腊前期主要建筑遗存位于现磅同市北面30公里处靠近森山的三坡布雷卡（高棉语，意为"密林中的寺庙"）。现已查明该遗址即繁荣于6世纪后期及7世纪初的真腊帝国都城伊奢那补罗（即《隋书》所说伊奢那城）。

由于真腊国王笃信婆罗门教，在伊奢那补罗建造了许多婆罗门教神庙，废墟至今仍在，还留下了不少烧砖与塑像，其中含有大量印度文化要素并掺杂了地方特征。按D. 米雄和Y. 卡莱的分类法[14]，三坡布雷卡主要建筑群分3组，分别以中央组、北组和南组命名（Group C、N、S，大写字母分别代表Central、North和South，图2-36）。它们被围在双重围墙内，在1000英亩的面积内共有150座印度教祠庙，只是大

本页及左页：

（左上）图2-169吴哥 巴肯寺。北侧
现状（自西北方向望去的景色）

（中上）图2-170吴哥 巴肯寺。西侧
景观（自西北方向望去的情景）

（左下）图2-171吴哥 巴肯寺。东南
侧全景

（右上）图2-172吴哥 巴肯寺。东北
侧近观

（右中）图2-173吴哥 巴肯寺。东侧
大台阶近景（台阶两侧布置石狮，台
地上同时安放成列的小塔）

（右下）图2-174吴哥 巴肯寺。西侧
大台阶近景

部分已成残墟。这些建筑主要建于6世纪末~7世纪伊奢那跋摩一世（616~637在位）及拔婆跋摩二世（639~657在位）统治时期。

北组（Group N，图2-37~2-48）。主要建筑为7世纪建造的三坡庙，系供奉湿婆的庄严相化身（Gambhireshvara）；

南组（Group S，图2-49~2-53）。包括22座7世纪（600~635年伊奢那跋摩一世时期）供奉湿婆的祠庙，主塔为耶本塔庙（S1，图2-54~2-61）；

中央组（Group C）。中央祠庙（C1，博拉姆塔庙）因有狮雕民间通称"狮庙"，是最为晚近的建筑（9世纪，图2-62~2-65）。其他重要建筑尚有阿什拉

（左上）图2-175吴哥 巴肯寺。北侧，大台阶以东地面砖塔

（右中）图2-176吴哥 巴肯寺。南侧，大台阶以东台地祠塔

（下）图2-177吴哥 巴肯寺。南侧，大台阶以西台地祠塔

（左中）图2-178吴哥 巴肯寺。西侧，大台阶及以北台地祠塔

（右两幅）图2-179吴哥 巴肯寺。大台阶边的护卫石狮

（左）图2-180吴哥 巴肯寺。上台地（第五台地）东南角塔（西北侧景色）

本页：

（上）图2-181吴哥 巴肯寺。上台地西南角塔（东北侧景观）

（下）图2-182吴哥 巴肯寺。中央组群，东北角塔（西南侧残迹景色）

右页：

（左上）图2-183吴哥 巴肯寺。中央组群，西北角塔，林伽

（右上及右中）图2-184吴哥 巴肯寺。中央塔庙，西侧现状及近景

（左下及中下）图2-185吴哥 巴肯寺。中央塔庙，龛室雕像

（右下）图2-186吴哥 巴肯寺。中央塔庙，壁柱基部小神雕像

姆·伊塞塔及18座已成为残墟的祠庙。

　　除以上三个主要建筑群外，还有一个距离中间区域较远的Z组（位于南组之西，北组之南，仅Z1保存较好）及一个独立位于密林中的K组。

　　由于这时期庙堂自山上转移到平原地带，为了增加宏伟的效果，组群布局上更加突出对称及轴线。如北组核心区以双层围墙围括排列成梅花形的庙堂，中心圣所不仅体量和位置突出，且四面辟门，充分体现了中心对称的设计意念（见图2-37）。这种布局方式本是印度教神庙常用的手法（图2-66），也是印度

教宇宙观的图解（图2-67）。但在中组（C）和南组（S），在保留双重围墙的同时，内围墙及主体建筑均向西移，也就是说，由中心对称改为更加突出东西轴线，在主轴上及两侧布置其他附属建筑（如图2-49所示）。这种布局方式预示了其后吴哥建筑群的规划，成为高棉寺庙的标志特色之一。

单体建筑平面有方形、矩形和八角形三种（在上百座寺庙中，有10座为八角形，为东南亚的一种特殊类型），唯中央圣殿均为方形或矩形。其四方形塔殿的形制来自扶南，深受印度南部笈多时代建筑的影

（左上）图2-187吴哥 巴肯寺。灰泥装饰细部（植物图案和正在祈祷的形象）

（右上）图2-188吴哥 巴肯寺。湿婆头像（10世纪，巴肯风格，巴黎吉梅博物馆藏品）

（下）图2-189吴哥 豆蔻寺（921年，19世纪重建）。平面（五座砖构祠塔位于同一平台上，入口皆朝东，平台长宽分别为35.2米和10.4米）

响。殿身立在方形平台上，平台较扶南时期为高，显然是为了使建筑显得更加宏伟。这种做法和印度笈多时代后期北方邦德奥加尔的毗湿奴十大化身庙颇为相似。

中央圣殿大都四面辟门（见图2-38），也有一面辟门其余三面装假门的。但凡中心塔殿台基四面正中均设台阶，通向假门的台阶实际上并无实用价值，无非是为了使基台平面具有双向对称的十字形态，以别

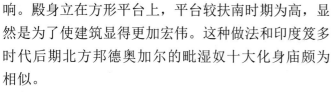

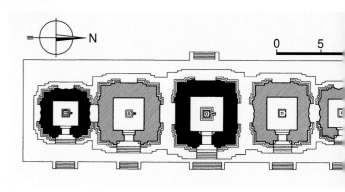

（上）图2-190吴哥 豆蔻寺。东侧，地段形势

（中）图2-191吴哥 豆蔻寺。东侧，全景

（下）图2-192吴哥 豆蔻寺。东北侧景观

268 · 世界建筑史 东南亚古代卷

本页及左页：

（左上）图2-193吴哥 豆蔻寺。
西北侧现状

（左下）图2-194吴哥 豆蔻寺。
西侧全景

（右上）图2-195吴哥 豆蔻寺。
西南侧景色

（右下）图2-196吴哥 豆蔻寺。
主祠塔，东南侧景色

于其他的附属建筑（见图2-62）。后者仅在入口处设台阶，余三面饰壁龛或壁柱。

祠庙屋顶逐层内收，形成阶梯状金字塔的廓线，只是和扶南时期相比，屋顶立面高度有所增加，特别是中央主体建筑，屋顶高约为殿身两倍（如中组

C1）。各阶台收缩幅度较小，外观更为挺拔。屋顶上的盔帽顶或筒拱顶均表明这些建筑与印度有某种关联。

祠庙内部于中央供奉神像或林伽、约尼（图2-68~2-70）；周围则如扶南旧制，留下一圈空间供朝拜者环行。上部以石枋支撑木构顶棚，形成封闭空间，类似印度所谓"胎室"的效果。此外，北组N17从整体形制到马蹄形小龛的装饰细部也都与印度建筑相似（见图2-46）。

建筑主体除少数全部用石料外（如N17用砂岩），大部分只是门柱、门框、门楣、檐口及山墙线脚部分用石材，主体结构均以砖砌筑，外施灰泥。

建筑群运用了大量的石刻、砖雕、金属和灰泥装饰。只是金属装饰及彩绘、镀金等皆已无存，只能看到石构楣梁、檐口、滴水及雕像，以及龛室砖雕及灰泥装饰。外部装修大都集中在入口、窗户及龛室处；大门（包括仅用于中央主体建筑的假门，其他建筑只

本页及左页：

（左）图2-197吴哥 豆蔻
寺。主祠塔，西侧近景

（中）图2-198吴哥 豆蔻
寺。主祠塔北侧祠堂，东
立面残存部分近景

（右上两幅）图2-199吴
哥 豆蔻寺。北祠塔，大门
及修复细部[法国远东学
院修复时采用的新砖上均
打有CA的字样，即保护
（Conservation）和吴哥
（Angkor）的首字母]

（右下）图2-200吴哥 豆蔻
寺。主祠塔，内景

用壁柱和壁龛）一般均由内外两层门框组成（有的还
有第三层），尤以带壁柱、马蹄形或多叶形山墙的外
框最为华丽（见图2-31）。遗址上的这些砂岩装饰部
件为前吴哥时期的特有表现，被称为三坡布雷卡风格

（Sambor Prei Kuk Style）。包括楣梁、山墙和柱廊在内的某些部件堪称真正的杰作。刻有丰富雕像及花轮的圆形石柱则显示出模仿印度的痕迹。在这里发展起来的艺术和建筑成为其他地区的范本，并为吴哥时期独特的高棉风格奠定了基础。

（左页上两幅）图2-201吴哥 豆蔻寺。主祠塔，室内雕饰细部（毗湿奴等）

（左页左下）图2-202吴哥 豆蔻寺。北祠塔，内景

（左页右下及本页）图2-203吴哥 豆蔻寺。北祠塔，南墙（本页）及西墙（左页）砖雕（吉祥天女拉克希米及其随从）

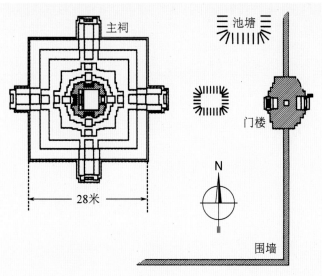

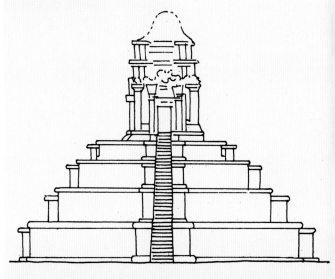

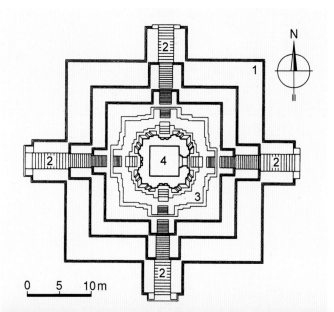

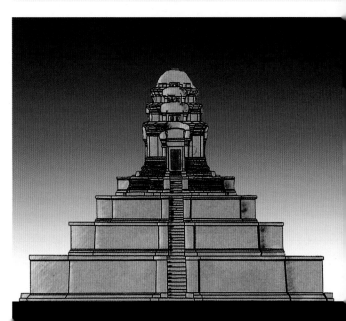

阇耶跋摩一世（657～681年在位）时期，将都城从伊奢那城迁至现磅同西北27公里、接近大湖的一个山包处，其上塔庙称安德庙（Prasat Andet，即"浮宙"，因洪水时仅塔庙所在山头露在水面而名）。自7世纪下半叶至8世纪，建筑物与前代相比变化不大，又花轮增加了叶饰。雕像多属平庸之作，只有一件精品，即毗湿奴与湿婆二神一体的诃利诃罗像。

三、吴哥早期（9～11世纪）

[早期都城]

高棉帝国（Khmer Empire）第一座都城马亨德拉帕瓦塔（梵文，意为"大因陀罗山"）位于吴哥窟以

（上）图2-208吴哥 巴色占空寺。透视复原图

（下）图2-209吴哥 巴色占空寺。东立面，全景

北40公里处荔枝山山坡上。在山的西南坡，尚存被称为"桥头"的考古遗址。其遗存沿暹粒河的一条支流延伸，除若干祠堂外，尚有一系列位于河床及岸边的岩雕作品，号称"千林伽河谷"（"Valley of a 1000 Lingas""The River of a Thousand Lingas"；祠堂：图2-71~2-73；河床雕刻：图2-74~2-79；荔枝山出土的其他雕刻：图2-80）。

马亨德拉帕瓦塔创建于开国帝王阇耶跋摩二世时期（802年，约比吴哥窟早350年），为他统治期间创立的三个都城之一。城市大部已为森林和泥土掩埋。1936年，法国考古和艺术史学家菲利普·斯特恩考察了这一高原地区，发现了一些前所未知的庙宇和毗湿奴雕像。2012年，由让-巴蒂斯特·舍旺斯和达米安·伊文思领导的考察队又利用最新技术进行了考察和发掘。

被认为是阇耶跋摩二世创建的另两座都城均在吴哥地区。其中被铭文称为阿玛伦陀罗补罗的所在地尚未最后鉴明，尽管有的历史学家相信，它是目前位于西湖（为这位国王死后约2个世纪建造的长约8公里的圣湖，图2-81）西端的一个目前已荒弃的居民点。但在那里，仅有位于西湖南侧、现已大

本页及右页：

（左）图2-210吴哥 巴色占空寺。东北侧，现状

（中）图2-211吴哥 巴色占空寺。入口台阶，近景

（右）图2-212吴哥 巴色占空寺。祠塔，近景

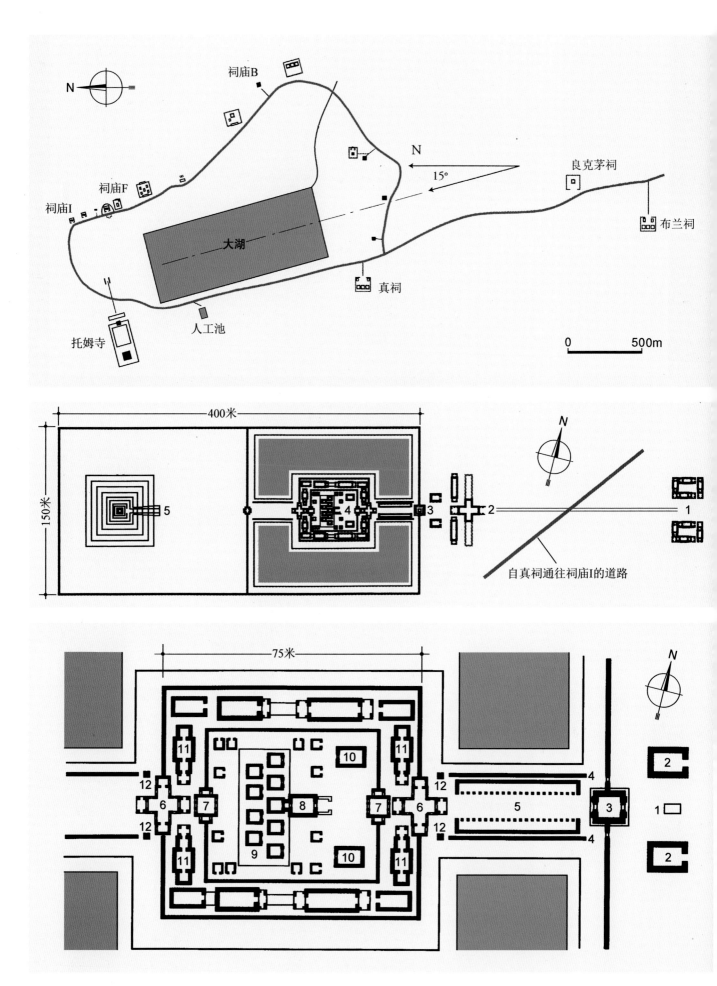

左页：

（上）图2-213贡开 遗址区。总平面及主要祠庙分布图（由于地形自然凹陷，大湖南北轴线向西偏斜约15°；除祠庙B、F外，位于大湖东面的祠庙均朝西；位于湖南侧的祠庙可能建于928年以后，仍依传统的东西轴线布置，除良克茅祠外均朝东）

（中）图2-214贡开 托姆寺（创建于921年前，后期扩建）。总平面：1、"宫殿"（位于寺庙组群东面约150米处，共两组，功能不明，每组均由围院布置的四栋长厅组成）；2、门楼组群（十字形门楼石砌，后为两栋长厅和两栋石构沉重建筑）；3、红庙（砖构，位于第三道围墙门楼位置，最初为独立建筑，建院落围墙后被纳入寺庙建筑群内）；4、寺庙主要组群（周围绕有壕沟，以两个堤道与外界相通）；5、普朗庙塔

（下）图2-215贡开 托姆寺。主要建筑群，平面：1、雕像基台（可能上面原有面对着红庙的南迪雕像）；2、位于大道两侧的石构建筑；3、红庙（供奉湿婆，门高达4~5米）；4、那迦雕刻（位于堤道两边地面上，成为以后堤道两边那迦栏杆的先兆）；5、两道朝向大路的开敞廊厅（上置木构瓦屋面）；6、第二道围墙门楼；7、第一道围墙门楼；8、主祠；9、九祠塔平台；10、藏经阁；11、圣堂；12、迦鲁达雕像

本页：

（左上）图2-216贡开 托姆寺。第三道围墙西入口门楼，残迹现状

（左下）图2-217贡开 托姆寺。第三道围墙东入口处红庙，现状（东北侧景观）

（右）图2-218贡开 托姆寺。红庙，东立面全景（内部原有许多雕像，最著名的舞神湿婆像现存金边国家博物馆）

本页及右页：

（左上）图2-219贡开 托姆寺。红庙，西侧现状

（左下）图2-220贡开 托姆寺。雕刻：鸟头护卫像（位于第三道围墙西门楼东侧）

（中下）图2-221贡开 托姆寺。普朗庙塔（928年），俯视全景

（右下）图2-222贡开 托姆寺。普朗庙塔，外景（周围植被被清理前）

（左中）图2-223贡开 托姆寺。普朗庙塔，现状，东侧远景

（中上）图2-224贡开 托姆寺。普朗庙塔，东北侧全景

（右上）图2-225贡开 托姆寺。普朗庙塔，东侧近景

（左上及左中）图2-226贡开 奥布温祠。外景及灰塑细部

（右上）图2-227贡开 比尔坚祠。遗址现状

（右中）图2-228贡开 布莱本祠。现状外景

（下）图2-229贡开 布兰祠。现状全景

（左上）图2-230贡开 丹
雷祠。近景（基台角上
系作为卫兽的石象）

（右上）图2-231贡开 格
拉卡祠。南侧山墙雕饰
（表现骑牛持杖的神祇，
可能是阎摩）

（下）图2-232贡开 良克
茅祠。西侧全景

部毁坏的砖构阶梯状塔庙（阿格尤姆庙，图2-82、
2-83）有可能属阇耶跋摩时期并构成了后期高棉山
庙的先兆，其他没有一座神庙能确切鉴定为阇耶跋
摩建造。

　　阇耶跋摩二世创建的最后一座都城即洞里萨湖北
侧位于暹粒市东约15公里的诃利诃罗洛耶。都城之名

来自诃利诃罗（Hari-Hara），即印度教神祇湿婆和
毗湿奴的综合体。在吴哥兴起之前这里已有一个居民
点，但到阇耶跋摩二世晚年这里才成为都城（835年
他就在这座城市去世）。之后这里作为帝都前后逾70
年，历经四代国王。893年，他的曾孙耶输跋摩一世
方把都城迁往耶输陀罗补罗（即吴哥）。

（左上及左中）图2-233贡开 东北区段小祠堂，残迭现状及林伽（林伽及其基座约尼以整块石料雕出）

（右上）图2-234贡开 真祠。门柱及楣梁，近景

（下）图2-235贡开 芝拉祠。遗址现状

由于城址靠近现代罗洛士城，9世纪后期建的一批寺庙遂被称为罗洛士组群（Roluos Group）。组群主要由三座寺庙组成：圣牛寺（匹寇寺）、巴孔寺和洛莱寺。

圣牛寺（匹寇寺）是因陀罗跋摩一世即位后，在诃利诃罗洛耶建造的第一座印度教寺庙（建于

（上）图2-236吴哥 库
是斯跋罗寺。遗址现状

（左下）图2-237吴哥
王室浴池。平面

（右中）图2-238吴哥
王室浴池。西南侧全景

（右下）图2-239吴哥
王室浴池。南侧现状

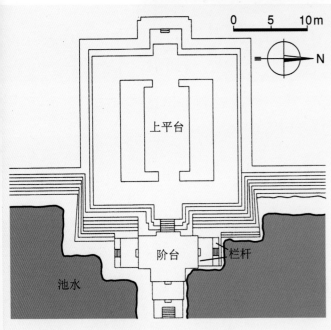

877~893年）[15]，为早期小型宗庙建筑，因寺前圣牛卧像而得名（图2-84~2-103）。这是个单一的台地式结构，配有六座塔庙；也就是说，尚没有形成山庙（temple-mountain）的构图形态。

各庙主体保留了三坡布雷卡组群那种立方形体，但体量较小；屋顶平台增至四层（这也是吴哥塔庙的

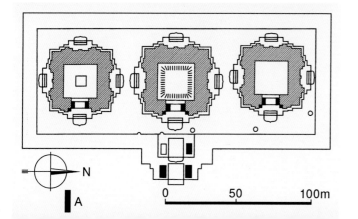

本页：

（上）图2-243吴哥 巴琼寺。东侧全景

（左下）图2-244吴哥 巴琼寺。楣梁雕刻（现放在地面，平面图A处）

（右下）图2-245吴哥 巴琼寺。中央祠塔，东侧入口台阶护卫石狮及门边八角柱

左页：

（上）图2-240吴哥 王室浴池。阶台及栏杆近景

（左中及右下）图2-241吴哥 王室浴池。雕刻：那迦（左、池中那迦；右、栏杆那迦，头部，背面）

（左下）图2-242吴哥 巴琼寺。平面（围绕着祠塔的圆洞似表明早先曾有过木结构）

通常做法），每层缩减幅度较大，形成明显的阶梯状廓线。屋顶各平台中央以及两侧微缩假门及小龛相应逐层缩减，因此体量虽然不大，但因透视感增强，仍然显得挺拔高耸。屋顶平台的角塔及屋顶造型皆为古

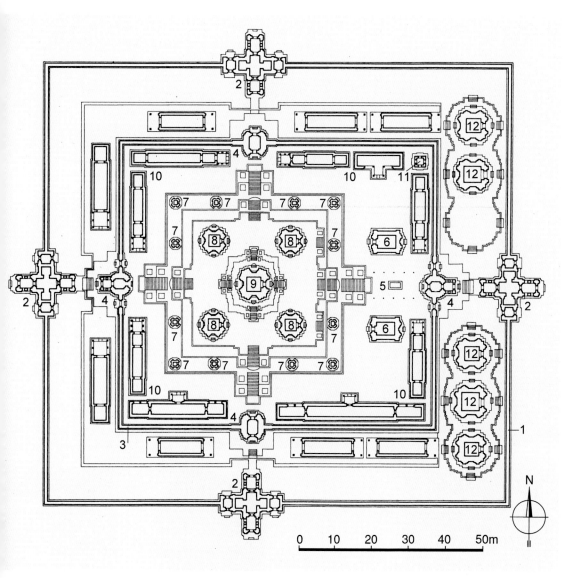

（上）图2-246吴哥 比粒寺
（961/962年）。总平面（取自
STIERLIN H. Comprendre
l' Architecture Universelle, II,
1977年；原图来自MARCHAL
H. L' Architecture Comparée
dans l' Inde et l' Extrême-Ori-
ent, 1944年），图中：1、第二道
围院；2、第二道围院门楼；3、
第一道围院；4、第一道围院
门楼；5、石槽；6、藏经阁；7、
内置林伽的小塔；8、角塔；9、
中央祠塔；10、廊厅；11、碑
亭；12、砖构塔楼（位于内院
入口门楼和第二道围墙之间，
属后期）

（下）图2-247吴哥 比粒寺。现
状，透视图

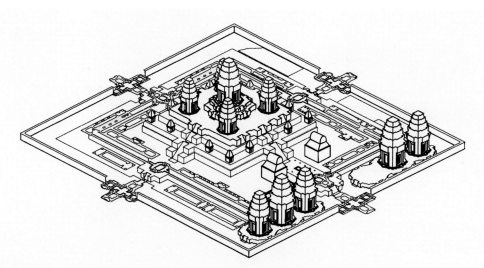

典时期做法，可能是耶输跋摩二世时期增建。

主体结构（殿身、屋顶平台）砖砌，墙面灰塑厚约3厘米（见图2-102）；基台及台阶以砂岩砌筑，大门（侧柱、门框及楣梁，包括后期的假门）、壁龛（包括守门天雕像）、窗户等雕饰集中处亦以砂岩制作。

在圣牛寺，第一次出现了门楼、藏经阁、长厅等附属建筑。朝向西方的藏经阁以后成为寺庙组成中不

（上）图2-248吴哥 比粒寺。东北侧，俯视景观（中央梅花式组群位于三层阶台上）

（下）图2-249吴哥 比粒寺。东南侧，俯视景色

可或缺的要素。但此时其位置比较随意，不像后期那样成对布置在引道两侧。位于引道两侧的长廊屋之后大多改布置在主体建筑周围。

建筑装饰介于真腊早期风格和吴哥建筑之间，表现出过渡时期的特色，特别是门楣雕饰，和前期相比，尤为华丽。这种华丽的雕饰显然在很大程度上是受到爪哇建筑的影响。

巴孔寺是罗洛士组群三座寺庙中最重要的一座，

（左上）图2-250吴哥 比粒寺。西南侧俯视全景

（左下）图2-251吴哥 比粒寺。西南侧全景

（左中）图2-252吴哥 比粒寺。东北侧景观

（右下）图2-253吴哥 比粒寺。主祠塔组群，东侧景色（前景为石槽）

（中上）图2-254吴哥 比粒寺。主祠塔组群（左）及北藏经阁（右），东南侧景色

（右上）图2-256吴哥 比粒寺。主祠塔组群，东侧近景

同样建于因陀罗跋摩一世时期（约881年），为供奉
湿婆神的国家祠庙，也是高棉第一座真正的金字塔式
的印度教建筑，即所谓山庙类型（总平面及剖面：图
2-104、2-105；全景：图2-106~2-109；中央组群：图
2-110~2-116；底层院落：图2-117~2-126；细部及雕

本页：

图2-255吴哥 比粒寺。东侧大台阶（自东北方向望去的景观）

右页：

（左上）图2-257吴哥 比粒寺。主祠塔，西北侧近景

（余三幅）图2-258吴哥 比粒寺。各角塔，现状

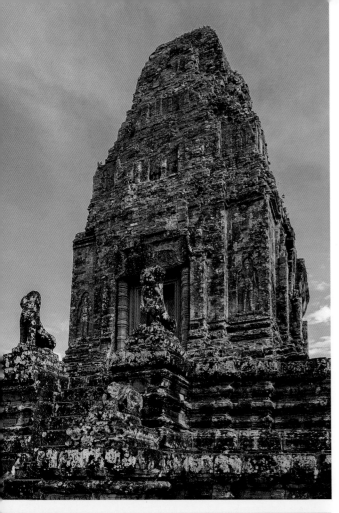

（左上）图2-259吴哥 比粒
寺。门楼，自寺庙平台上向
东望去的景色（前景为石
槽，后面接续为第一道围墙
和第二道围墙的东门楼）

（下）图2-260吴哥 比粒
寺。第二道围墙（外围墙）
门楼，西北侧景观

（右上）图2-261吴哥 比粒
寺。北侧廊厅，俯视景色

（上）图2-262吴哥 比粒寺。碑亭，现状[位于第一个围院东比角，其内发现的一则铭文表月，现建筑群是建在另一个寺苑（ashrama）的基址上，但后者一直未能发现]

（中）图2-263吴哥 比粒寺。砖构塔楼（位于东侧第一和第二道围墙之间，图示南面一且），西侧全景

（左下）图2-264吴哥 比粒寺。主祠塔，东南角近景（1989年的照片，在弃置多年后，遗址回归自然，草木蔓生）

（右下）图2-265吴哥 比粒寺。楣梁雕饰（东南角塔，东门）

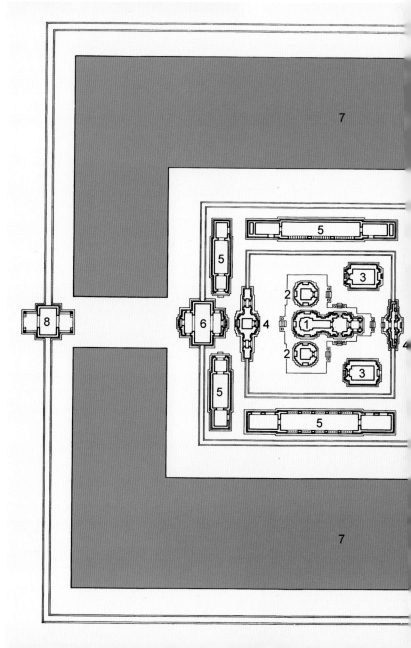

本页及右页：

（左上）图2-266吴哥 比粒寺。门柱及楣梁雕饰

（右下）图2-267吴哥 女王宫（女人堡，湿婆庙，967年）。总平面（1∶600，取自STIERLIN H. Comprendre l'Architecture Universelle, II, 1977年），图中：1、带前厅的主祠塔；2、副祠塔；3、藏经阁；4、第一道围墙门楼；5、廊厅（侧面祠堂）；6、第二道围墙门楼；7、壕沟；8、第三道围墙门楼；9、带界石的主轴大道；10、柱廊；11、外门楼（第四门楼）；12、垂向长厅

（中上）图2-268吴哥 女王宫。中央组群（主祠及副祠），立面

（右上）图2-269吴哥 女王宫。主祠，侧立面（法国远东学院图稿）

（左下）图2-270吴哥 女王宫。通向主祠的入口厅，立面（据Hallade，1954年）

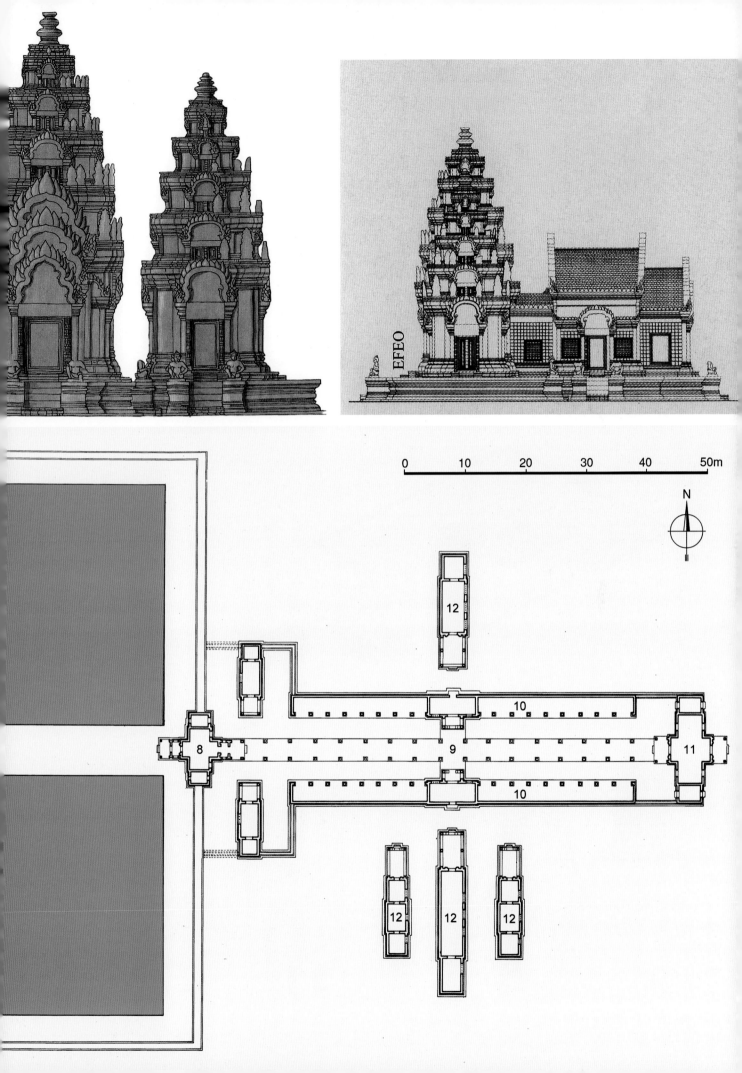

EFEO

| 0 | 10 | 20 | 30 | 40 | 50m |

N

12

8

10

9

11

10

12

12

12

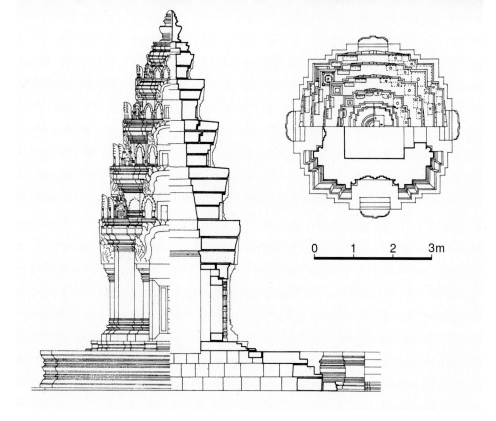
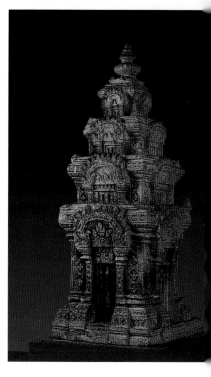

第三道围墙

中央组群三座祠塔沿
南北轴线一字排开，为10
世纪寺庙的通常做法，但在这里，
第一次在中央祠塔前引进了两个长的厅堂

通向寺庙的大道边效法贡开寺庙的
布局方式，布置界石及两道朝向它
的长廊

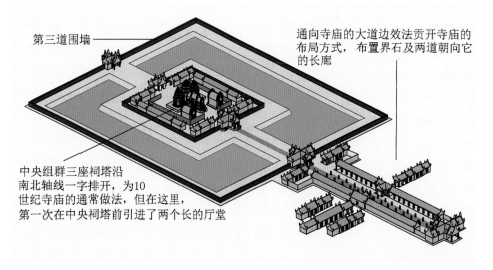

（上两幅）图2-271吴哥 女王宫。南副
祠，平面、立面及剖面（据Boisselier，
1966年）；右为现存金边国家博物馆的
祠塔模型

（中）图2-272吴哥 女王宫。建筑群，俯
视复原图（壕沟外的第三道围墙长100
米，宽90米；通向寺庙的通道两侧设界
石及柱廊，大体上是效法贡开的托姆
寺；大门上的三角形山墙同样是贡开寺
庙最早引进的形式，但在这里，所有廊
道及附属建筑的屋顶均为木构架上覆
釉瓦）

（下）图2-273吴哥 女王宫。中央组
群，透视复原图

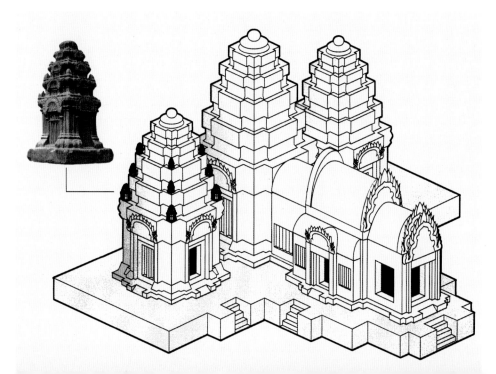

本页及左页：

（左上）图2-276吴哥 女王宫。外门楼，山墙外侧细部（表现骑在三头象上的因陀罗）

（左中）图2-277吴哥 女王宫。西侧全景（自外门楼处向西望去的景色）

（左下及中上）图2-278吴哥 女王宫。自主轴大道望第三围院，中上一幅示大道边的界石（共32个）

（右上）图2-279吴哥 女王宫。长厅遗迹（位于主轴大道南侧，第三围院东门与外门楼之间）

（中下）图2-280吴哥 女王宫。第三围院东侧门楼，东立面景色

（右中）图2-281吴哥 女王宫。第二围院，东南侧现状

（右下）图2-282吴哥 女王宫。第二围院，东北侧全景

（中中）图2-283吴哥 女王宫。第二围院，西南角景观

饰：图2-127~2-135）。在真腊时期三坡布雷卡建筑群中已得到应用的同心围护结构在这里再次发扬光大，基址长宽分别为900米和700米的寺庙四周交替布置三圈围墙和两道护城河（壕沟）。外围的这些护城河可能是象征环绕须弥山（以中央祠塔为代表）的海洋。主轴线东西向。外圈既无围墙亦无塔门，而是以护城河（外壕，如今仅部分可见）为界。内壕范围

本页：

（上）图2-284吴哥 女王宫。第二围院，东
门楼外景

（左下）图2-285吴哥 女王宫。第二围院，
东门楼近景

（右下）图2-287吴哥 女王宫。第二道围
院，西门楼，东山墙雕刻细部[猴王须羯哩
婆（Sugriva）与婆黎（Vali）之斗]

右页：

（上）图2-286吴哥 女王宫。第二围院，东
门楼，山墙细部

（下）图2-288吴哥 女王宫。内院（第一围
院），东门楼，近景

本页及左页：

（左）图2-289吴哥 女王宫。内院，东门楼，门饰细部（外侧，通过大门可看到中央组群的猴头护卫雕像）

（右上）图2-290吴哥 女王宫。内院，东门楼，东山墙细部

（中下）图2-291吴哥 女王宫。内院，东门楼，西山墙浮雕（杜尔伽）

（右下）图2-292吴哥 女王宫。内院，东门楼（左）及北藏经阁（右），东北侧景观（门楼北侧围墙仅留基础）

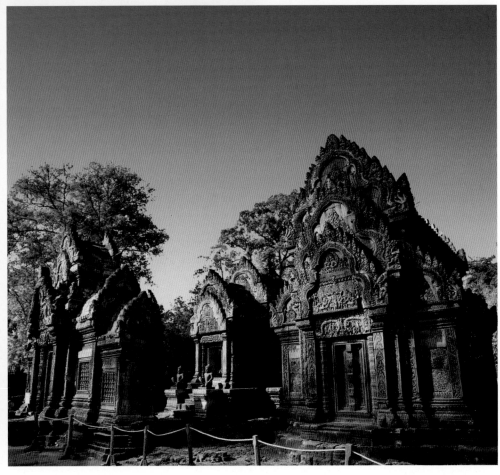

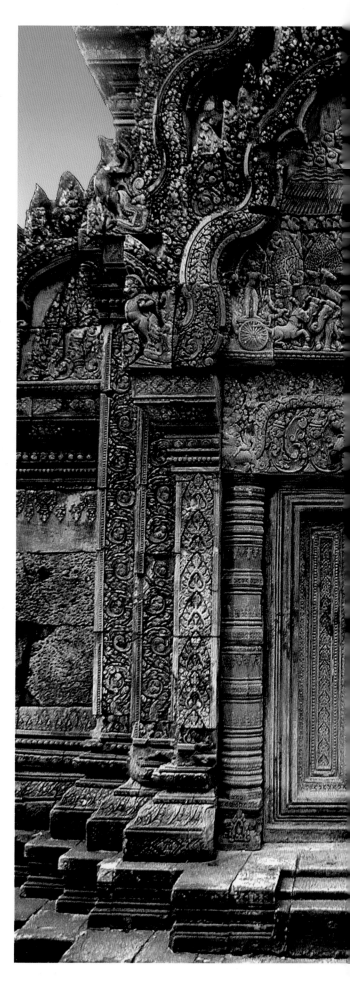

400米×300米，尚存土墙和四座十字形平面的塔门遗存。两道壕沟之间，可看到22座砖构小祠庙的遗迹。由土墙围括的核心区面积160米×120米，其内布置中央金字塔式神庙和八座外围砖构祠塔（每边两座）。

本页及左页：

（左上）图2-293吴哥 女王宫。内院，西门楼（左、右侧为第二道围院西门楼）

（左中）图2-294吴哥 女王宫。内院，西门楼近景（自主塔处望去的景色）

（中）图2-295吴哥 女王宫。内院，北藏经阁，东侧近景[山墙浮雕表现梵文史诗《摩诃婆罗多》典故肯达沃森林（Khandava Vana）之火，顶部为骑在三头象上的因陀罗，脚下的波浪线示因陀罗为灭火降的雨]

（左下及右上）图2-296吴哥 女王宫。内院，北藏经阁，西山墙浮雕（黑天神克里希纳在宫中杀死暴君刚沙王）

（右下）图2-297吴哥 女王宫。内院，南藏经阁，东南侧景观（右侧为内院东门楼）

本页及右页：

（左）图2-298吴哥 女王宫。内院，南藏经阁，西南侧近景

（中）图2-299吴哥 女王宫。内院，南藏经阁，东侧近景

（右上）图2-300吴哥 女王宫。内院，南藏经阁，东山墙雕饰细部（多头多臂的罗波那撼凯拉萨山）

（右下）图2-301吴哥 女王宫。内院，南藏经阁，西山墙雕饰细部（爱神伽摩箭射湿婆）

本页及左页：

（左上）图2-302吴哥 女王宫。主塔群，西北侧现状（右侧小柱示内院围墙西北角位置）

（中上）图2-303吴哥 女王宫。主塔群，西南侧晨曦景色（前景为第二道围墙西门楼及墙内廊厅残迹）

（左下）图2-304吴哥 女王宫。主塔群，西南侧全景

（右下）图2-305吴哥 女王宫。主塔群，南侧近景（对面为主塔前厅，右前景为南藏经阁）

（右上）图2-306吴哥 女王宫。主塔群，东南侧景观（北祠塔被挡在主塔前厅后面）

围墙内还有其他一些较小的建筑。东塔门外为一座近代庙宇。

中央金字塔式主体结构形制相对简单，由近于方形、逐层内收的五道石砌平台构成阶梯状外廊，基底面积65米×67米，至距地面高14米的顶层边长缩为21

米（五层平台据信是代表须弥山的五界：多头蛇界、
金翅鸟界、罗刹界、夜叉界和天王界）。各层正向原
有塔门，每边于中央设一梯道直至最上层；由于梯
道向上逐渐缩小，山庙透视上显得尤为高耸（见图

左页：

（上）图2-307吴哥 女王宫。主塔群，东南侧近景（左侧背景为半残毁内院西门楼，后面山墙属第二道围墙西门楼）

（左下）图2-308吴哥 女王宫。主塔群，东侧景观（主祠塔左右分别为南北祠塔）

（右下）图2-309吴哥 女王宫。主塔，东北侧现状

本页：

图2-310吴哥 女王宫。主塔，东南侧近景（左侧为南祠塔）

2-110）。金字塔当年曾覆以石膏制作的浅浮雕，目前仅存片段。在金字塔三个较低层位的角上，有作为护卫的石雕大象，台阶处则设石狮。顶层中心耸立的祠塔被视为神王（梵文Maharajas，音译摩诃罗阇，意为"伟大的君主"）的居所，但年代较晚，可能是在最初砖构祠塔的基础上重建，没有采用9世纪创建时的风格，而是用了12世纪吴哥窟的样式，石料的色彩也有别于其他建筑。

图2-314吴哥 女王宫。南祠塔，东侧全景

左页：

（上）图2-311吴哥 女王宫。主塔，东南侧雕饰细部（左为南祠塔）

（左下）图2-312吴哥 女王宫。主塔，西南角龛室门神像

（右下）图2-313吴哥 女王宫。主塔，东山墙雕刻（骑在三头象上的因陀罗）

（本页上）图2-315吴哥 女王宫。南祠塔，东侧，基部近景（右侧为主塔）

（本页下及右页）图2-316吴哥 女王宫。南祠塔，龛室雕刻（天女像）

寺庙至20世纪初已沦为废墟，主祠塔也一度倒塌，从1936年开始在法国远东学院古迹维修专家莫里斯·格莱兹主持下按归位复原法（anastylosis）进行修复，经过7年努力到1943年大致恢复原貌。

巴孔寺为高棉帝国第一座砂岩砌筑的山庙，其阶梯状金字塔的造型显然和爪哇的婆罗浮屠非常相近。

本页及右页:

（左上）图2-317吴哥 女王
宫。北祠塔，东北侧现状

（右）图2-318吴哥 女王
宫。北祠塔，东侧全景

（中上）图2-319吴哥 女王
宫。雕刻：湿婆及乌玛（现
存金边柬埔寨国家博物馆）

（左下）图2-320吴哥 女王
宫。雕刻：侍卫猴像（中
央组群东南角，左为南
副祠，右为主祠塔；在这
里，没有用石狮作为护卫
兽，而是用罗摩的帮手、神
猴哈奴曼的猴兵）

（左上）图2-321吴哥 女王宫。浮雕：口吐多头蛇那迦的摩竭
（Makara）

（左下）图2-322吴哥 女王宫。浮雕：争斗（可能是表现阿周那和
湿婆之争，下方的野猪可能是暗指寺庙的创建者Yajnavaraha）

（右两幅）图2-323吴哥 女王宫。浮雕：守门天（上面一幅为女
性，位于北副祠东南角东侧）

（上）图2-324吴哥 女王宫。山墙浮雕（经归位组合后搁置在地面展示）

（右下）图2-325吴哥 女王宫。楣梁浮雕，细部（被魔王劫走的罗摩之妻悉多，主祠塔，南侧假门楣梁）

（左下）图2-326吴哥 女王宫。砌体细部（由于红土岩质地粗糙，除作结构部件外，均需在灰泥面层上进行塑造及着色）

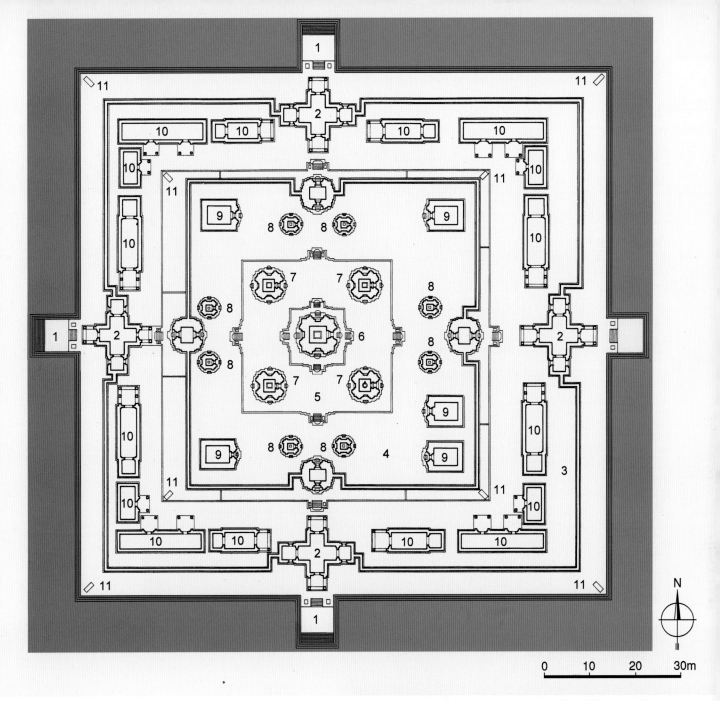

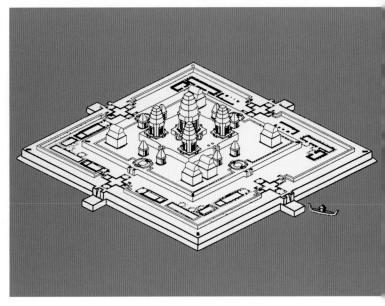

左页：

（上下两幅）图2-327吴哥 女王宫。雕饰细部（女王宫山墙、柱子及楣梁多采用深雕手法，细部丰富，总体效果极其华丽）

本页：

（上）图2-328吴哥 东湄本寺（951/953年）。总平面（1:800，取自STIERLIN H. Comprendre l' Architecture Universelle, II, 1977年），图中：1、登岸平台；2、门楼；3、外院（第一台地）；4、内院（第二台地）；5、中央组群（第三台地）；6、主祠塔；7、角塔；8、砖塔；9、矩形砖构建筑（藏经阁?）；10、长厅；11、石象

（下）图2-329吴哥 东湄本寺。透视全景（实为东湖中心的一个岛，在古代只能乘船抵达）

（上）图2-330吴哥 东湄本
寺。地段现状（周围湖水
已干涸）

（中）图2-331吴哥 东湄本
寺。俯视全景

（下）图2-332吴哥 东湄本
寺。东南侧，现状（前景
为外院东门楼残迹）

（上）图2-333吴哥 东湄本寺。东北侧，全景（可看到第三台地上按梅花式布局的五座祠塔）

（下）图2-334吴哥 东湄本寺。南侧，全景（自外院南门处北望景色，前景为内院南门）

（左中）图2-335吴哥 东湄本寺。第一台地（外院），西门（自第二台地上望去的景色）

（右中）图2-336吴哥 东湄本寺。第二台地（内院），东门，外侧现状

（上）图2-337吴哥 东湄本寺。第二台地，西门及内侧小塔，现状

（中）图2-338吴哥 东湄本寺。第二台地，北门及内侧小塔，自第三台地望去的景色

（左下）图2-339吴哥 东湄本寺。第二台地，西北角砖构建筑（藏经阁？）

（右下）图2-340吴哥 东湄本寺。第三台地及中央组群，东侧景观（自内院东门望去的景色）

（上）图2-341吴哥 东湄本
寺。第三台地及中央组群，
东侧景观

（下）图2-342吴哥 东湄本
寺。第三台地及中央组群，
西侧现状

左页：

（左上）图2-343吴哥 东湄本寺。第三
台地及中央组群，东南角全景

（下）图2-344吴哥 东湄本寺。第三台
地，主祠塔，西侧全景

（右上）图2-345吴哥 东湄本寺。第三
台地，东南侧景色（自左至右分别为西
南角塔、西北角塔和主祠塔）

本页：

（上）图2-346吴哥 东湄本寺。第三台
地，东南角塔，北侧景观

（下两幅）图2-347吴哥 东湄本寺。第
三台地，西南角塔（左下）及西北角塔
（右下），自主祠塔处望去的景色

（右中）图2-348吴哥 东湄本寺。护卫
石象（位于第一和第二台地角上，照片
所示石象属第二台地）

不仅是理念，甚至连某些技术细节，如梯道两侧的石狮、叠涩挑出的拱券塔门和通向上层台地的台阶，都很相似。从这里不仅可以看到中爪哇建筑对这时期吴哥的影响，也表明婆罗浮屠很可能是其原型。在高棉帝国和爪哇夏连特拉王朝之间，当年想必来往非常频繁。

位于罗洛士组群最北面的洛莱寺建于893年耶输跋摩一世时期，是组群三座主庙中最晚近的一座，也是高棉古典早期另一座具有这种金字塔式上部结构的神庙（平面：图2-136、2-137；全景：图2-138~2-141；

（本页左上）图2-349吴哥东湄本寺。假门雕饰

（本页下及右页三幅）图2-350吴哥 东湄本寺。楣梁浮雕

（本页右上）图2-351吴哥东湄本寺。石部件面上有为覆面层灰泥而凿的孔洞

本页:

（上下三幅）图2-352吴哥

山墙形式：马蹄形山墙（上

两幅）及三角形山墙（下）

右页:

（左上）图2-353 桑拉翁县

（茶胶省）吉索山寺（11世

纪上半叶）。总平面：1、东

门楼；2、西门楼；3、主

祠；4、藏经阁；5、廊厅

（右上）图2-354 桑拉翁县

吉索山寺。通向寺庙的引道

（右下）图2-355 桑拉翁县

吉索山寺。主祠，现状（通

过矩形柱厅通向内祠）

（左中）图2-356 桑拉翁县

吉索山寺。东门楼，东南侧

景色

（左下）图2-357 桑拉翁县

吉索山寺。大院，向西望去

的景色（左侧为南藏经阁，

右为主祠柱厅）

近景及细部：图2-142~2-152）。洛莱之名被认为
是古代"诃利诃罗洛耶"的变体形式，意即毗湿奴
（Hari）与湿婆（Hara）之城。神庙位于人工湖的一
个岛上。现已枯竭的这个湖（因陀罗塔塔迦湖，亦称
洛莱湖）长约3公里，宽800米，以土堤筑成，贮存来
自罗洛士河的河水并将其导入沟渠和水道形成的水
网，以满足整个社区的需求并用于灌溉稻田。专家相
信，将神庙安置在水体中央的岛上可能是因把它看作

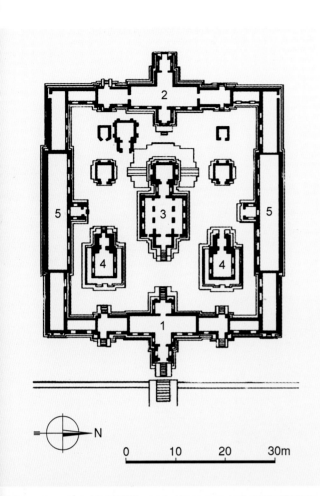

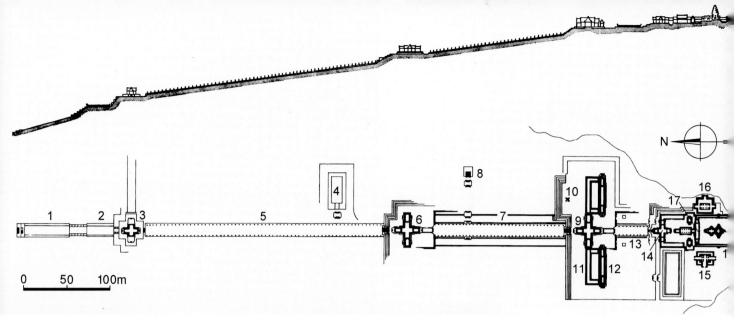

（上）图2-358扁担山 圣殿寺（帕威夏寺，1050~1150年）。总平面及剖面（总平面制图Andrew Cranshaw，剖面取自STIERLIN H. Comprendre l' Architecture Universelle, II, 1977年），图中：1、主梯道；2、那迦平台；3、第五门楼；4、大水池；5、第一柱廊堤道；6、第四门楼；7、第二柱廊堤道；8、狮头水池；9、第三门楼；10、塔楼；11、U形扩展部分；12、宫殿；13、那迦栏杆；14、第二门楼；15、西楼；16、东楼；17、第一门楼；18、主祠；19、廊道

（下）图2-359扁担山 圣殿寺。大梯道，俯视景色（远处背景已在泰国境内）

佛教神话中作为众神住所并为海洋所环绕的须弥山（Mount Meru）。耶输跋摩一世将这座庙献给湿婆和王室成员。建筑在耶输跋摩的父亲和前任因陀罗跋摩一世时期可能已接近完成。

罗洛士组群里的两座主要寺庙（巴孔寺和圣牛寺）可说是代表了一种新的风格类型。建筑沿东西向主轴对称配置，但构图重心向西偏移，留出更为宽敞的东部空间。主要塔殿或集中在同一平台上，成行排列（如圣牛寺，见图2-84），或在状如山庙的

（左上）图2-360扁担山 圣殿寺。大梯道上的门亭

（右上）图2-361扁担山 圣殿寺。第四门楼，西南侧全景

（下）图2-362扁担山 圣殿寺。第四门楼，南立面近景（采用叠合U字形山墙）

（上）图2-363扁担山 圣殿寺。第三门楼，自那迦栏杆通道向北望去的景色

（中）图2-364扁担山 圣殿寺。第三门楼，南立面近景（采用三角形和U字形组合山墙）

（右下）图2-365扁担山 圣殿寺。第三门楼，东南侧景色

（左下）图2-366扁担山 圣殿寺。第三门楼，西南侧现状

（上）图2-367扁担山 圣殿寺。
第二门楼，南侧全景

（中）图2-368扁担山 圣殿寺。
主祠院落，西南侧景观（左侧
围廊上可看到主祠屋顶）

（下）图2-369扁担山 圣殿寺。
主祠院落，南立面西端山墙

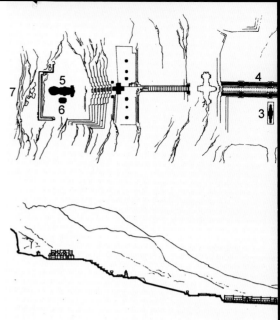

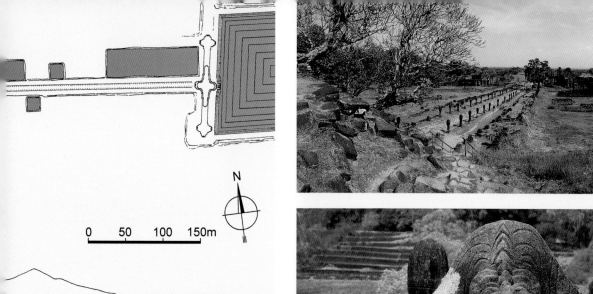

本页及左页：

（左上）图2-370扁担山 圣殿寺。主祠，西南侧现状

（中上）图2-371占巴塞 山寺（1080~1107年）。总平面及剖面（1：5000，取自STIERLIN H. Comprendre l'Architecture Universelle, II，1977年），图中：1、北宫；2、南宫；3、南迪祠堂；4、堤道；5、主祠；6、藏经阁；7、峭壁

（左中及左下）图2-372占巴塞 山寺。俯视景色（自主祠所在山头向东望去的情景，前方两个人工水池可能开凿于12世纪上半叶苏利耶跋摩二世时期，山脚下台地处轴线两侧的两座大院——所谓南宫、北宫——实际上是两座用途不明的建筑，建于11世纪或12世纪初）

（右上）图2-373占巴塞 山寺。山前大道，自西南方向望去的景色

（右下）图2-374占巴塞 山寺。山前大道，向西望去的情景

（右中）图2-375占巴塞 山寺。大道边的那迦头像

（上）图2-376占巴塞
山寺。南宫及北宫，东
侧全景

（下）图2-378占巴塞
山寺。北宫，东山墙
近景

中央圣殿周围对称布置附属建筑（如巴孔寺，见图2-105）。后者还于东部引道两侧，设置平行的长条廊屋，进一步突出东西轴线及其方向感。其围墙四面辟门，南北两门形成的轴线与东西主轴在中心塔殿处相交，类似西方长短轴结合的拉丁十字平面，这种建筑群的布局方式一直持续到吴哥古典时期。

这时期主要塔庙的基台在数量和高度上有各种变化，但大多于四面设台阶，实际上往往只正面对着入口，其他三面皆为假门。主要台阶的这种布局方式显

（右上）图2-377占巴塞 山寺。北宫，西南侧全景

（右中）图2-379占巴塞 山寺。北宫，南门廊近景

（左中）图2-380占巴塞 山寺。北宫，西南角现状

（下）图2-381占巴塞 山寺。南宫，西北侧景观

（左上）图2-382占巴塞 山
寺。南宫，东北侧现状

（右上）图2-383占巴塞 山
寺。南宫，北廊厅内景

（中及下）图2-384占巴塞
山寺。南宫，窗棂细部

（上下两幅）图2-385占巴塞山寺。山墙雕饰（置于地面的归位组合部件）

然是为了更加突出中央塔庙的地位，具有某种宗教意义。在巴孔寺，基台第四层周边布置的12座小塔起到了进一步的烘托作用，整个构图形制与印度寺庙所遵循的曼荼罗图形颇为相似。

巴尼斯特·弗莱彻认为，在高棉古典早期（Early Classical Khmer period）开始之际建筑上发生的几个重要事件，即9世纪初在吴哥及洞里萨湖附近荔枝山上创建的城市和山庙，在罗洛士、吴哥建造的高棉城市水利系统，以及之后（893年）围绕着巴肯山庙建造的另一个都城，构成了自前吴哥时期到吴哥早期风

（上）图2-386占巴塞
山寺。主祠，西北侧
俯视全景

（下）图2-387占巴塞
山寺。主祠，西北侧
近景

格转变的标志。两座都城预示了典型的高棉城市布局（矩形平面周以带壕沟的城墙，神庙位于中心主要道路交会处，城墙四面设门，主要城门朝东），而宏伟的水利工程显然只有在高度集权的体制下才能完成，这些工程都为之后四个世纪的建筑树立了样板。

[耶输陀罗补罗（吴哥，9世纪后期~10世纪中叶）]

因陀罗跋摩一世之子耶输跋摩一世（889～910在位）登位后，首先在诃利诃罗洛耶，完成了位于他父亲造的人工湖中央岛上的洛莱寺。但到第二年他即放弃了诃利诃罗洛耶，迁都耶输陀罗补罗（图2-153），即后来吴哥城所在地[16]。此后在几代国王的经营下，高棉成为东南亚历史上最强盛、最繁荣的王国之一（盛期其领地囊括南自中南半岛，北至中国

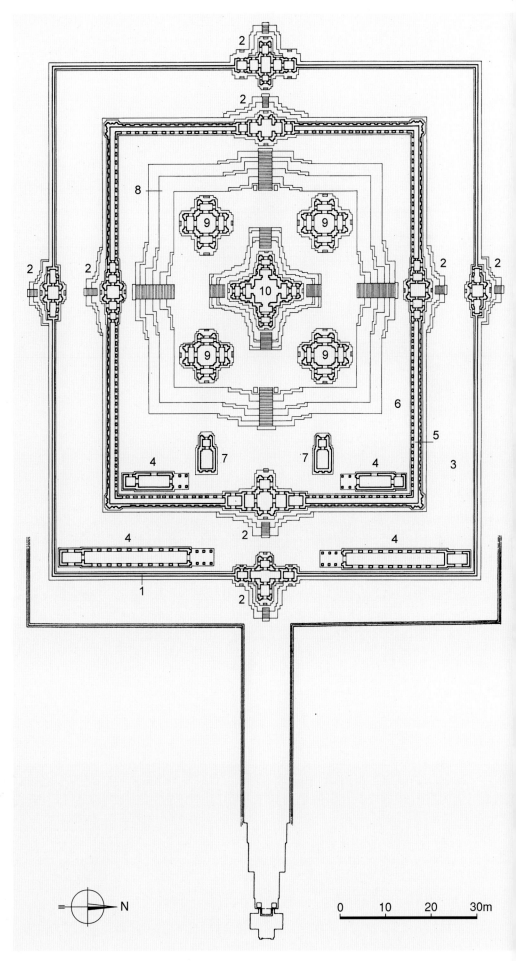

本页：

（左）图2-393占巴塞 山寺。主祠，南侧
雕饰（黑天神克里希纳杀死暴君刚沙王）

（右）图2-394吴哥 茶胶寺（约1010年）。
总平面（1∶800，取自STIERLIN H. Com-
prendre l'Architecture Universelle，II，1977
年），图中：1、围墙；2、门楼；3、第一
台地（外院）；4、廊厅；5、围廊；6、第
二台地（内院）；7、"藏经阁"；8、金字塔
式基台；9、角祠塔；10、中央祠塔

云南，东起越南，西到孟加拉湾的大片土地）。从这时起直到1431年暹罗人入侵，除了在10世纪有约20年的中断外，都城一直在吴哥地区。从9世纪到15世纪，数百年期间，吴哥王朝君主们在政教合一的"神王思想"引领下，在这里建造了吴哥城、吴哥窟及周围寺庙群等一系列辉煌的建筑（图2-154~2-162）。

9世纪末，耶输跋摩一世全力建造的这座新都围着一座自然山冈——巴肯山展开，面积约42平方公里（比后来的吴哥城还要大）。城墙内不仅有王宫、寺院、庙宇和市集，还包括村落、稻田和800

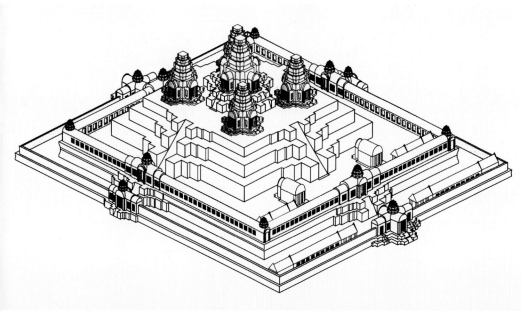

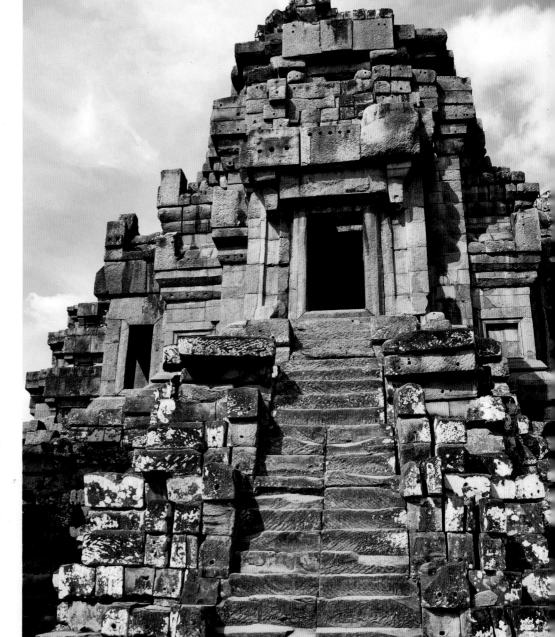

本页及左页:

（左上）图2-400吴哥 茶胶寺。中央
组群,西南侧全景

（左下）图2-401吴哥 茶胶寺。中央
组群,南侧现状

（右上）图2-402吴哥 茶胶寺。中央
组群,西北侧景观

（中上及右下）图2-403吴哥 茶胶
寺。主祠塔,南侧景观（石砌块就位
后,尚未进行最后的雕凿加工;中上
图示设想的表面加工过程,红色为凿
去部分）

本页：

图2-404吴哥 茶胶寺。角塔，仰视景色

右页：

（左上）图2-405吴哥 茶胶寺。内院，南门楼及廊道，俯视景色

（左下）图2-406吴哥 茶胶寺。内院，东门楼，俯视景观

（右下）图2-407吴哥 茶胶寺。内院，基台及围廊，外侧景观

（右上）图2-408吴哥 茶胶寺。内院，北藏经阁，东南侧景观

个人工蓄水池（其中最大的东湖位于巴肯山东面，图2-163）。城市中心巴肯山上有大小祠庙100多座，核心便是山顶上的国寺——巴肯寺。同时在博克和克罗姆等山上也建造了一些小型庙宇。耶输跋摩时期的都城与阇耶跋摩七世建于12世纪晚期的吴哥城（又名大吴哥）重叠，唯巴肯山位于吴哥城南墙之外。

耶输跋摩一世在宗教上采取宽容政策，多种宗教得以并存。在他统治期间，全国范围内修建了上百座

图2-409吴哥 茶胶寺。外陆
西门楼，西侧现状

不同教派（湿婆、毗湿奴、佛教等）的寺庙，但多为
木构，现皆无存。在宽松的政治和宗教环境下，特权
阶层可以和君主一样修建自己的祠庙，只是规模较
小。从中可看到外来宗教与本土祖先崇拜的结合。这
时期最具代表性的作品是：巴肯寺、豆蔻寺、黑妹塔
（根据庙前一尊近代雕刻而得名），其中后两者均为

贵族捐建。位于巴肯寺北面的巴色占空寺年代稍晚，
建于耶输跋摩一世的继任者期间。

　　和洛莱神庙（893年）大约同时的巴肯寺，是耶
输跋摩统治时期吴哥地区三座山顶寺庙之一（另两座
分别是南面靠近洞里萨湖的克罗姆寺和位于东湖东北
的博克寺）。其建造年代要早于吴哥窟约两个多世纪

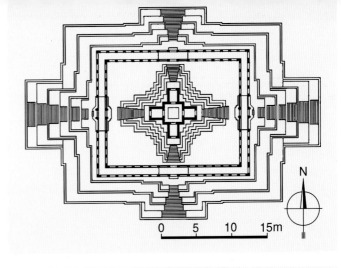

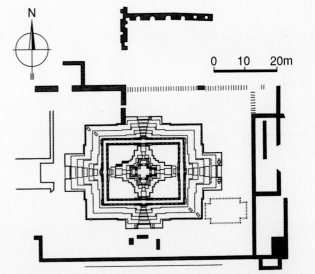

（左上）图2-410吴哥 茶胶寺。石构细部（茶胶寺是吴哥地区最早完全采用石材的寺庙，只是面层雕饰未能最后完成）

（左中）图2-411吴哥 茶胶寺。雕刻：南迪像

（右上及右中上）图2-412吴哥 空中宫殿（"天庙"）。总平面及中央组群平面（总平面图中右侧为生活区基础，北面石构基础上的圆形孔洞功用不明；中央组群占地长49米，四个陡峭的轴向台阶中，西侧的保存最好）

（右中下）图2-413吴哥 空中宫殿。南立面（法国远东学院图稿）

（下）图2-414吴哥 空中宫殿。西北侧，俯视全景

（上）图2-415吴哥 空中宫殿
东侧现状

（中及下）图2-416吴哥 空中
殿。东南侧，远景及雨季景观

（上）图2-417吴哥 空中宫
殿。南侧全景

（下）图2-418吴哥 空中宫
殿。东侧近景

（寺庙位于吴哥窟西北约1.5公里处的山顶丛林中，
日落时分观察吴哥窟的最佳视点）。历史学家相信，
年它曾是吴哥地区最主要的寺庙（图2-164~2-188）
当耶输跋摩把他的宫廷自位于东南方向的都城诃利
罗洛耶（罗洛士组群）迁到耶输陀罗补罗时，作为
寺的巴肯寺显然是这个新都的中心建筑。寺庙位于
个高出周围平原65米的山顶上，围绕着它们开凿了
壕沟，自山头起始在四个主要方位上修建了向外延
的放射形大道。

巴肯寺在很大程度上是沿袭了巴孔寺的模式。

（上）图2-419吴哥 空中
宫殿。东南侧近景（每层
高平均4米左右）

（中）图2-420吴哥 空中
宫殿。南侧现状

（下）图2-421吴哥 空中
宫殿。金字塔基台，近景
（正向台阶两侧及基台四
角分别以石狮及石象作为
护卫兽）

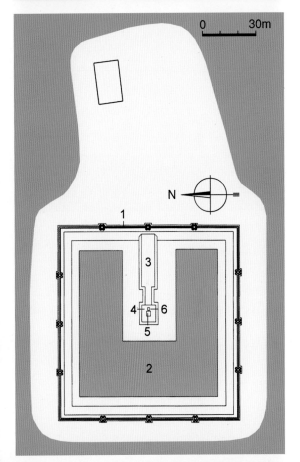

（左上）图2-422吴哥 空中宫殿。金字塔基台，西侧台阶近景（已安置了攀登的木梯）

（左中）图2-423吴哥 空中宫殿。顶层，主祠塔，东南侧现状

（左下及右下）图2-424吴哥 空中宫殿。顶层，廊道东南角及围院东侧入口（自主祠塔处俯视景色）

（右上）图2-425吴哥 空中宫殿。雕刻：神像（阇耶跋摩七世时期）

（右中）图2-426吴哥 西湄本寺（11世纪下半叶）。总平面：1、带门塔的围墙（90米见方，每边三座门塔，东侧一段保存最好）；2、水池；3、大道；4、台地；5、井；6、方池

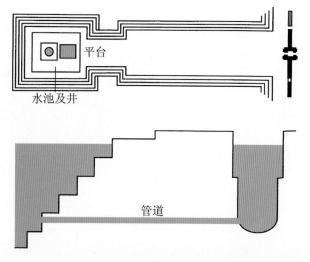

水池及井　平台

管道

本页：

（左上）图2-427吴哥 西湄
本寺。中心区平面及局部
剖面

（左中）图2-428吴哥 西湄
本寺。遗址，东北侧俯视
全景

（下）图2-429吴哥 西湄本
寺。遗址，东侧现状（自湖
面上望去的情景，可看到保
存较好的东侧围墙及门塔）

（右上及右中）图2-430吴
哥 西湄本寺。东侧围墙及
门塔，现状

右页：

（上两幅）图2-431吴哥 西湄本寺。东侧围墙及门塔，近景及细部（可看到塔顶的莲花状冠饰，这类顶饰能保留下来的甚少）

（右中）图2-432吴哥 西湄本寺。位于中心的小池（平面见图2-427）

（下）图2-433吴哥 西湄本寺。出土的毗湿奴卧像（11世纪中叶，铜像，长2.17米，高1.44米，现存柬埔寨国家博物馆；元代周达观在
《真腊风土记》中谈到东湖时，曾谓"塔之中有卧铜佛一身，脐中常有水流出"，可能即指类似铜像，只是周把这类卧在宇宙之洋的印度
教神祇毗湿奴误认为卧佛，把脐中的莲花误认为水流）

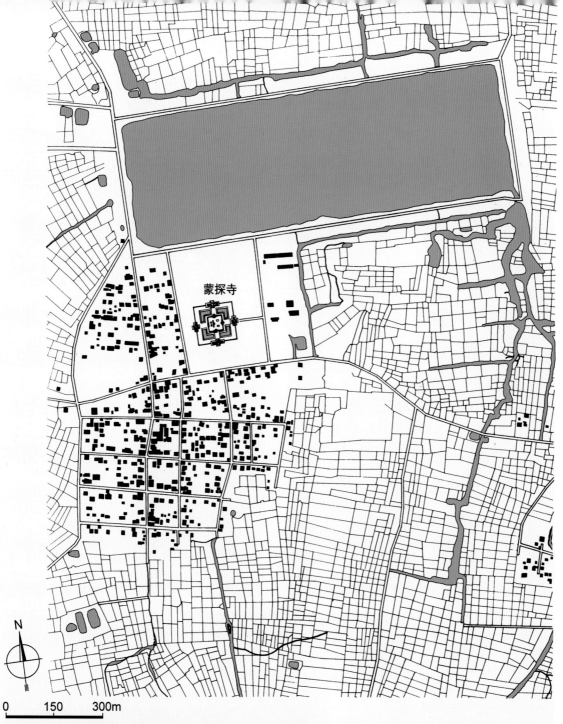

本页及右页：

（左两幅）图2-434巴空猜县（武里南府）蒙探寺（"低堡"）。寺院所在村落总平面，寺院位置及卫星图（制图Marc Wood-bury）

（右上）图2-435巴空猜县 蒙探寺。组群总平面（制图Karen Rutherford）

（右下）图2-436巴空猜县 蒙探寺。东侧全景

（右中）图2-437巴空猜县 蒙探寺。东侧，主门楼现状

蒙探寺

平面形制可视为在巴孔寺和圣牛寺基础上的进一步发展。各附属建筑仍以中央祠庙为中心对称布置，但位于平台上的附属小塔数量剧增。这些小塔虽然仍循旧制按八个主要方位布置，但由于布置在各层平台上，从而使平面的曼荼罗图形演化为立体构图。五层基台平面方形，高13米；顶上平台安置五座砂岩塔庙（均残毁严重）。山庙周围地面上立44座砖塔，接下来的五层台地上共立60座砂岩小塔（每层12座），加上最高台地上的四座角塔，共计108座塔围绕着中央塔庙，只是其中大部分均已倒塌。

　　在中央塔庙周边角上布置四座次级祠庙（即所谓梅花式布局）的手法此前已见于三坡布雷卡时期的寺庙。此时核心塔庙大都四面辟门（重要性稍次的仅东

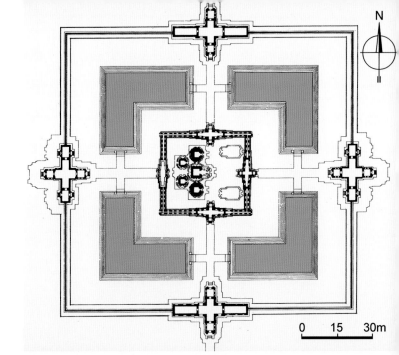

本页：

图2-438巴空猜县 蒙探寺。

侧门楼，近景

右页：

图2-439巴空猜县 蒙探寺。

自角池处望中央组群

侧设门，其他三面辟假门），但将这种做法推广到四座次级祠庙，则是巴肯寺的创新。在寺庙的总体设计上，巴肯寺在原来中心对称的基础上进一步突出东西主轴线的地位（在吴哥，主要塔庙朝东，几成定制，

仅有极少数例外，在其他东南亚国家则没有这么严格），不仅在整个山庙东侧留出了较大的空间，顶上五座祠庙所在平台亦向西移。这条轴线向东与巴肯山的登山梯道相连，长达数百米（两侧对称分布着一些

左页：

（上）图2-440巴空猜县 蒙探寺。角池近景（池边布置那迦雕像，象征原始大洋）

（下）图2-441巴空猜县 蒙探寺。中央组群，东侧全景

本页：

（上两幅）图2-442巴空猜县 蒙探寺。大门及山墙雕饰

（中及下）图2-443巴空猜县 蒙探寺。现场门楣雕饰细部

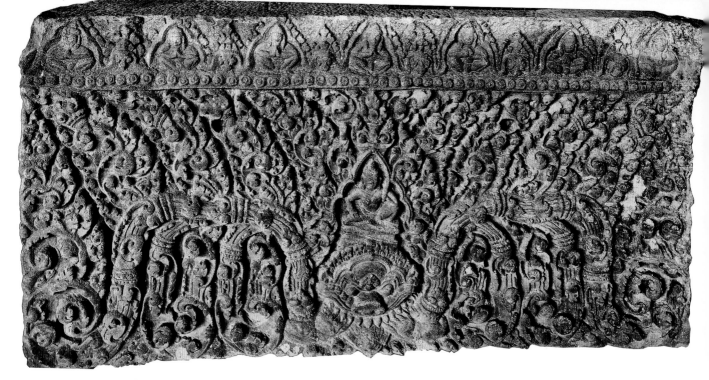

体量较小的附属建筑），气势非凡。

　　建筑所在山头象征印度神话中众神居住的须弥山，四周沟渠象征山周围的咸海。中心五座砂岩塔庙的梅花式布局不仅可以最大限度地烘托中央塔庙的地位，本身也有被四岳或四大部洲所围护的世界中心的含义。除了方位外，小塔数量也被赋予了一定的意义（见图2-164、2-165）。对印度天文学有深入研究的西方权威学者、法兰西学院（École Française）的让·菲利奥沙（1906~1982年）在谈到神庙的象征意义时特别指出，自中心任何一面看去，都只能看到下面四层对称布置的104座小塔中的33座，这正好是住在须弥山上的神祇数目。包括地面在内的七层平台，

本页：

（上）图2-444巴空猜县 蒙探寺。主祠塔，楣梁雕刻：坐在怪诞面具（Kirtimukha）上的神祇（11世纪，巴普昂风格，披迈国家博物馆藏品）

（下）图2-445吴哥 巴普昂寺（巴芳寺，约1060年）。总平面：1、外围墙；2、门楼；3、墩道；4、十字阁；5、水池；6、第一台地围廊院；7、"藏经阁"；8、第二台地围廊院；9、顶层台地围廊院；10、中央祠塔；11、卧佛

右页：

（上）图2-446吴哥 巴普昂寺。中央组群，平面

（左下）图2-447吴哥 巴普昂寺。巴普昂风格祠塔立面

（右下）图2-448吴哥 巴普昂寺。东侧远景（自墩道上望去的景色）

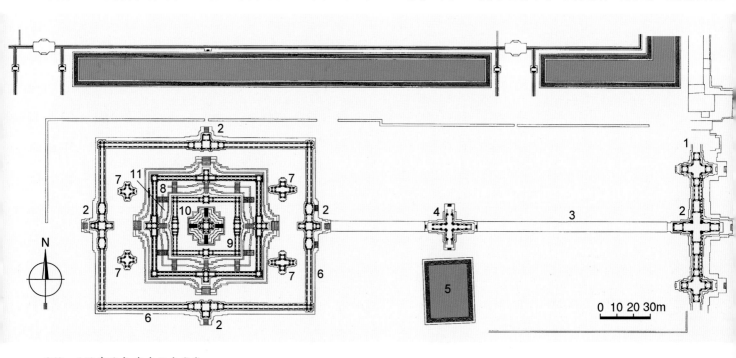

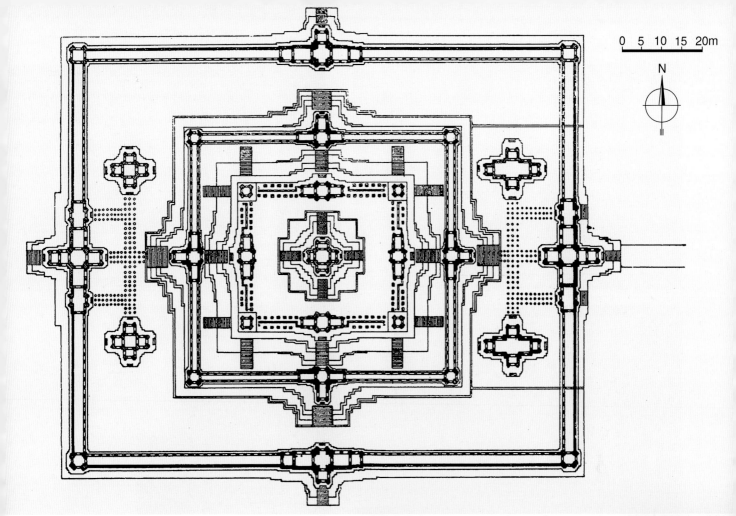

（上两幅）图2-449吴哥
巴普昂寺。东区墩道
（长172米）及底部
墩构造

（中）图2-450吴哥 巴
普昂寺。十字阁及墩道
（自南侧水池处望去的
景色）

（下）图2-451吴哥 巴
普昂寺。十字阁（东
侧，自墩道上望去的情
景，背景为第一台地围
廊院东门楼及寺院主体
祠塔）

象征印度教宇宙观的七重天国。总数108座小塔代表
月球的四个位相（每个为27天）。每个台地上安置12
座塔楼，系代表木星的12年公转周期。按芝加哥大学
（University of Chicago）学者保罗·惠特利的说法，
这是一座"石头的天文历法"。

原供奉印度教湿婆的这座山庙后期曾被改造成佛
寺，顶上安置了巨大的坐佛（现已无存），西侧有一
个类似尺度的石卧佛，外廊尚可识别。

巴肯寺是国王建造的国寺，同时期贵族修建的寺
庙处理上则更为自由，如豆蔻寺（图2-189~2-204）。
这是座位于王室浴池之南的印度教寺庙，建于921
年，19世纪由法国人重建，在屋顶平台上采用了微缩
的独特假门造型（叠涩拱券直达檐部）。这时期塔庙

（上）图2-452吴哥 巴普昂寺。第一台地（围廊院），东门楼，东北侧景观（位于墩道西端，20世纪60年代整修）

（下）图2-453吴哥 巴普昂寺。第一台地，东门楼，东南侧全景

（中）图2-454吴哥 巴普昂寺。第一台地，东门楼，东侧近景

本页及左页：

（左上）图2-455吴哥 巴普昂寺。第一台地，东门楼及围院台地基座，东南侧近景

（中上）图2-456吴哥 巴普昂寺。第一台地，东门楼（自主祠塔台地上西望景色，远处可看到墩道及十字阁）

（中中）图2-457吴哥 巴普昂寺。第一台地，南藏经阁，残迹东北侧现状（右侧背景为第二台地基座）

（右上）图2-458吴哥 巴普昂寺。第二台地，东侧现状（前景为围廊院门楼）

（右下）图2-459吴哥 巴普昂寺。第二台地，东南侧景色

（左下）图2-460吴哥 巴普昂寺。第二台地，东南角（自第一台地围廊院内望去的景色，右侧前景为南藏经阁）

屋顶的廓线一般都较以前更为柔和，由僵硬的直线改为具有一定弧度。

位于吴哥城南门西侧的巴色占空寺，意为"以翅护卫的巨鸟"（据传，国王在一次城市被围时打算逃离吴哥，此时一只巨鸟落地将他护卫在自己的翅膀下）。这是一座供奉湿婆的小型印度教祠庙，系曷利沙跋摩一世（910~923年）为父王耶输跋摩一世建造，完成于947年罗贞陀罗跋摩二世（944~968年在位）任内，属古典高棉过渡期（10~11世纪，这时期山庙的演化仍在继续）。这是第一座在平地上砌造的

（左上）图2-461吴哥 巴普昂寺。第二台地，西南侧景观（梯道位于卧佛中部）

（左中）图2-462吴哥 巴普昂寺。第二台地，西侧卧佛像（自西北方向望去的全景）

（中上）图2-463吴哥 巴普昂寺。第二台地，通向门廊的梯道近景（浅色部件示修复部分）

（右上）图2-464吴哥 巴普昂寺。第二台地，围廊残迹（部分经修复）

（左下）图2-465吴哥 巴普昂寺。顶层，围廊内景

（中下）图2-466吴哥 巴普昂寺。顶层，主祠塔，东南侧现状

（右下）图2-467吴哥 巴普昂寺。第二台地，东门楼，东南角浮雕（各类史诗场景，右列题材取自著名梵文史诗《摩诃婆罗多》）

对页：

（上下两幅）图2-468吴哥 巴普昂寺。第二台地，浮雕：上、北门楼南立面（罗摩在猴王须羯哩婆的哥哥婆黎死后对之进行安抚）；下、西门楼东立面（斗马）

本页：

（上）图2-469吴哥 巴普昂寺。第二台地，西门楼，东侧浮雕（史诗《罗摩衍那》场景：罗摩与神猴联军大战罗刹）

（左下）图2-470吴哥 巴普昂寺。第二台地，北门楼，南侧西部浮雕

（右下）图2-471吴哥 巴普昂寺。第二台地，入口门楼，浮雕（12生肖动物）

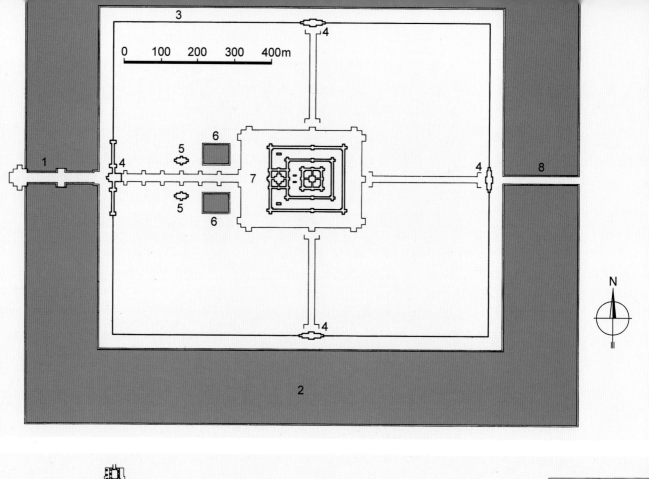

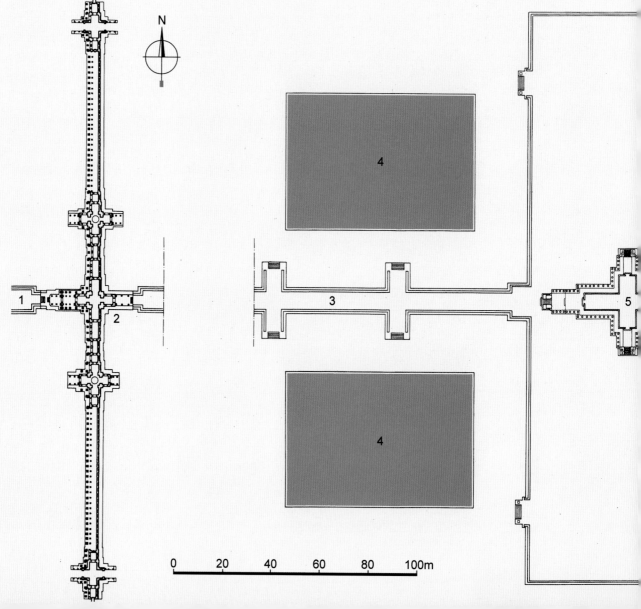

字塔式寺庙（图2-205~2-212），最初外围砖墙，□侧设石门楼，现皆无存。建筑立于四层无回廊的□形基台上，基部27米见方，至13米高度处缩减为15□，于四个正向方位布置梯道通向基台顶部，上立顶□式祠堂一座。后者砖构，基部8米见方，立在砂岩□底上，属首批使用耐久材料建造的这类建筑；大门朝东，其他各面设假门。建筑表面灰泥已大部剥落，主要砂岩楣梁上雕站在三头象上的因陀罗。

[贡开时期（928~944年）]

因陀罗跋摩一世（877~889年在位）去世后，他的儿子耶输跋摩一世（889~910年在位）和两个孙子

□页及左页：

（上）图2-472吴哥 吴哥窟（1113~1150年）。地段总平面（1：10000，取自STIERLIN H. Comprendre l'Architecture Universelle，II, 1977□），图中：1、西堤道（长约200米）；2、城河；3、第四道围墙；4、门楼；5、"藏经阁"；6、水池；7、寺庙平台；8、东堤道

（下）图2-474吴哥 吴哥窟。总平面（1：1500，取自STIERLIN H. Comprendre l'Architecture Universelle，II, 1977年），图中：1、跨越外□河的堤道；2、四院门楼（宽235米）；3、主轴大道（长350米，中间布置六对台阶通向两边场地）；4、水池；5、双层十字平台（王□）；6、三院门楼；7、第一台地（三院）围廊（朝外）；8、田字阁；9、三院藏经阁；10、第二台地（二院）围廊（朝内）；11、二院□楼；12、二院藏经阁；13、第三台地（一院，内院）围廊（朝内外两侧）；14、一院门楼；15、主祠塔（高出平原65米）；16、一院□塔

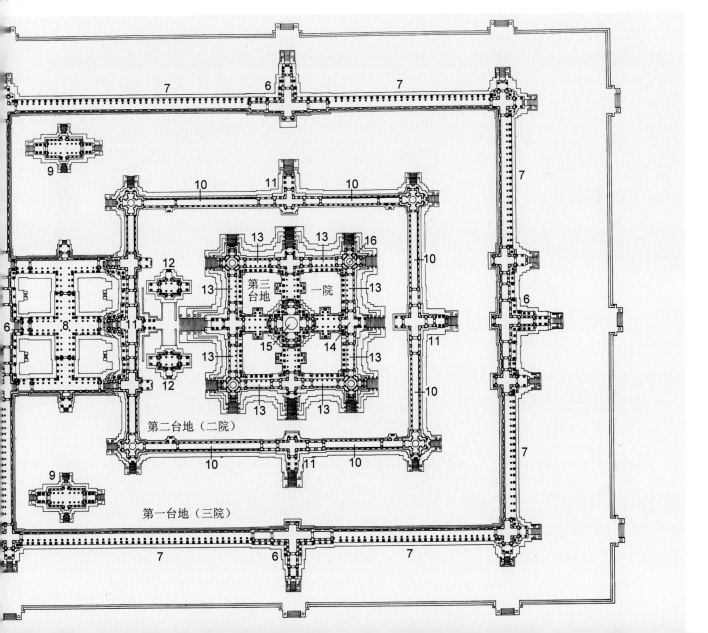

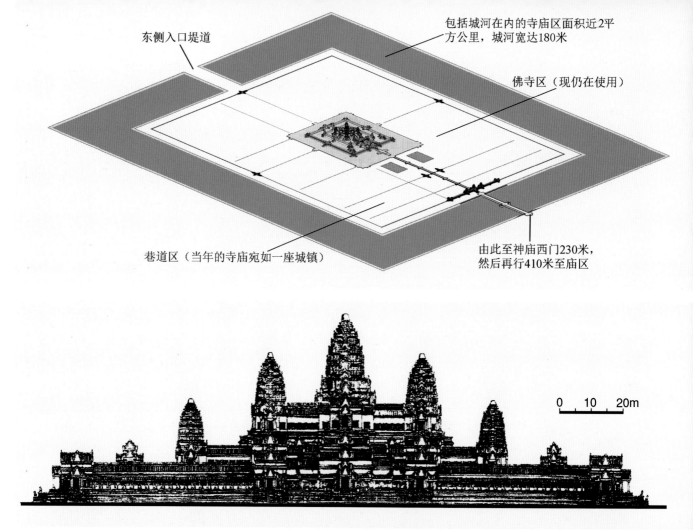

东侧入口堤道

包括城河在内的寺庙区面积近2平方公里，城河宽达180米

佛寺区（现仍在使用）

巷道区（当年的寺庙宛如一座城镇）

由此至神庙西门230米，然后再行410米至庙区

0　10　20m

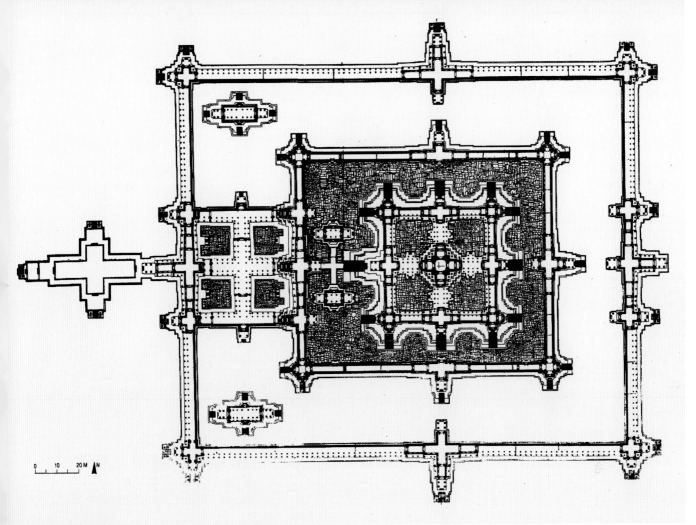

曷利沙跋摩一世（910~923年在位）及伊奢那跋摩二世（923~928年在位）先后继位。但在伊奢那跋摩二世统治期间，因陀罗跋摩一世的外孙，娶了其舅耶输跋摩一世同父异母妹妹的阇耶跋摩四世（928~941年在位），声称从母系方面具有王位继承权，并于921年在距耶输陀罗补罗东北约100公里处的贡开（另译戈格、科克）自立为王（神王，Devaraja）。两个国王的争斗从921年持续到928年，在伊奢那跋摩二世死

本页及左页：

（左上）图2-473吴哥 吴哥窟。地段透视图

（右上）图2-475吴哥 吴哥窟。总平面（法国远东学院图稿，作者Guy Nafilyan，1969年）

（下）图2-476吴哥 吴哥窟。剖面复原图（作者：法国建筑师Lucien Fournereau，1889年，巴黎沙龙展品）

（左中）图2-477吴哥 吴哥窟。侧立面（取自FREEMAN M，JACQUES C. Ancient Angkor, 2014年）

本页：

（上）图2-478吴哥 吴哥窟。中央组群，立面

（下）图2-479吴哥 吴哥窟。中央组群，西南侧轴测景观

右页：

（左上）图2-480吴哥 吴哥窟。中央组群，西北侧轴测图

（右两幅）图2-481吴哥 吴哥窟。中央组群，层位解析图（1、第一台地，208米×175米，周围布置带浮雕的廊道；2、田字阁；3、第二台地，120米×98米；4、第三台地，52米见方）

（左下）图2-483吴哥 吴哥窟。中央组群，第三台地，轴测剖析图（取自FREEMAN M，JACQUES C. Ancient Angkor，2014年）

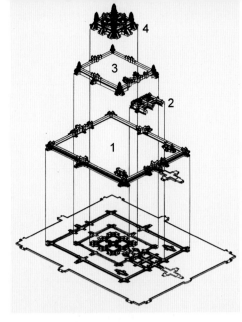

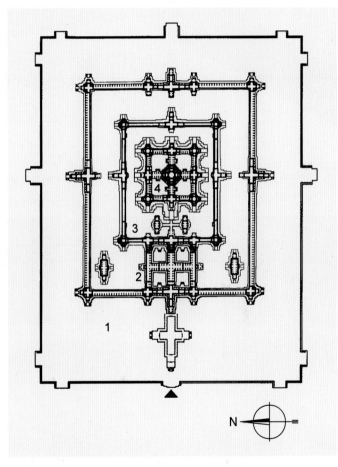

后，阇耶跋摩四世正式登上王位并以贡开为都。

贡开作为都城的时间虽然不长（928~944年），但由于阇耶跋摩四世的努力，在城市、寺庙的建设上取得了很高的成就。在81平方公里范围内，建有180座祠庙，形成了柬埔寨建筑史上的所谓贡开风格（图2-213）。其主要遗迹为包括普朗庙塔在内的托姆寺。

托姆寺由两进纵长分别为130.16米和170.92米，宽149.88米的院落组成（图2-214~2-220）。包括壕沟

和内围墙在内的早期部分可能建于921年前，后经扩建。现壕沟内有两道围墙：第一道内围墙砖构；第二道外围墙以红土石砌筑，长宽分别为66米和55米，东西各设一门。第一道围墙门较小，平面亦较简单；第二道围墙大门皆取十字形平面。两道墙之间的许多矩形平面建筑估计为后期增建。中央院落主祠前对称布置两座朝西的藏经阁（以后这种做法遂成为吴哥建筑的固定形制）；主祠后面矩形平台上立九座祠塔，分列两排，前排（东列）五座，后排（西列）四座。

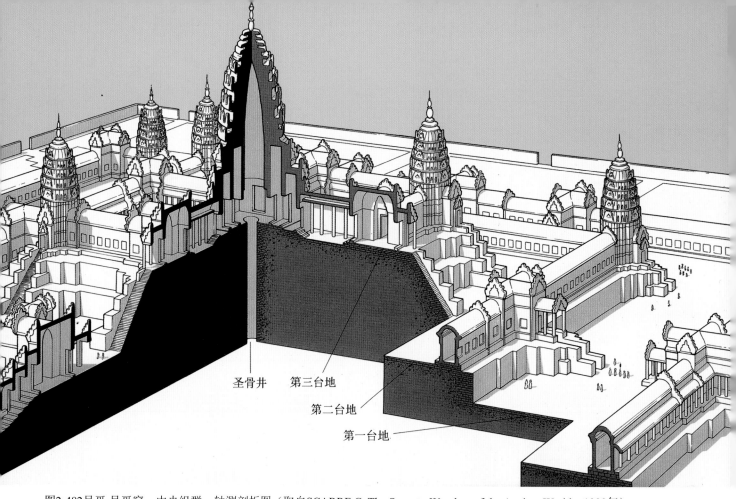

圣骨井　第三台地

第二台地

第一台地

图2-482吴哥 吴哥窟。中央组群，轴测剖析图（取自SCARRE C. The Seventy Wonders of the Ancient World，1999年）

图2-484吴哥 吴哥窟。模型（位于金边王宫银阁寺）

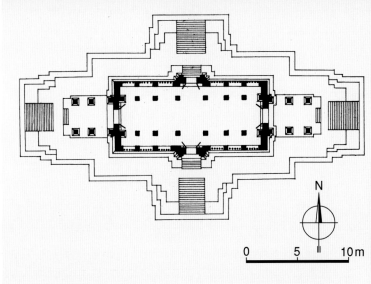

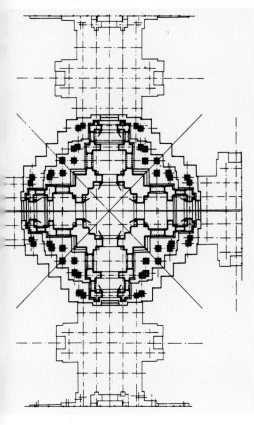

（左上）图2-485吴哥 吴哥窟。模型[位于日本栃木县
日光市东武世界广场（Tobu World Square）]

（左下）图2-486吴哥 吴哥窟。中央祠塔，平面（取自
JACQUES C. Angkor，1999年）

（右上）图2-487吴哥 吴哥窟。三院，北藏经阁，平面

（右下）图2-489吴哥 吴哥窟。廊道剖面（1∶200，
取自STIERLIN H. Comprendre l'Architecture Univer-
selle，II，1977年），图中：1、第一台地，田字阁，中
央廊道（以两侧边廊半拱顶支撑中央拱顶）；2、第一
台地，围廊（采用不对称剖面）；3、第二台地，围廊
（单侧边廊）

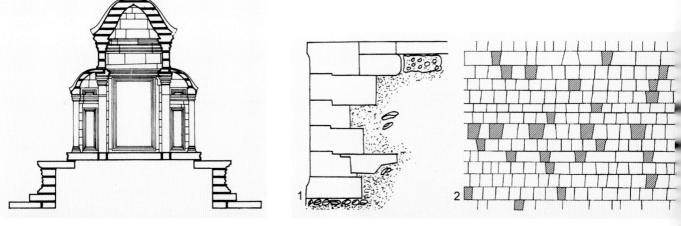

ANGCOR WAT : FAÇADE PRINCIPALE.

左页：

（左上）图2-488吴哥 吴哥窟。三院，田字阁，中央廊道，剖面
（据Boisselier，1966年）

（右上）图2-490吴哥 吴哥窟。砌块构造图：1、采用特殊截面的
石块增强阻力以平衡水平推力；2、采用楔形块体增加墙体刚性

（中两幅）图2-491吴哥 吴哥窟。19世纪中叶景观[版画，约1860
年，作者亨利·穆奥（1826~1861年），取自其著作《暹罗、柬埔
寨及老挝诸王国旅行记》]

（下）图2-492吴哥 吴哥窟。19世纪下半叶状态（西门楼立面，版画，
1866年，取自法国湄公河考察团：《印度支那考察纪行》第一卷）

本页：

（上）图2-493吴哥 吴哥窟。19世纪下半叶景观（版画，取自法
国湄公河考察团编纂的《印度支那考察纪行》附属画册，作者路
易·德拉波特，1873年）

（中两幅）图2-494吴哥 吴哥窟。20世纪初景色（老照片，J. G.
Mulder摄）

（右下）图2-495吴哥 吴哥窟。地区卫星图（上为东）

本页及左页：

（上）图2-496吴哥 吴哥窟。南侧，俯视景色

（左下）图2-497吴哥 吴哥窟。东南侧，鸟瞰全景

（中下）图2-498吴哥 吴哥窟。东侧，俯视全景

（右下）图2-499吴哥 吴哥窟。东北侧，俯视景观

每个转角另配三座一组的小塔，共12座小塔围绕着平台。所有21座塔内一度均配有林伽。核心院落外扩建的外围墙内，对称地布置红土岩圣堂；外围墙东西十字形门楼两侧各有一座圣堂相对布置（见图2-214、2-215）。可惜这些建筑现皆成丛林中的残墟。

作为托姆寺主要建筑的普朗庙塔建于928年，是座位于西侧东西主轴线上的七阶金字塔式建筑，可能是当时的国庙（图2-221~2-225）。塔底宽62米，每层约高5米，内收2米，总高36米。最初顶部平台立有高4米重达7吨的石雕林伽。某些专家认为，当年它可能位于高15米的祠堂内。建筑仅在围墙东面辟门与西面一组相连，其封闭的布局及仅在山庙东面设置梯道的做法都进一步强调两座寺庙构图的统一及完整。

除托姆寺外，贡开其他祠庙大多无存，有的还被埋在地下，现仅20多座可供参观（图2-226~2-235）。

本页及右页:

(左上) 图2-500吴哥 吴哥窟。西侧, 俯视全景

(右上) 图2-501吴哥 吴哥窟。西南侧, 俯视景观

(左下及中下) 图2-502吴哥 吴哥窟。西北侧, 远景(自巴肯山上望去的景色)

(右下) 图2-503吴哥 吴哥窟。四院西翼, 西南侧远景

这些寺庙大多遵循中轴对称的布局方式，且运用上更为成熟。山庙类型的塔庙更多向西偏移，东面引道两侧留出更多的空间对称布置附属建筑，从而进一步突出主轴。从托姆寺东面起点——巨大的十字形门楼沿引道前行到寺院外围墙东门楼，入门经护城河上宽阔的堤道到达中央院落，出院落西门再经堤道进西院东门，便可看到位于空旷院落中高耸的庙塔。漫长的铺垫和强烈的对比效果想必给人们留下了深刻的印象。长达数百米的轴线构图亦成为吴哥古典时期寺庙布局中的惯用手法。

中轴对称的原则不仅用于组群布局，同时也延伸到个体建筑。这时期的重要祠庙（特别是王室建筑）仍然采用山庙的形式，但高度大大增加（比巴肯寺高出近一倍），各层平台的面积却进一步缩小，因而整个山庙显得更为高峻、挺拔。加上周围附属建筑尺度缩减，进一步突出了主体塔庙的地位，形成了独特的所谓贡开风格。非山庙型祠庙则继续沿袭前期风格

本页及左页：

（上）图2-504吴哥 吴哥窟。四院西翼，全景（跨护城河望去的景色，中间三塔为四院门楼，左侧背景处可看到主祠塔组群）

（左下）图2-505吴哥 吴哥窟。四院西翼北段（自护城河对岸望去的景色）

（右下）图2-506吴哥 吴哥窟。四院西翼北段（自堤道端头望去的景色）

及形制。砖仍然是这时期寺庙建筑的主要材料，但开始更多使用红土岩及砂岩，重要的寺庙还大量采用砂岩。

建筑装饰上最引人注目的是几乎占门楣整个高度的场景浮雕，引道栏杆则以大鹏金翅鸟迦鲁达和蛇神那迦的造型为主题。

在这时期的附属建筑上，值得注意的有几点：一是在托姆寺已出现了以后成为吴哥古典时期建筑中重要元素的门厅（mandapa），只是此时还没有和塔庙

本页：

（右上）图2-507吴哥 吴哥窟。四院西翼南段（前景护城河，右侧为南边门）

（下）图2-508吴哥 吴哥窟。护城河堤道，中央十字凸出部分（南侧，自东北方向望去的景况）

（左上）图2-509吴哥 吴哥窟。护城河堤道，自东岸向西回望景色

（右中）图2-510吴哥 吴哥窟。四院西门楼（自护城河堤道上向东望去的景色）

右页：

（上）图2-511吴哥 吴哥窟。四院西门楼，主塔及北塔，西侧现状

（下）图2-512吴哥 吴哥窟。四院西门楼，主塔，西南侧近景

本页：

（上）图2-513吴哥 吴哥窟。四院西门楼，南塔，南侧远

（中）图2-514吴哥 吴哥窟。四院西门楼，南塔，西 侧景色

（下）图2-515吴哥 吴哥窟。四院西门楼，东南侧全 （院内）

右页：

（上下两幅）图2-516吴哥 吴哥窟。四院西门楼，主塔， 南侧近景

本页：

（上）图2-517吴哥 吴哥
窟。四院西门楼，北塔，
南侧景观

（下）图2-518吴哥 吴哥
窟。四院西门楼，南塔，
侧现状

右页：

（左上）图2-519吴哥 吴哥
窟。四院西门楼，南塔，
侧（院内一侧）石狮

（右上及下）图2-520吴哥
吴哥窟。四院西翼，南
门，东侧（内侧）景观

本页：

（上）图2-521吴哥 吴哥窟。四院西门楼内堤道，东望景色

（中及下）图2-522吴哥 吴哥窟。四院西门楼内堤道，侧面台阶的那迦围栏

右页：

（左上）图2-523吴哥 吴哥窟。四院东门楼，内侧现状

（右上）图2-524吴哥 吴哥窟。四院东门楼，南侧景色

（下）图2-525吴哥 吴哥窟。四院，北藏经阁，西立面（背景为中央组群西侧）

主体直接相连，而是通过一道短廊；二是在寺院东面
出现了巨大的十字形门楼，并在其南北两侧布置长
廊，这种做法在以后同样得以流行；三是继续使用长
的廊厅，由于连续布置，端头间距甚少，从而创造了
回廊的意象。

[耶输陀罗补罗（吴哥，944~1001年）]
罗贞陀罗跋摩二世时期（944~968年）

阇耶跋摩四世之后，其子曷利沙跋摩二世继
位，但他仅在贡开统治了几年（941~944年），王位
即被他的一个堂兄弟篡夺，是为罗贞陀罗跋摩二世

本页：

（上）图2-526吴哥 吴哥
窟。四院，北藏经阁，西
侧现状

（下）图2-527吴哥 吴哥
窟。四院，北藏经阁，东
景观

右页：

（上）图2-528吴哥 吴哥
窟。四院，北藏经阁，东北
侧景色

（下）图2-529吴哥 吴哥
窟。四院，北藏经阁，内
（中）图2-530吴哥 吴哥
窟。四院，南藏经阁，东
现状（右侧背景为四院西
楼主塔）

（944~968年）。后者登位后第一件事就是将都城迁回到耶输陀罗补罗（即吴哥），着手重建旧都。新都建在东湖南岸，以王室寺庙比粒寺为中心。其他寺庙除前述巴色占空寺外，尚有东湄本寺、库提斯跋罗寺（图2-236）、王室浴池（图2-237~2-241）等；这时期开始建造的女王宫（女人堡），由其子阇耶跋摩五

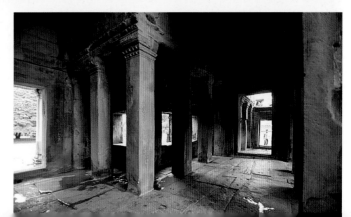

三页：

上）图2-531吴哥 吴哥窟。四
院，南藏经阁，东南侧景观

下）图2-532吴哥 吴哥窟。四
院，南藏经阁，西南侧景色

六页：

上）图2-533吴哥 吴哥窟。中
央组群，西侧全景（自四院堤
道西望景色，堤道两侧为藏经
阁，大道尽端为三院门楼）

中及左下）图2-534吴哥 吴
哥窟。中央组群，西北侧全景
（自四院堤道北侧池边望去的
景色）

右下）图2-535吴哥 吴哥
窟。中央组群，西南侧全景
（自四院堤道南侧池边望去的
景色）

406 · 世界建筑史 东南亚古代卷

本页及左页：

（左上）图2-536吴哥 吴哥窟。
中央组群，西北侧现状

（左下）图2-537吴哥 吴哥窟。
中央组群，东侧全景（前景为
三院东门楼）

（右上）图2-538吴哥 吴哥窟。
四院，王台（位于西门内堤道
东端），东侧近景

（右下）图2-539吴哥 吴哥窟。
四院，自王台处回望堤道及西
门楼景色

（右中）图2-540吴哥 吴哥窟。
三院（第一台地），西北角外景

本页及左页：

（左上）图2-541吴哥 吴哥窟。三院，西翼北段，西南侧外景（右侧为田字阁西北塔）

（中上）图2-542吴哥 吴哥窟。三院，西翼北段（自三院西门楼处向北望去的景色）

（右）图2-543吴哥 吴哥窟。三院，西翼南段，南望景观

（左下）图2-544吴哥 吴哥窟。三院，西门楼，西立面（远摄效果，近景为王台）

（上）图2-545吴哥 吴哥窟
三院，西门楼，西立面近观
（自王台端头望去的景色）

（下）图2-546吴哥 吴哥窟
三院，西门楼，山墙及上部
结构（背景为中央塔群）

上）图2-547吴哥 吴哥窟。
王院，东门楼，东侧现状

中）图2-548吴哥 吴哥窟。
王院，东门楼，南侧景观

下）图2-549吴哥 吴哥窟。
王院，南门楼，南侧现状

左页：

图2-550吴哥 吴哥窟。三院，
北门楼，南侧（内侧）景色

本页：

（上）图2-551吴哥 吴哥窟。
三院，北门楼，南侧山墙雕饰

（下）图2-552吴哥 吴哥窟。
三院，东北角塔，东北侧景色

世（968~1001年在位）最终完成（见图2-267~2-327）。罗贞陀罗跋摩二世信奉湿婆教，但对其他宗教及教派同样采取宽容的态度。国王新建寺庙中亦有佛寺（如巴琼寺，图2-242~2-245）。

位于东湖南侧的比粒寺完成于961年或962年初（其名意义为"转身"，据说在寺中举行的葬礼仪式上，人们将把骨灰盒朝各个方向转动，由此得名），是座粉红色三阶金字塔式的结构；最外一道围墙东立面宽120米，内院中央偏西处平台顶上立五座祠塔；和距吴哥东北规模较小但比例优雅的女王宫（967年）一样，皆属过渡时期的作品（平面及透视图：图2-246、2-247；外景：图2-248~2-263；近景及细部：图2-264~2-266）。继比粒寺和女王宫之后可能于978年完成的空中宫殿（"天庙"，见图2-412~2-425）位于阇耶跋摩五世时期吴哥的中心，它和前者的区别主要是第三层台地长长的石构空间演变成连续的带顶廊道。

本页及左页：

（左上）图2-553吴哥 吴哥窟。三院，西北角塔，西侧景观

（左中上）图2-554吴哥 吴哥窟。三院，东南角塔，内景

（右上）图2-555吴哥 吴哥窟。三院，西廊内景（自西北角塔向南望去的景色）

（左下）图2-556吴哥 吴哥窟。三院，东区，北望景色

（左中下）图2-557吴哥 吴哥窟。三院，北区，西望景色（远景为北藏经阁）

（中上）图2-558吴哥 吴哥窟。三院，田字阁，阶梯状连廊（连接田字阁中廊与二院西门廊；北侧景观，自田字阁东北院望去的景色）

（中中上）图2-559吴哥 吴哥窟。三院，田字阁，东南院，向北望去的情景，前方可看到阶梯状连廊南侧

（中中下）图2-560吴哥 吴哥窟。三院，田字阁，西南院，东望景色

（右下）图2-561吴哥 吴哥窟。三院，田字阁，西北院，南望情景

本页：

图2-562吴哥 吴哥窟。三院，田字阁，十字廊，东望景色

右页：

图2-563吴哥 吴哥窟。三院，田字阁，十字廊，交叉处柱头及檐壁雕饰细部

　　这时期，山庙型建筑得到了进一步的推广，不仅用于王寺，也扩展到其他重要寺庙。但在以比粒寺为代表的这批庙宇中，中心塔庙及附属建筑的布局方式更加趋向巴肯寺那种中心对称。由于构图重心西移幅度很小，东西主轴在整体构图上的重要地位显然有所下降（见图2-246、2-247）。前期那种在平地上展开、完全采用中轴对称布局的做法现仅见于一些小型寺庙（如库提斯跋罗寺）。

　　山庙顶部的五座塔庙大多采用梅花式排列，塔庙皆朝东，立在十字形基台上，各面均设台阶。中心塔

（左上）图2-564吴哥 吴哥
窟。三院，田字阁，千佛
堂，20世纪初室内积存的佛
像（法国远东学院档案照片）

（下）图2-565吴哥 吴哥窟。
三院，田字阁，千佛堂，现
状，西望景色

（右上）图2-566吴哥 吴哥
窟。三院，田字阁，千佛
堂，现状，东望景色

（左上）图2-567吴哥 吴哥窟。三院，西南区，南藏经阁，北侧现状（自田字阁南翼望去的景色）

（左中）图2-568吴哥 吴哥窟。三院，西北区，北藏经阁，东侧现状

（右上）图2-569吴哥 吴哥窟。三院，西北区，北藏经阁，南侧景观

（下）图2-570吴哥 吴哥窟。二院（第二台地），东翼外景

（右中）图2-571吴哥 吴哥窟。二院，西区，俯视景色（自第三台地西廊望去的情景，中间建筑为二院北藏经阁）

庙的十字形基台与角上的四座次级祠庙一起，突出了八个主要方位的布局模式。有的（如比粒寺、东湄本寺；见图2-246、2-328）于第二层平台上每边另布置四座附属建筑，显然是继承和发展了巴肯寺的形制，进一步用立体构图表现印度寺庙的曼荼罗图形。位于底层围绕着山庙的长廊屋则起到了进一步烘托中心对称的作用（作为10世纪出现的独特元素，廊屋此时变

得越来越长；比粒寺是吴哥最后一座采用这一母题的寺庙，之后便演进为连续的回廊）。只是山庙基台的层数有所减少，由前期的5层（如巴肯寺）变为3层（见图2-207，2-253）。而中心塔庙的基台高度则有所增加（可达2～3米，如比粒寺中心塔庙基台两层，高3米左右）。虽然大多数塔庙此时仍然采用方锥形屋顶，但由于屋顶平台内收幅度较小，整体外廓的阶梯状感觉较弱，有的进一步变为上下平台衔接更为紧凑的弧形，显得更为饱满和充满张力（如巴色占空寺）。特别值得注意的是，巴色占空寺还代表了这时期出现的另一种布局更为简单的山庙——仅在顶部平台上设一座塔庙，没有其他附属建筑。这种简洁但不

（上）图2-572吴哥 吴哥窟。二院，西北角现状

（下）图2-573吴哥 吴哥窟。二院，北区，俯视景色（自第三台地望去的景色，右侧远处为二院东北角塔）

（上）图2-574吴哥 吴哥窟。二院，南区，现状（自第三台地向东南方向望去的景色，远处为二院东南塔）

（左中）图2-575吴哥 吴哥窟。二院，西南角现状

（左下）图2-576吴哥 吴哥窟。二院，西门楼（自第三台地西望景色，远方可看到四院两座藏经阁及西门楼）

（右中）图2-577吴哥 吴哥窟。二院，南门楼，俯视景色（自第三台地南廊望去的情景）

乏力度的形式在后期得到大量采用，在山庙平台上布置许多附属建筑的做法遂成绝唱。

在材料的运用上，围墙、山庙各层平台、长廊屋和藏经阁等均使用红土岩砌筑，有的外部另以砂岩贴面。建筑基台、门框及楣梁部分多以砂岩制作，但塔庙、附属小塔等仍为砖砌，外施抹灰及灰泥装饰。

女王宫（女人堡，湿婆庙）是位于大吴哥（吴哥城）东北约21公里代山西北的一座印度教寺庙。1936年发现的奠基石表明它建于967年罗贞陀罗跋摩二世

（上）图2-578吴哥
吴哥窟。二院，东
门楼，东北侧近观

（下）图2-579吴哥
吴哥窟。二院，西
南角塔，西侧外景

图2-580吴哥 吴哥
窟。二院，东北角
塔，东南侧现状

时期，原名"湿婆庙"，于阇耶跋摩五世时期完成，
是吴哥当年唯一一座不是由国王投资建造的重要庙
宇。其施主是国王罗贞陀罗跋摩二世的国师、学者和
慈善家耶若婆罗诃。寺庙主体结构全部采用稀有的红
色砂岩砌筑，标志着在重要建筑中，砖构已逐渐退居
次要地位。建筑拥有大量精美的雕饰，体现了吴哥雕
刻艺术的最高水准，被莫里斯·格莱兹誉为"高棉艺
术的瑰宝"（jewel of Khmer art）[17]。庙宇现在的名
字"女王宫"可能即来自浮雕上的女神及建筑本身亲
切的尺度和装饰。

　　建筑群坐西朝东，占地长200米，宽100米左右，
寺庙由3道红色砂岩砌成的围墙组成（平面、立面、
剖面、透视图及模型：图2-267~2-274；第四及第三
围院：图2-275~2-280；第二围院：图2-281~2-287；内院
门楼：图2-288~2-294；内院藏经阁：图2-295~2-301；主

本页：
（左中）图2-581吴哥 吴哥窟。
二院，北藏经阁，西侧景色
（右上）图2-582吴哥 吴哥窟。
二院，南藏经阁，南侧景观
（右中）图2-583吴哥 吴哥窟。
一院（内院，第三台地），西
南角外景
（下）图2-584吴哥 吴哥窟。一
院，西北角现状
右页：
（上）图2-585吴哥 吴哥窟。一
院，东北角，近景
（下）图2-586吴哥 吴哥窟。一
院，东翼北区外景（自第二台
地望去的景色）

（左上）图2-587吴哥 吴哥窟。一院，北门楼（自第二台地望去的
景色）

（右上）图2-588吴哥 吴哥窟。一院，东南池，北望景色

（右中）图2-589吴哥 吴哥窟。一院，东北池，西望景色

（右下）图2-590吴哥 吴哥窟。一院，西南池，向西北方向望去的
景色

（左下）图2-592吴哥 吴哥窟。一院，主祠塔及北侧角塔，西北侧
远景

筑群：图2-302~2-313；南北祠塔：图2-314~2-318；雕饰及砌体细部：图2-319~2-327）。在现存的寺庙三重院落之外，另有一道围墙将组群与市镇相隔。这道原来可能用木材建成的外围墙现仅存一座最东边的拱门。从这座门到第一个院落围墙东门之间，67米长的大道两旁对称立着两排2米多高的石柱。第一个院落东西长110米，南北宽95米，东西轴两端各辟

一门。两门山墙均不在原位。西门山墙现由巴黎吉梅国立亚洲艺术博物馆收藏，表现印度史诗《摩诃婆罗多》的场景。东门山墙散落地上，表现《罗摩衍那》故事。院落内宽阔的壕沟被沿东西主轴的铺道分为南北两半，环绕着第二个院落。

第二个院落围墙东西长42米，南北宽38米，东西于轴线上各辟一门；院落内有一圈廊屋，已多处坍

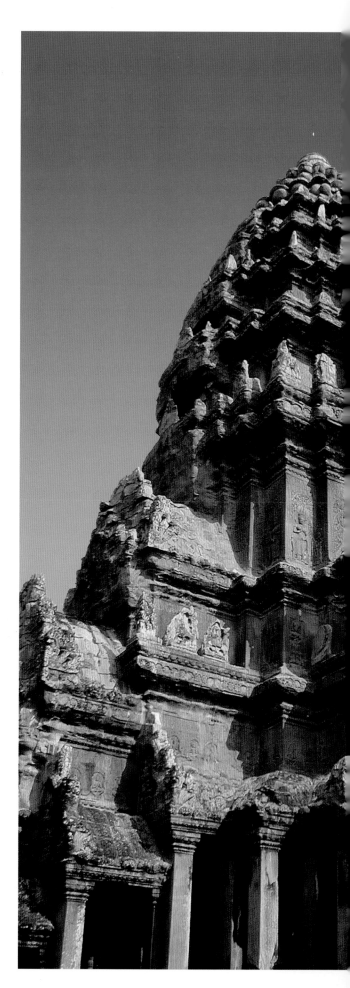

塌。其内第三个院落由边长24米的正方形砖墙围括。
该墙已坍塌，仅剩东边的大门和西边的一座砖砌圣
殿。第二及第三个院落围墙东门均辟三个石门，中门
两侧立带环箍及镂花的石柱，门楣上冠带雕饰的山
面。门之间窗户设密排的环箍状窗棂。

　　第三道围墙内为组群中心结构，1米多高的基台
上并列三座红色砂岩砌筑的塔式祠庙，两面另有对称

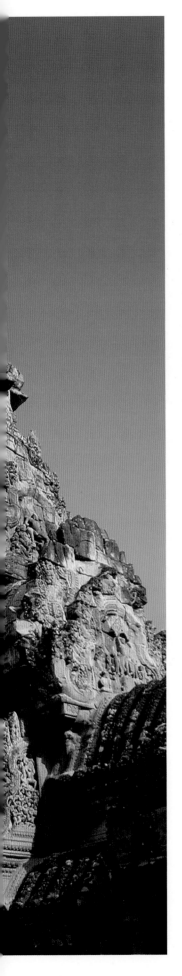

本页及左页：

（左上）图2-593吴哥 吴哥窟。一院，主祠塔，东南侧近景（1935年发现主祠下有一深23米的井，但其内除金叶外别无他物）

（左下）图2-594吴哥 吴哥窟。一院，主祠塔，西南侧近景

（中）图2-595吴哥 吴哥窟。一院，主祠塔，西北侧近观

（右上）图2-596吴哥 吴哥窟。一院，主祠塔，南侧浮雕（表现黑天神战胜强敌）

（右中上）图2-597吴哥 吴哥窟。一院，主祠塔，北侧柱厅内景（向西南方向望去的景色）

（右中下）图2-598吴哥 吴哥窟。一院，主祠塔，西侧柱厅内景（向东面内祠望去的景色）

（右下）图2-599吴哥 吴哥窟。一院，主祠塔，内祠及佛像（自北门廊望去的景色）

本页：

（右）图2-600吴哥 吴哥窟。一院，目
廊内佛像（背靠多头那迦，9世纪后
期，圣牛寺风格）

（左）图2-601吴哥 吴哥窟。一院，东
北角塔，东南侧景观

右页：

图2-602吴哥 吴哥窟。一院，西北角
塔，西北侧现状

配殿（藏经阁）、长厅、石台石屏等。中央各塔除面（西面）外，各面均设门，门高仅1.2米，门上面雕七头那迦，朝圣者须俯首弯腰始能入内（山墙于方形门框上，和门框相比显得特别高大雄伟，在墙雕刻上表现神话故事亦为高棉建筑中首例）。三座塔庙中，中间最高的一座供奉湿婆（约高10米，东前设一砖构拱顶前室），南北两座分别供梵天和毗湿奴。钟形塔庙皆高五层，塔基及塔身每层饰浮雕。单体建筑结构造型和比例优雅协调，为达到均衡的效果，并没有特别突出垂直构图。

这组建筑在11世纪很可能由国王主持进行了扩建和改造，至14世纪以后始被遗弃。之后直至1914年才被西方人发现。20世纪30年代修复时采用了"归位复原"法，是在重大工程上应用这一原则的早期实例。2000~2003年，柬埔寨和瑞士当局合作为进一步保护古迹安装了排水系统。

同属罗贞陀罗跋摩统治时期的东湄本寺建于951/953年，位于东湖中央一个人工岛上，于三层阶台

本页:

图2-603吴哥 吴哥窟。一
院，东北角塔，东侧近景

右页:

图2-604吴哥 吴哥窟。一
院，东南角塔，西南侧仰礼

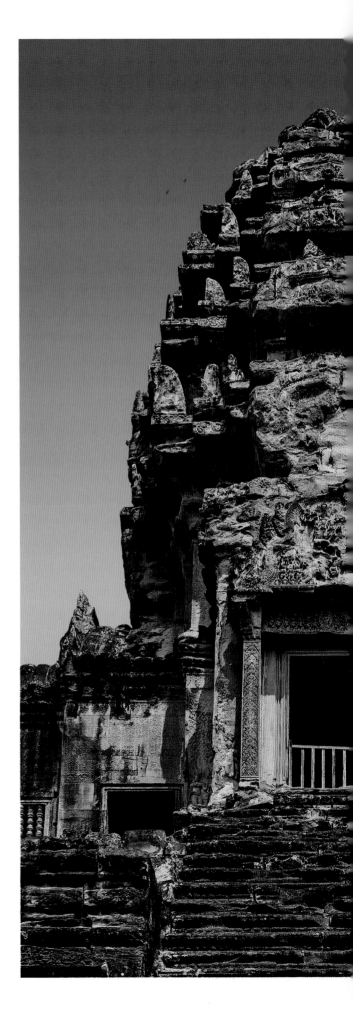

上立双子塔（总平面：图2-328；全景：图2-329~2-334；第一及第二台地：图2-335~2-339；第三台地：图2-340~2-347；雕饰及细部：图2-348~2-351）。今东湖已干涸，寺台遂显得特别高大。

阇耶跋摩五世时期（968~1001年）
968年，罗贞陀罗跋摩二世之子阇耶跋摩五世

本页及右页：
（左上）图2-605吴哥 吴哥窟。一院，东南角塔，西侧景观（自第三台地边缘望去的景色）
（中）图2-606吴哥 吴哥窟。一院，东南角塔，南侧景观
（左下及右）图2-607吴哥 吴哥窟。一院，东南角塔，东南侧现状及东侧山墙浮雕（毗湿奴）

（上）图2-608吴哥
吴哥窟。一院，西南
角塔，西南侧现状

（下）图2-609吴哥
吴哥窟。一院，外墙
雕饰（自第三台地边
缘望去的情景）

图2-610 吴哥 吴哥窟。
雕刻：八臂毗湿奴像
（位于西入口廊道）

（968~1001年在位）继位，他继承了先王的宗教宽　　　　（1002~1006年在位）任上完成。
容政策，湿婆教仍为官方宗教，但佛教也得到保护。　　　　　阇耶跋摩五世统治的这几十年是自吴哥早期向古
这一时期，不仅各种宗教及教派的寺庙同时存在，甚　典吴哥的过渡期，建筑风格上（特别是女王宫）也具
至在同一寺庙中并列不同宗教的偶像。在他统治的30　有这种过渡性质。
多年间，不仅修复了许多破败的寺庙，完成了女王宫　　　　　值得注意的是，这时期的塔庙并不是直接承袭以
的建设，还开始兴建茶胶寺，后者在阇耶毗罗跋摩　比粒寺为代表的前期风格，而是从7~8世纪的早期高

（上）图2-611吴哥 吴哥
窟。雕饰：直棂窗，近景

（左中及左下）图2-612吴
哥 吴哥窟。雕饰：直棂
窗与飞天仙女

（右下）图2-614吴哥 吴
哥窟。雕饰：飞天仙女（三
院柱墩上）

（上两幅）图2-613吴哥 吴哥窟。雕
饰：飞天仙女（自乳海中诞生，为
高棉艺术美的象征，在吴哥窟，位
于墙面及龛室等处的这类形象多达
1700个）

（下）图2-615吴哥 吴哥窟。雕饰：
飞天仙女（一院，西北角塔，南侧）

（全六幅）图2-616吴哥 吴哥窟。雕饰：飞天仙女（各种造型及灰泥着色痕迹）

图2-617吴哥 吴哥窟。雕饰：飞天仙女（头像细部）

本页：

（上）图2-618吴哥 吴哥窟。雕饰：化身为巨龟俱利摩沉入海底的[
湿奴

（下）图2-619吴哥 吴哥窟。雕饰：战士

右页：

（左上）图2-620吴哥 吴哥窟。雕饰：站在战象上的苏利耶跋摩[
世（队列行进组雕细部）

（右）图2-621吴哥 吴哥窟。雕饰：花卉图案（中间为一个正在祈
祷的人物）

（左下）图2-622吴哥 吴哥窟。三院（第一台地），西北角塔[
雕：坐在战车上的太阳神（题材取自史诗《罗摩衍那》）

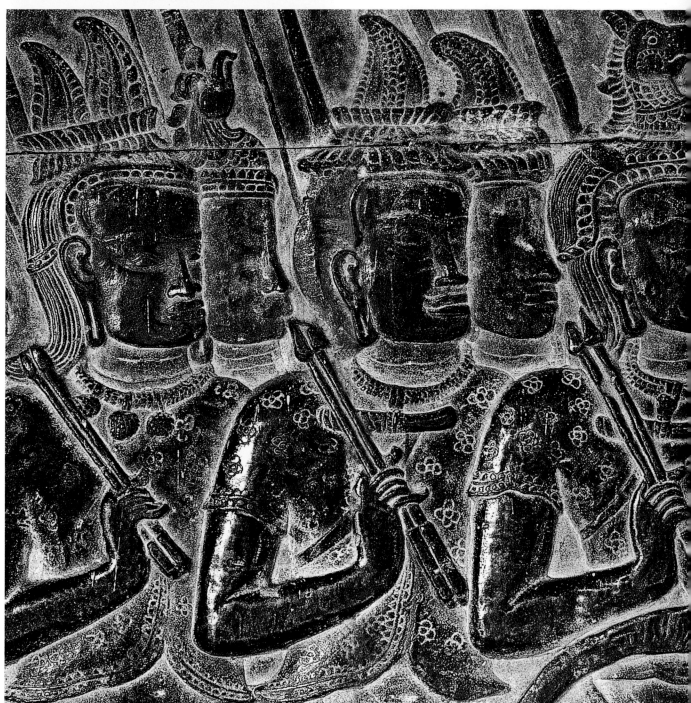

棉作品中获取灵感，从中心对称的山庙构图复归平地
展开的中轴对称。但这种回归并不是简单的重复，而
是有所发展，有所创造。如女王宫，从中轴线的总体
规划及与周围自然环境的结合，到个体建筑的布置及
细部比例的设计，一气呵成，气势非凡（引道两侧首
次出现的界石更在之后得到大量应用）；只是横向布

置的长廊屋（垂向长厅，见图2-267），显得有些突
然，和其他部分不很协调。

在贡开建筑中已出现的门厅（曼达波，
mandapa）在女王宫这里进一步发展成更为复杂的组
合形式（见图2-309）。十字门厅与主祠间通过短廊
相连，前面另设浅出的门廊，两侧辟门和盲窗，与印

本页及左页：

（左上）图2-623吴哥 吴哥窟。三院，西廊北区浮雕：兰卡之战（Battle of Lanka，题材取自史诗《罗摩衍那》，讲述罗摩及其神猴联军击败十头二十臂恶魔罗波那的故事），罗摩站在神猴哈奴曼肩上准备射箭

（左下）图2-624吴哥 吴哥窟。三院，西廊北区浮雕：兰卡之战，魔王罗波那（Demon Ravana）

（中两幅）图2-625吴哥 吴哥窟。三院，西廊北区浮雕：兰卡之战，激战细部（上图武士穿的镶花胸衣可能是皮制盔甲）

（右）图2-626吴哥 吴哥窟。三院，西廊北区浮雕：兰卡之战，向魔军发起猛攻的猴兵

本页：

（上）图2-629吴哥 吴哥窟。三院，西南角塔浮雕：魔王罗波那撼凯拉萨山

（下）图2-630吴哥 吴哥窟。三院，西南角塔浮雕：猴王（婆黎）之死

（中）图2-631吴哥 吴哥窟。三院，南廊西区浮雕：苏利耶跋摩二世庆典游行（游行前坐在宝座上接受军队朝拜的国王）

左页：

（上）图2-627吴哥 吴哥窟。三院，西廊南区浮雕：俱卢之战（Battle of Kurukshetra，取材于《摩诃婆罗多》，讲述婆罗多族两支后嗣——般度族和俱卢族——为争夺王位而战的故事，经18天激战后，般度族获胜）

（下）图2-628吴哥 吴哥窟。三院，西廊南区浮雕：俱卢之战，细部（般度族和俱卢族的军队分别自南方和北方进攻，并在浮雕板面中部相遇）

度奥里萨地区的印度教寺庙颇为相近。这种门厅在以后的吴哥寺庙中得到了普遍应用，并一直影响到蒲甘王朝的支提堂。只是由于后者采用拱券结构，内部空间更为宽阔，而以叠涩技术为基础的吴哥塔庙，内部房间相对局促，两者的外观形式也因此有所不同。门厅屋顶往往在两个方向上均采用双重山墙（见图

左页：

（上）图2-632吴哥 吴哥窟。三院，南廊西区浮雕：苏利耶跋摩二世庆典游行（正在行进的士兵）

（下）图2-633吴哥 吴哥窟。三院，南廊东区浮雕：天堂与地狱（上下两幅条带分别示在亡者审判中被判升入天堂和贬入地狱的人们）

本页：

（上）图2-634吴哥 吴哥窟。三院，南廊东区浮雕：天堂与地狱（坐在水牛背上具有18臂的亡灵统治者、冥府之王阎摩）

（下）图2-635吴哥 吴哥窟。三院，东廊南区，内景（表现印度教创世神话——乳海翻腾）

（上）图2-636吴哥 吴哥窟。三
□，东廊南区浮雕：乳海翻腾
□持蛇搅海的阿修罗，共92个，
□持蛇头部位）

（下）图2-637吴哥 吴哥窟。三
□，东廊南区浮雕：乳海翻腾
□毗湿奴，位于中区，神龟之上）

□页：

（上）图2-638吴哥 吴哥窟。三
□，东廊南区浮雕：乳海翻腾
□提婆细部，共88个，持蛇尾
□部分）

（下）图2-639吴哥 托玛侬寺。
□总平面（取自FREEMAN M，
□ACQUES C. Ancient Angkor,
□2014年），图中：1、台地；2、
□东门楼；3、围墙；4、祭拜厅；
□、前厅；6、中央祠塔；7、西门
□楼；8、"藏经阁"

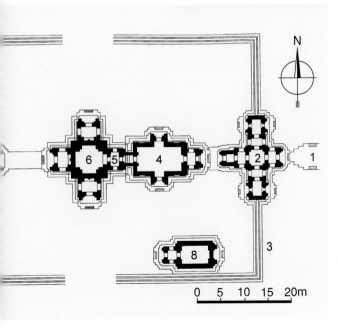

2-861市场活动场景图），不仅雕饰丰富，且占整个
立面高度的一半，显得极为华丽。

　　作为须弥山的象征，塔庙中屋顶的比例同样有所
增加，其高度与殿身相等或高出1/3，在立面构图上
的地位大大增强（见图2-304），且外廓弧度明显，
在比粒寺的基础上又有所发展，造型更趋饱满。另于
每层平台四角设微缩角塔（可能是效法中爪哇建筑，
也可能是源自受中爪哇影响的占婆）。屋顶各面每层
平台正中如前期做法饰扁平假门，上部类似马蹄形的
山墙显然是回归真腊前期的样式，但两端采用翘首那
迦的雕饰，反映了吴哥建筑的地方和民族特色（吴哥
山墙形式：图2-352）。

四、吴哥古典时期（11～13世纪）

　　古典时期留存下来的最主要遗产是帝国全盛时其的都城吴哥。吴哥（Angkor）本是高棉语"城市"的意思，其古迹群分布在400平方公里的范围内，包括从9世纪到15世纪高棉王国历代的都城和寺庙，如吴哥窟、吴哥城、巴戎寺、女王宫等。联合国教科文组织已于1992年将吴哥古迹列为世界文化遗产项目。

　　12世纪及13世纪早期（古典高棉时期）建筑上的成就主要表现在两方面：一是苏利耶跋摩二世（1113~1150年在位）创建的吴哥窟（神庙城），二是阇耶跋摩七世（1180~1218年在位）改造的吴哥城（大吴哥）及巴戎寺。以这些作品为代表的高棉建筑以其宏伟的构思、壮丽的景观、严谨的规划，以及大量采用的华美精致的雕饰为特色。它们成为帝国财富和威权、艺术和文化、建筑技术和美学成就，以及当时各种各样宗教信仰的见证。但建筑技术上并不复杂。石料的用法犹如木材，石墙内嵌隐藏的木梁加固，只是木料腐朽后，石块往往坍落。叠涩挑出的拱顶亦没有任何改进，因而每个"房间"的空间极为有限。整个组群即由许多这样的单位和连接它们的廊道组成，创造出一种庞大宏伟的印象。为了表现永恒不变的山峰母题及其垂向特色，这些带廊道的组群均围着中央塔楼布置（试与889年建的早期实例茶胶寺相比较）。砌筑不用灰浆，石砌体的稳定全靠结构自

左页：

（上）图2-640吴哥 托玛侬寺。南侧全景（自左至右：西门楼、中央祠塔-前厅-祭拜厅、东门楼）

（中）图2-641吴哥 托玛侬寺。西南侧全景（自左至右：中央祠塔、东门楼、藏经阁；右前景为围墙基础残迹）

（下）图2-642吴哥 托玛侬寺。西北侧全景（右侧前景为西门楼，后为中央祠塔及东门楼）

本页：

（上）图2-643吴哥 托玛侬寺。中央祠塔，南侧现状

（下）图2-644吴哥 托玛侬寺。中央祠塔，东北侧景观（左前景为东门楼）

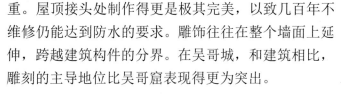

本页及右页：

（左）图2-645吴哥 托玛侬寺。
中央祠塔，东南侧近景

（中上）图2-646吴哥 托玛侬
寺。中央祠塔，祭拜厅及前厅
南入口

（右下）图2-647吴哥 托玛侬
寺。中央祠塔，西北侧近景
（左侧背景为东门楼）

（右上）图2-648吴哥 托玛侬
寺。中央祠塔，祭拜厅，南侧
近景

重。屋顶接头处制作得更是极其完美，以致几百年不维修仍能达到防水的要求。雕饰往往在整个墙面上延伸，跨越建筑构件的分界。在吴哥城，和建筑相比，雕刻的主导地位比吴哥窟表现得更为突出。

[阇耶毗罗跋摩及苏利耶跋摩一世时期，南北仓风格（1002~1050年）]

由于阇耶跋摩五世没有子嗣，死后继任的优陀耶迭多跋摩一世与之没有血缘关系，统治数月后即被杀。随后继任的阇耶毗罗跋摩（1002～1006年在位）在位仅几年便被苏利耶跋摩一世（1006～1050年在位）取代。

（左上）图2-649吴哥 托玛侬寺。中央祠塔，
门廊夜景

（右上）图2-650吴哥 托玛侬寺。中央祠塔，
南侧龛室浮雕

（下）图2-651吴哥 托玛侬寺。中央祠塔，转
角处雕饰细部（龛室天女雕刻为吴哥地区最
优秀的实例之一）

（上下两幅）图2-652吴哥托玛侬寺。中央祠塔，南侧天女浮雕，近景及细部

阔耶毗罗跋摩虽然统治时间不长，但建造了北仓和茶胶寺。在苏利耶跋摩一世统治的40余年，高棉帝国进入了一个新时期，版图不断扩大。他是柬埔寨历史上第一位皈依大乘佛教的国王，特别尊崇观世音菩萨。苏利耶跋摩一世决定在原有王都附近建造都城，尽管这一宏伟蓝图直到阇耶跋摩七世时期才完成，但他在位时已创建和完成了大量寺庙，如吴哥的空中宫殿、南仓、现柬埔寨茶胶省桑拉翁县的吉索山寺（图2-353~2-357）、柬泰边界扁担山上的圣殿寺（帕威夏寺，图2-358~2-370）、老挝南部占巴塞的山寺等。后者原为供奉湿婆林伽的印度教寺院，在13世纪吴哥王朝接受上座部佛教后被改成佛教寺院至今，2001年被评为世界文化遗产项目（总平面及剖面：图2-371；山前大道：图2-372~2-375；南宫及北宫：图2-376~2-385；主祠：图2-386~2-393）。这些建筑和

阇耶毗罗跋摩时期兴建的北仓及茶胶寺一起，统称为南北仓风格（Khleang Style）。相对简朴的楣梁是这种风格的一大特征。

这时期的许多重要寺庙均建在高山上。这种布局方式可上溯到扶南时期，既是本土山岳崇拜的反映，也与印度的圣山观念相合。但和早期做法不同，这时期的高山寺庙开始引进在贡开建筑和女王宫等组群里形成的寺前引道，并最大限度地发挥这一要素在建筑群构图中的作用。如吉索山寺和圣殿寺，构成东西主要轴线的引道始自山下平原或谷底头道围墙的门楼，一直通到山顶的主要祠庙，长达数公里。引道穿过层层围合的同心院落的门楼（门楼平面多为十字形），两侧的宽阔场地上布置少量对称的小型建筑。如此形成的主要轴线不仅将各个建筑要素，也将周围的自然环境——山下的平原、谷地和主要寺庙所在的高山——都组织到一个统一的构图内，创造出一种不断

本页及左页：

（上两幅）图2-653吴哥 托玛侬寺。中央祠塔，楣梁浮雕（左、前室楣梁，19世纪末Louis Delaporte据原件翻模制作，在巴黎吉梅博物馆展出；右、内祠门楣，由于在室内，保存状态较好）

（左中）图2-654吴哥 托玛侬寺。西门楼，东南侧景色

（左下）图2-655吴哥 托玛侬寺。西门楼，南山墙雕饰（上山墙表现正在禁欲冥想的湿婆）

（右下）图2-656吴哥 托玛侬寺。西门楼，檐壁浮雕（隐士）

（右中）图2-657吴哥 托玛侬寺。藏经阁，东北侧现状

（中下）图2-658吴哥 托玛侬寺。藏经阁，东山墙雕饰

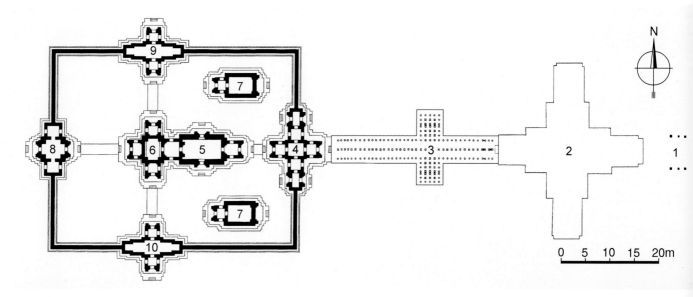

本页：

（上）图2-659吴哥 召赛寺（12世纪中叶）。总平面（取自FREEMAN M，JACQUES C. Ancient Angkor, 2014年，经改绘；为高棉单一围墙寺庙的标准布局），图中：1、带界石的大道（通向河流）；2、十字平台；3、堤道；4、东门楼；5、祭拜厅；6、中央祠塔；7、"藏经阁"；8、西门楼；9、北门楼；10、南门楼

（下）图2-660吴哥 召赛寺。北侧全景（自左至右为北藏经阁、北门楼及后面的中央祠塔、西门楼）

右页：

（上）图2-661吴哥 召赛寺。西北侧全景（自左至右分别为北门楼、中央祠塔、南门楼及西门楼）

（下）图2-662吴哥 召赛寺。西侧景观（自左至右分别为中央祠塔南门廊及东门楼、南藏经阁、南门楼）

变幻的渐进效果（图2-354、2-358、2-359）。

位于山顶的中心建筑群在这时期亦有所变化和发展。前期并列的廊屋开始连在一起，形成回廊，环绕着四面出门廊的中央塔庙，如空中宫殿（"天庙"，见图2-412、2-415）。这种布局方式很快在吴哥窟等经典建筑中得到运用。不过在这一时期，它仍然具有

本页及左页：

（左上）图2-663吴哥 召赛寺。西南侧全景（围墙已毁，自左至右分别为西门楼、北门楼、中央祠塔、东门楼、南门楼）

（左中）图2-664吴哥 召赛寺。入口堤道支柱（自北面望去的景色）

（中下）图2-665吴哥 召赛寺。东门楼，东侧（自十字平台处望去的景色）

（左下）图2-666吴哥 召赛寺。东门楼，南侧景观

（右上）图2-667吴哥 召赛寺。东门楼，前门廊入口近景（向西望去的景色）

（右下）图2-668吴哥 召赛寺。东门楼，南侧山墙浮雕（猴王婆黎死后，须羯哩婆重登王位）

某些过渡期的特色，与后期回廊相比，不仅廊道狭窄、矮小（见图2-424），有的中间还被隔墙阻断，实际上并没有贯通（见图2-353）。

四面带凸出门廊的中心塔庙可视为巴肯山庙的进一步发展。后者虽然各面辟门但并没有像空中宫殿那样凸出甚大的门廊，这一改变使建筑具有明确的十字

（上）图2-669吴哥 召
赛寺。北门楼，西南
侧现状

（下）图2-670吴哥 召
赛寺。北门楼（右）
及西门楼（左），东北
侧近景

形平面并在后期得到了广泛的运用。有人认为，它可能如中爪哇寺庙那样，是为了满足供奉不同方位神的需要，但由于各面均有真正的门洞而非假门，这一说法似难成立。

平面十字形的门楼和女王宫那种在主要祠庙前以短廊连接门厅及门廊的组合造型，在这一时期都开始得到大量运用且体量更大。建筑材料上更多采用砂

（左）图2-671吴哥 召赛寺。北门楼，入口近景

（右上）图2-672吴哥 召赛寺。西门楼，西侧景观（两边远景分别为北门楼及南门楼）

（右中上）图2-673吴哥 召赛寺。西门楼，东侧现状（自中央祠塔处望去的景色）

（右中下）图2-674吴哥 召赛寺。西门楼，东北侧景色

（右下）图2-675吴哥 召赛寺。南门楼，北立面现状

本页：

（左上）图2-676吴哥 召赛寺。南门楼，前室雕饰

（左中上）图2-677吴哥 召赛寺。中央祠塔及祭拜厅，东北侧景色

（左中下）图2-678吴哥 召赛寺。祭拜厅，北侧近景

（左下）图2-679吴哥 召赛寺。祭拜厅，东侧入口（向中央祠塔望去的景色）

（右上）图2-680吴哥 召赛寺。祭拜厅，前廊内景（向西望去的景观）

右页：

（上）图2-681吴哥 召赛寺。中央祠塔，西北侧现状

（左下）图2-682吴哥 召赛寺。中央祠塔，南门廊雕饰（天女，面部残毁）

（右下）图2-683吴哥 召赛寺。中央祠塔，内景

岩，出现了完全用砂岩建造的寺庙（如茶胶寺、圣殿寺）。

约完成于1010年的茶胶寺及晚后40年的巴普昂寺（巴芳寺）可作为自贡开寺庙开始的下一个演化阶段的标志。特别是茶胶寺，作为高棉塔式寺庙200年演化结果的缩影，具有极为重要的意义。

茶胶寺始建于阇耶跋摩五世期间，但在阇耶毗罗跋摩任上完成，因而同样被视为南北仓风格的一个实例。阇耶跋摩五世登位时年仅10岁（968年），在他统治早期政局混乱，政策为宫廷重臣左右。直到他17

本页及左页：

（左）图2-684吴哥 召赛寺。北藏经阁，西侧现状

（右下）图2-685吴哥 召赛寺。北藏经阁，西侧，入口近景

（右上）图2-686吴哥 召赛寺。南藏经阁（左）及南门楼（右），东北侧景色

（中下）图2-687吴哥 召赛寺。南藏经阁，西侧全景

岁时（975年）才开始建造自己的这座国庙并于公元1000年左右举行奉献典礼。当时的铭文称其为"金顶山"（Hemagiri或Hemasringagiri）。实际上，直到苏利耶跋摩一世统治时期，工程一直未能最后完成。据铭文记载，当时一位高僧、后成为苏利耶跋摩一世的大臣并从他那里"接收"了这座寺庙的约基斯沃拉班迪达说过，由于一道雷电击中了这座未完成的建筑，人们认为这是一个恶兆，工程遂告终止。当然，也有人认为，工程停顿可能只是因为阇耶跋摩五世去世（1001年）。实际上，作为祭祀中心，寺庙一直用到13世纪。

阇耶跋摩五世的这座寺庙位于吴哥城东、塔布茏寺西北，属山庙类型（所谓金刚宝座式塔庙），可能是高棉第一座完全用砂岩建造的这类建筑（总平面、建筑剖面及透视图：图2-394~2-396；中央组群：图2-397~2-404；院落：图2-405~2-409；细部及雕刻：图2-410、2-411）。建筑形制颇似他父亲罗贞陀罗跋摩建的比粒寺，由叠置台地组成五阶金字塔式结构，在顶层台地上按梅花形平面布置五座巨大的石构密檐方塔。台地周围布置壕沟，象征性地表现须弥山。

寺庙主要轴线东西向，东入口与人工挖掘的东湖之间通过500米长的堤道相连。周围壕沟外廊长宽分别为255米和195米（现已无存）。第一个台地基底面积达到122米×106米，其砂岩墙体构成外围墙，沿东侧有两道长廊，屋顶可能是木构架外覆瓦片，内部通过栏杆窗采光。第二个台地平面80米×75米，比第一

（左上）图2-688吴哥 召赛寺。南藏经阁，入口近景

（右上）图2-689吴哥 召赛寺。南藏经阁，内景

（下）图2-690吴哥 召赛寺。山墙雕饰细部（寺庙南面一块倒在地上的山墙残段，表现一个得到神祇帮助和安抚的濒亡人，左面是正在哀悼的亲属）

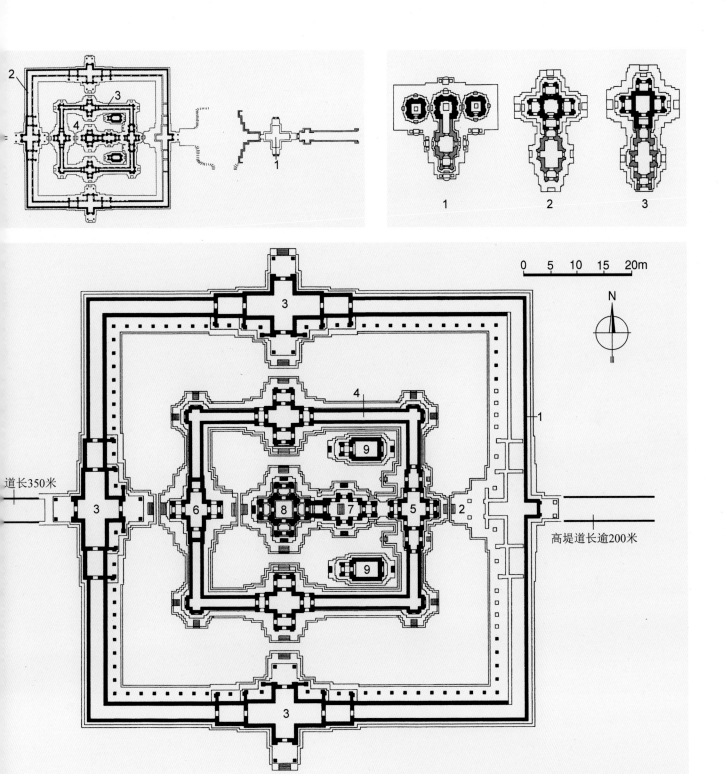

（左上）图2-691吴哥 萨姆雷堡寺（12世纪初）。总平面[东侧十字形台地（1）俯视着长200米的堤道，两边设那迦栏杆的堤道通向一个现已干涸的小湖；西侧第二道围墙（2）长宽分别为87米和81米，几近方形；中央组群（4）位于其内第一道围墙（3）内；寺庙西侧有路通向0.5公里外的东湖，有些地段尚存路面铺砌及界石]

（下）图2-692吴哥 萨姆雷堡寺。主要建筑群平面：1、外院（第二道围院）；2、平台；3、外院门楼；4、内院（第一道围院）廊道；5、内院东门楼；6、内院西门楼；7、祭拜厅；8、中央祠塔；9、"藏经阁"

（右上）图2-693吴哥 萨姆雷堡寺。平面形制及与其他寺庙的比较：1、女王宫；2、托玛侬寺；3、萨姆雷堡寺（后两者主要祠堂配四个前厅和三个假门）

（上）图2-694吴哥 萨姆雷堡寺。东南侧，俯视全景

（下）图2-695吴哥 萨姆雷堡寺。西南侧，俯视景色

个高5.5米，于围墙内设1.4米宽的连续廊道（仅朝内部开窗）。但值得注意的是，由于没有门，这些廊道很可能只具有装饰性质，是高棉建筑中最早的这类实例（之前，如在比粒寺，沿围墙建有长条建筑，但不连续）；由于没有石拱顶，因而可能也是木构架屋顶外覆瓦片。台地东侧角上有两个建筑，类似第一个台地两边的长廊，只是更短。靠近中央轴线处立两个较小的砂岩"藏经阁"（libraries），入口朝西，上层设

（上）图2-696吴哥 萨姆雷堡
寺。东侧景观（前景为面向外院
东门楼的十字形台地，两者之间
实际上还有一段距离）

（左中）图2-697吴哥 萨姆雷堡
寺。外院，西门楼，外侧现状

（右下）图2-698吴哥 萨姆雷堡
寺。外院，西门楼，东山墙浮雕
（黑天神杀死两个阿修罗）

（左下）图2-699吴哥 萨姆雷堡
寺。外院，南门楼，外侧景观

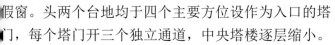

假窗。头两个台地均于四个主要方位设作为入口的塔门，每个塔门开三个独立通道，中央塔楼逐层缩小。

最后的金字塔式结构立在比第二台地高14米的三层阶台上，阶台基部60米见方，至顶部边长缩为47米，三层阶台本身高21.5米（顶面比第一个台地面高出41米），四个很陡的一跑台阶通向顶部平台。在东台阶脚下有跪着的湿婆坐骑南迪的雕像，表明这是座供奉湿婆的神庙。顶部最高的中央塔楼位于高4米的基座上，高45米，配有双前厅。四个角上的塔楼立在0.8米高的基座上，面向四个主要方位并有凸出的前

本页及右页：

（左上）图2-700吴哥 萨姆雷堡
寺。外院，北门楼，东北侧现状

（中上）图2-701吴哥 萨姆雷堡
寺。外院，北门楼，东南侧景色

（左下）图2-702吴哥 萨姆雷堡
寺。外院，北门楼，西南侧近景

（右上）图2-703吴哥 萨姆雷堡
寺。外院（左）与内院（右）
北门楼，西侧现状

（中下及右下）图2-704吴哥
萨姆雷堡寺。外院，周边围廊
现状

厅，只是施工比较粗糙。

除了精心运用透视效果外，由于缺乏外部雕饰
（雕刻工作刚开始工程即告中断），最后形成的金字
塔外观显得格外沉重、坚实魁伟。只是在东面，尚可
看到一些已破损的植物图案的雕刻。在约4米宽的中
央内祠和塔楼周围还发现了林伽和几尊雕刻的残段。

这时期另一个重要建筑即前面多次提到的位于

现吴哥城中的空中宫殿（平面及立面：图2-412、
2-413；外景及雕刻：图2-414~2-425）。位于巴戎寺
西北、巴普昂寺北面的这座建筑最初是罗贞陀罗跋摩
二世于兴建王宫时建造的湿婆庙，后被苏利耶跋摩一
世改建成须弥山式的印度教寺庙。

空中宫殿虽名为宫殿，实际上并非王宫。真正的
王宫位于空中宫殿西面约200米处，因为是木建筑，
现已不存[18]。空中宫殿由三层长方形基台叠置成金字
塔形，象征须弥山，各层基台四角饰有石象。基台由
红土砖块垒砌；第一层长宽分别为35米和28米左右，
高4.6米；第二层长宽约30米和23米，高4.4米；第三

（上）图2-714吴哥 萨姆□
堡寺。内院，西门楼，东□
侧现状

（左中）图2-715吴哥 萨□
雷堡寺。内院，西门楼，□
山墙雕饰（以日月为主题□
圆盘饰）

（右下）图2-716吴哥 萨□
雷堡寺。内院，北门楼，□
侧景观

（左下）图2-717吴哥 萨□
雷堡寺。内院，北门楼，□
南侧景观（前设那迦平台）

层长宽约25米和19米，高3.2米；总高度16米。各边□
正中设陡峭的台阶与上层相通。最高层平台中央，原□
有金塔一座，现已无存。周边尚有一道现已残缺的画□
廊。据1295年随元朝使团出访真腊国的周达观记载，□
空中宫殿顶层的金塔系国王的寝宫。

（上）图2-718吴哥 萨姆雷堡
寺。内院，北门楼，南山墙雕刻
乐师和起舞的天女）

（下）图2-720吴哥 萨姆雷堡
寺。内院，自西南方向望去的景
观（左为中央祠塔前厅，面对着
内院东门楼，右为南藏经阁）

[优陀耶迭多跋摩二世时期（1050～1066年）]

苏利耶跋摩一世去世后，继位的优陀耶迭多跋摩二世（1050～1066年在位，又译乌达雅地耶跋摩二世）并非他的儿子，而是耶输跋摩一世妃子的后裔。新国王在位的十几年期间，虽内有叛乱、外有占婆人的进犯，但仍在吴哥境内建造了一些新寺庙，如城内献给湿婆的国寺巴普昂寺。同时在西面挖掘西湖，以替代逐渐干涸的东湖，并在湖内建造西湄本寺（图

2-426~2-433；其中心区平台尽端为两个砂岩砌筑的水池，东侧一个方形，西侧实为一个深2米、上部平面八角形，下部圆形并配球状底面的井，整个形式宛如倒置的林伽，并有管道与外面大湖相通，可以据此测定湖面的水位）。其他如泰国武里南府巴空猜县的蒙探寺（原意"低堡"，当时该地属高棉人统治），亦可视为这时期的代表作（图2-434~2-444）。

建于11世纪中叶的巴普昂寺位于吴哥城内巴戎寺

西北处，是一座由三层基台构成的须弥山寺，底层平台东西向长120米，南北向100米，三层基台总高34米，上层各基台围以石构拱顶廊道（平面及立面：图2-445~2-447；墩道及十字阁：图2-448~2-451；第一台地：图2-452~2-457；第二台地：图2-458~2-464；顶层：图2-465、2-466；雕饰：图2-467~2-471）。

1225年，宋代泉州市舶司提举赵汝适著《诸蕃志》真腊条记载："西南隅铜台上列铜塔二十有

本页及左页：

（左上）图2-719吴哥 萨姆雷堡寺。内院，北门楼，内景

（左中）图2-721吴哥 萨姆雷堡寺。内院，中央祠塔，西南侧俯视景色（吴哥窟风格的曲线祠塔和前厅及祭拜厅相连）

（中）图2-722吴哥 萨姆雷堡寺。内院，中央祠塔，西南侧现状

（右上）图2-723吴哥 萨姆雷堡寺。内院，中央祠塔，东北侧景色

（右下）图2-724吴哥 萨姆雷堡寺。内院，中央祠塔，西北侧景观

（左下）图2-725吴哥 萨姆雷堡寺。内院，中央祠塔，祭拜厅北侧景色

四，镇以八铜象"[19]。所指的铜台就是巴普昂寺。1296~1297年元朝周达观奉命随使团前往真腊，回国著《真腊风土记》中写道："金塔之北可一里许，有铜塔一座，比金塔更高，望之郁然。其北一里许国主之庐也"[20]。金塔指巴戎寺塔。铜塔即指当时巴普昂

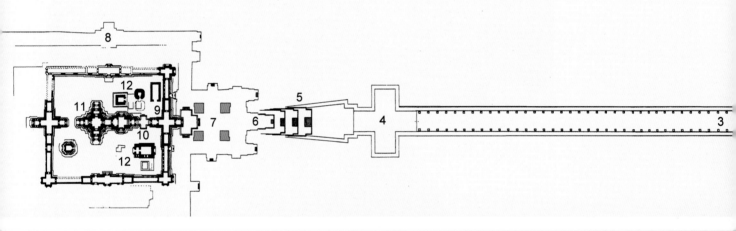

本页及左页：

（左上）图2-726吴哥 萨姆雷堡寺。内院，南藏经阁，西南侧景色

（中上左）图2-727吴哥 萨姆雷堡寺。内院，北藏经阁，西侧现状

（中上右）图2-728吴哥 萨姆雷堡寺。内院，北藏经阁，门饰

（左中）图2-729武里南府 帕侬龙寺（彩虹山寺，10~13世纪）。总平面（制图Marc Woodbury，经改绘）：1、下梯道；2、楼阁；3、行进大道；4、第一道那迦桥；5、上梯道；6、通向主要祠塔的道路；7、第二道那迦桥；8、外院廊道；9、内院廊道；10、第三道（最后一道）那迦桥；11、主祠塔；12、附属建筑

（右）图2-730武里南府 帕侬龙寺。东侧，自上梯道处望内院东门楼及主祠塔

（左下）图2-731武里南府 帕侬龙寺。东侧，上层平台处全景（前景为内院东门楼及围廊，背景为主祠塔）

本页：

图2-732武里南府 帕侬九
寺。内院，东门楼及主柱
塔，东南侧景色

右页：

（上）图2-733武里南府 帕
侬龙寺。内院，东门楼，东
侧现状

（下）图2-734武里南府 帕
侬龙寺。内院，东门楼，东
南侧近观

寺中心的铜塔，原先的24座铜塔，23座已不知去向。巴戎寺中心塔高45米，巴普昂中央铜塔应高50米（可能为木构镀金，只是现已无存）。15世纪后期，巴普昂寺改为佛寺，在第二层基台西边修建了一尊70多米长、9米高的卧佛，铜塔可能因此被拆除。巴普昂寺基台原建立在沙土上，由于体积庞大，在建卧佛时已大部坍塌。

到20世纪，巴普昂寺已严重损毁。1960年开始的修复工程又因红色高棉上台被迫中断，记录石块位置的纪录随后也丢失。自1996年开始，以法国远东学

图2-735武里南府 帕侬龙
寺。内院，东门楼，入口近景

院（École française d'Extrême-Orient）的建筑师帕斯
卡·鲁瓦埃为首的考古队又开始修复工作，至2011年4
月，在开始工作51年后修复工作才基本完成，遗址重
新开放。

这时期的人们开始将高棉前期的某些构图要素
（如长引道、山庙、回廊、梅花式布局、十字形门
楼）结合在一起，继承了前期业已形成的中心对称加
中轴对称的布局理念，将长长的引道与采用山庙形制

《上下两幅）图2-736武里南
府 帕侬龙寺。内院，东门楼，
入口楣梁及山墙细部（建筑
未能最后完成，山墙仅雕刻
了一部分）

本页：

（上）图2-737武里南府 帕侬龙寺。
内院，西门楼及主祠塔，西侧现状
（近景为外院西门楼石狮遗存）

（下）图2-738武里南府 帕侬龙寺。
内院，西门楼，西侧景观

右页：

（上）图2-739武里南府 帕侬龙寺。
内院，西北侧外景（自左至右：院
落西北角、主祠塔及西门楼）

（下）图2-740武里南府 帕侬龙寺。
内院，东南侧景观

的核心院落相连。只是后者中心高大的塔庙并没有如前期那样西移，而是位居中央。院落围廊的正向塔门及角塔进一步强化了这种向心的特色。仅院落东侧南北两座藏经阁可视为对东西轴线构图的微弱呼应，因而，这两种构图理念的对接不免显得有些生硬（见图

2-445、2-446）。尽管一些做法上尚不成熟，但这时期的寺庙毕竟为吴哥窟的出现奠定了基础。像巴普昂寺这样的建筑，实际上已具有了吴哥窟那样的规模，在很多方面都可视为后者的先兆。

源于真腊早期并见于巴肯山庙及比粒寺的梅花式

本页及右页：

（左上）图2-741武里南府 帕侬龙寺。内院，自院内西北角望去的景色

（左下）图2-742武里南府 帕侬龙寺。内院，自院内西南角望去的景色

（中下）图2-743武里南府 帕侬龙寺。内院，主祠塔，东南侧景色

（右）图2-744武里南府 帕侬龙寺。内院，主祠塔，东门廊立面

布局，在这里被转换为中央塔庙加院落回廊及四座角塔的形式。各层平台上的回廊不仅体量增大，中间亦不再设隔断，但由于回廊四个正向方位同样采用了塔式门楼（主入口更于中央塔门两侧，增设十字形边门，成为体量更大的组合建筑），且中心塔庙基台甚高，因此梅花式布局的效果并不明显，反而如早期圣牛寺（匹寇寺）那样，呈现出众星捧月的金字塔式构图效果。

中心塔庙仍如前期四面辟门，但耸立在更高的十字形基台上，基台增为五层，且底层平面呈三车或五

左页：

（上下两幅）图2-745武里南府
帕侬龙寺。内院，主祠塔，东门
廊，楣梁及山墙细部（楣梁表现
躺卧在巨蛇那迦身上的毗湿奴，
山墙示舞神湿婆）

本页：

（左上）图2-746武里南府 帕侬
龙寺。内院，主祠塔，东门廊，
入口边护卫石像：五头那迦

（右上）图2-747武里南府 帕侬
龙寺。内院，主祠塔，北门廊，
近景

（右下）图2-748武里南府 帕侬
龙寺。内院，主祠塔，北门廊，
山墙雕饰细部

车形式，每层四角设角兽，正中为陡峭的梯道（见图2-453）。被称为巴普昂风格（Baphuon Style）的方形塔庙屋顶高度约为塔身（连檐口在内）的1.6倍，由于以三角形角饰（有的雕成那迦形）取代了各层平台的角塔，整体外廓颇似炮弹。各层平台立面中间于假门上起装饰华美的山墙，其两端翘起的那迦头饰与转角处的三角形装饰相互应和（见图2-447）。

[自苏利耶跋摩二世到耶输跋摩二世（1113～1165年），吴哥窟及其他吴哥风格的主要作品]

吴哥窟
吴哥窟（小吴哥，12世纪）和吴哥城（大吴哥）

本页及左页：

（左）图2-749武里南府 帕侬龙寺。内院，主祠塔，顶塔近景

（中上）图2-750武里南府 帕侬龙寺。内院，西南区小阁，东南侧景色

（中下）图2-751吴哥 崩密列寺（12世纪初）。总平面：1、码头（石砌，俯视着位于寺庙东侧，现已干涸的大湖，原先上有木构亭阁，其廊道围成四个院落）；2、大道（长约500米，石板铺地，两边设界石）；3、壕沟（长宽分别为1030米和880米）；4、通向寺庙院门的四条正向道路，两边设那迦栏杆；5、寺庙中央组群

（右下）图2-752吴哥 崩密列寺。中央组群，平面基本结构示意

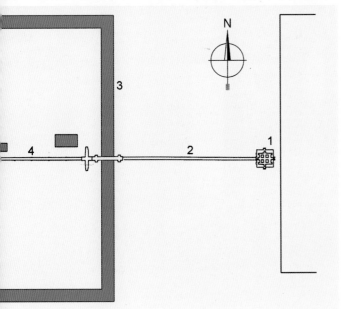

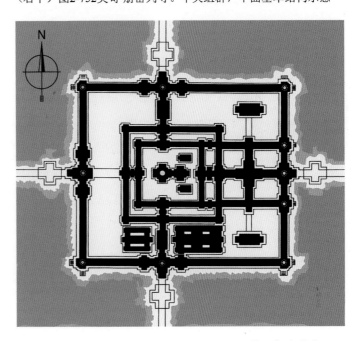

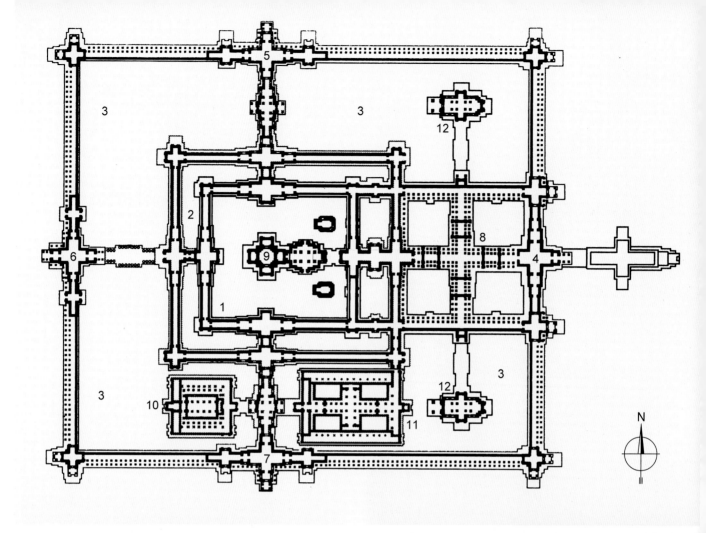

本页及左页：

（左上）图2-753吴哥 崩密列寺。中央组群，
平面：1、内院（一院）；2、中院（二院）；3、外
院（三院，长宽分别为180米和150米）；4、
东门楼；5、北门楼；6、西门楼；7、南门楼；
8、十字廊；9、主祠；10、西南附属建筑；
11、东南附属建筑；12、"藏经阁"

（左中）图2-754吴哥 崩密列寺。遗址现状

（左下）图2-755吴哥 崩密列寺。中央祠堂，
残迹现状

（右上）图2-756吴哥 崩密列寺。祠庙残迹

（中下）图2-757吴哥 崩密列寺。柱列遗存

（右下）图2-758吴哥 崩密列寺。外院，藏经
阁，现状

（左上）图2-759吴哥 崩密列寺。外院，东南附属建筑，现状

（右上）图2-760吴哥 崩密列寺。围墙、假门及山墙遗存

（下）图2-761吴哥 崩密列寺。墙体及窗户，残迹

（左中）图2-762吴哥 崩密列寺。窗棂细部

（右中）图2-763吴哥 崩密列寺。山墙雕刻（骑在亚洲犀牛上的火神阿耆尼，位于第二、第三道南围墙之间通道东南入口处）

（左上）图2-764吴哥 崩密列寺。龛室雕刻（手托乳房的天女，造型不同寻常，三院东南附属建筑）

（下两幅）图2-765吴哥 崩密列寺。入口处那迦头像（右图位于南入口处；左图为南入口堤道栏杆雕饰，因长期埋在地下，直到2009年才被挖出来，故细部保存完好）

（右上）图2-766吴哥 阿特维寺。平面（左侧为第二道围墙西门楼，但这道围墙一直未建，门楼也没能完成）

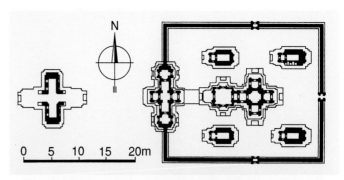

一起，为高棉古典文明时期最后阶段的主要成就。中国元代古籍《岛夷志略》称之为"桑香佛舍"[21]。其近代名称"Angkor Wat"为高棉语，意为"寺庙城"（Angkor-"城"或"都城"；Wat-"寺庙"）或"首庙"（Capital Temple）。寺庙最初的名称可能意为"毗湿奴的圣所"（梵语Vrah Viṣṇuloka或地方语Brah Bisnulōk），但此名尚无当时的碑文或铭文为证。

寺庙位于今柬埔寨西北暹粒市北面5.5公里处，原都城耶输陀罗补罗的南偏东位置。北面近2公里处即吴哥王朝的最后国都大吴哥（吴哥城，巴戎寺、空中宫殿、巴普昂寺均在城内）；西北1.8公里为原都城的中心巴肯寺，豆蔻寺、茶胶寺等位于其东北约4公里处。

寺庙创建于12世纪上半叶吴哥王朝国王苏利耶跋摩二世（1113~1150年在位）时期。据信他希望在这片平地上兴建一座规模宏伟的须弥山庙，作为他供奉

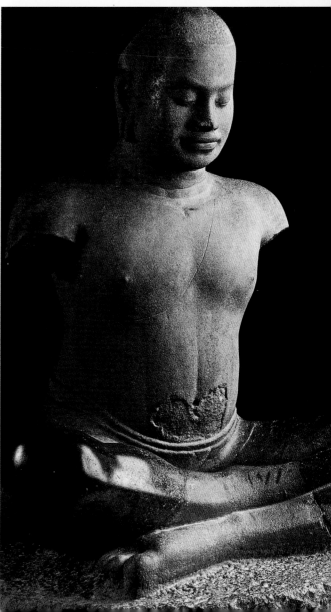

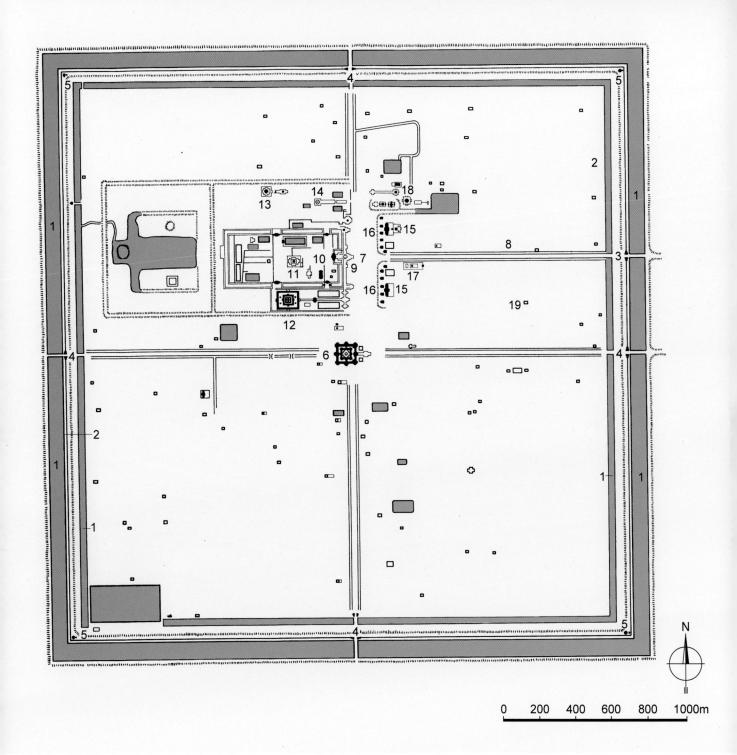

左页：

《左两幅）图2-767吴哥 阿特维寺。中央主塔外景（采用吴哥窟风格）和祭拜堂雕刻细部（天女像，共6个）

《右两幅）图2-768阇耶跋摩七世（约1181~1218年在位）坐像（12世纪，金边国家博物馆藏品）

本页：

图2-769吴哥 吴哥城（大吴哥，"大城"，约1200年）。总平面（1：20000，取自STIERLIN H. Comprendre l' Architecture Universelle, II, 1977年），图中：1、壕沟；2、城墙；3、胜利门；4、各正向城门；5、角祠（四座）；6、巴戎寺；7、国王广场；8、胜利大道；9、象台；10、王宫；11、空中宫殿；12、巴普昂寺；13、巴利莱寺；14、提琶南寺；15、南北仓；16、十二塔庙；17、佛台；18、比图组群；19、摩迦拉陀寺

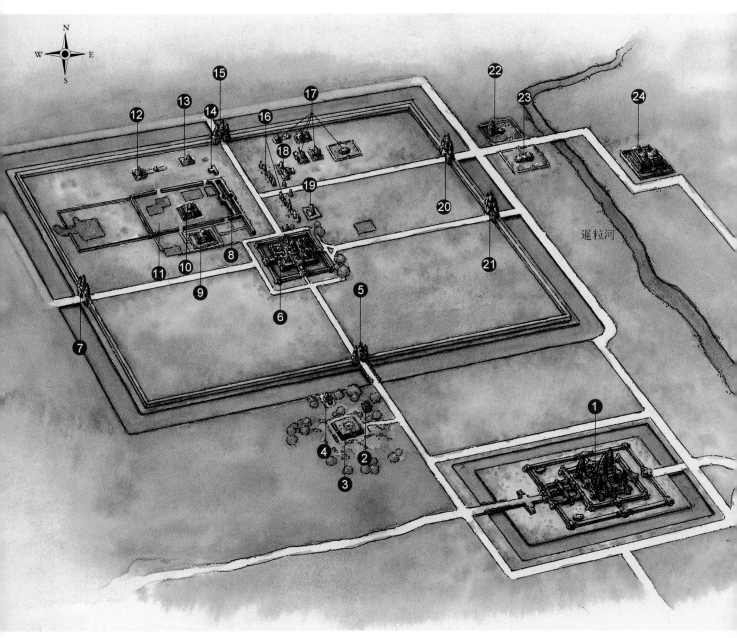

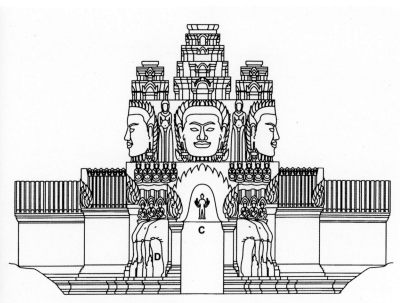

本页：

（上）图2-770吴哥 吴哥城及吴哥窟地区。透视全景图（取自ZEPHIR T，TETTONI L I. Angkor, a Tour of the Monuments，2013年），图中：1、吴哥窟；2、巴色占空寺；3、巴肯寺；4、贝寺；5、南门；6、巴戎寺；7、西门；8、象台；9、巴普昂寺；10、空中宫殿；11、王宫；12、巴利莱寺；13、提琶南寺；14、癞王台；15、北门；16、十二塔庙；17、比图组群；18、北仓；19、南仓；20、胜利门；21、东门（冥门）；22、托玛侬寺；23、召赛寺；24、茶胶寺

（下）图2-771吴哥 吴哥城。典型城门立面

右页：

（上下两幅）图2-772吴哥 吴哥城。胜利门，外侧，地段全景

本页及左页：

（左两幅）图2-773吴哥 吴
哥城。胜利门，引道雕刻

（右）图2-774吴哥 吴哥城。
胜利门，外侧，近景

（中上）图2-775吴哥 吴哥
城。胜利门，侧面景观

毗湿奴的国庙。在他死后，工程在继位的陀罗尼因陀罗跋摩二世（1150～1156年在位）和耶输跋摩二世（1156～1165年在位）任内继续进行。但从一些没有完成的浮雕来看，工程很可能在苏利耶跋摩二世死后不久即告中止。

现人们普遍认为，除了供奉毗湿奴外（苏利耶跋摩二世背离了先王供奉湿婆的传统，改奉毗湿奴），这座寺庙同时也用于祭祀被神化的国王和作为苏利耶跋摩本人的纪念碑及陵寝。法国东南亚考古学者和历史学家乔治·科代斯（1886~1969年）的研究也证实了

这种说法。据他考证，当时举全国之力，花了约35年时间建造的这座寺庙，和供大群信徒朝拜的西方教堂或东方寺院不同，是一座宏伟的太庙，用于供奉化身为印度教神灵的国王[22]。

从建筑本身来看，这种说法还是可信的。整个吴哥窟内，不存在宽敞的房间，因而不可能是王宫或官邸。根据周达观《真腊风土记》的记载，国王和皇亲国戚的居室均有铅瓦或土瓦盖顶，说明当时王宫或官邸均非石构建筑。看来它也不像是供信徒们朝拜的寺院。周达观在形容真腊寺庙时写道："寺亦许用瓦

盖，中止一像，正如释迦佛之状，呼为孛赖，穿红，塑以泥，饰以丹青，外此别无像也。"说明当时吴哥窟外围可能另有供僧侣们进行宗教活动的小寺院。

考古学家在研究了吴哥庙宇中发现的铭文、石棺和吴哥窟的坐向后，也倾向于认为吴哥窟是国王的太庙、陵寝和个人崇拜的场所。因绝大多数从吴哥古迹挖掘出来的湿婆、毗湿奴像，并非单纯的神像，而是国王、太子和皇亲国戚们死后的化身。国王谥号一半是他们在世的名号，后半则是"湿婆（isvara）"或"神（devi）"[如吴哥王朝第三代君主因陀罗跋摩

本页及左页：

（左）图2-776吴哥 吴哥城。胜利门，内侧现状

（中及右）图2-777吴哥 吴哥城。东门（亦称冥门，Gate of the Dead），外侧现状

一世，谥号Indresvara由Indra（因陀罗）和isvara（湿婆）组成]，具有神王一体的含义。特别是，与吴哥大多数其他寺庙朝东、面对朝阳不同，吴哥窟正门朝西，面向日落的方向；荷兰考古学家F. D. 博施指出，按印度和爪哇的殡葬风俗，祭祀神灵的寺庙朝东，墓地则一律朝西。画廊浮雕的顺序按逆时针方

（左上）图2-778吴哥 吴哥城。东门，内侧近景

（右上及下）图2-779吴哥 吴哥城。北门，门外大道那迦栏杆雕刻及头像细部（持那迦身体的阿修罗）

（上）图2-780吴哥 吴哥城。
北门，外侧全景

（左下）图2-781吴哥 吴哥
城。北门，内侧现状

（右下）图2-783吴哥 吴哥
城。北门，内景

向排列，也符合婆罗门教葬礼时的墓地巡行方向。13世纪末的《真腊风土记中》中将这座建筑记为"鲁般（班）墓"，亦可作为一个佐证。

1177年，即在苏利耶跋摩二世死后约27年，吴哥被高棉的宿敌占婆人洗劫。此后帝国直到阇耶跋摩七世任内才再次复兴（北面几公里处的新都吴哥城和国庙巴戎寺即属此时）。至12世纪末，吴哥窟从帝国的印度教寺庙转变为佛教中心并一直延续至今。

本页及右页：

（左上）图2-782吴哥 吴哥城。北门，头像细部

（左下）图2-784吴哥 吴哥城。南门，南侧远景

（右下）图2-785吴哥 吴哥城。南门，东南侧全景

（右上）图2-786吴哥 吴哥城。南门，南侧全景

吴哥窟占地162.2公顷（连护城河近200公顷），是世界最大宗教建筑群之一（总平面、立面、剖面、透视图及模型：图2-472~2-485；建筑平面、剖面及构造：图2-486~2-490；历史图景：图2-491~2-494；全景：图2-495~2-502；四院西翼及护城河堤道：图2-503~2-509；四院西翼门楼及门内堤道：图2-510~2-522；四院东门楼：图2-523、2-524；四院藏经阁：图

本页：

（上）图2-787吴哥 吴哥城。南门，南侧近景

（下）图2-788吴哥 吴哥城。南门，内侧远观

右页：

图2-789吴哥 吴哥城。南门，内侧近观

本页及右页：

（左上）图2-790吴哥 吴哥城。南门，头像细部

（中上）图2-791吴哥 吴哥城。南门，门外大道，俯视景色

（左下及中下）图2-792吴哥 吴哥城。南门，大道边雕刻（表现"乳海翻腾"的著名典故；
向城门行进时，左手一侧54尊守护神提婆手持巨蛇上半身，右边54尊恶魔阿修罗手持巨蛇
尾部）

（右）图2-793吴哥 吴哥城。南门，大道边雕刻（巨蛇那迦头部）

（左上）图2-794吴哥 吴哥城。西门，外侧
现状

（左下）图2-795吴哥 吴哥城。西门，内侧
景观

（右上）图2-796吴哥 吴哥城。西门，头像
细部

（右下）图2-797吴哥 吴哥城。角祠，平面
（左右两幅分别示西南及东南角祠）

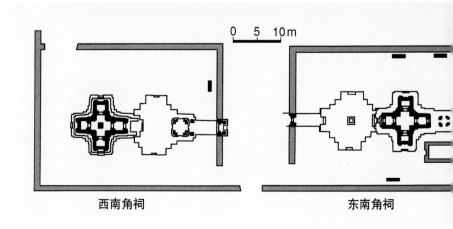

西南角祠　　　　　　　　　　　　东南角祠

（上）图2-798吴哥 吴哥城。东南角祠，东侧现状

（左中）图2-799吴哥 吴哥城。东南角祠，西南侧景色

（左下）图2-800吴哥 吴哥城。东南角祠，山墙浮雕

（右下）图2-801吴哥 吴哥城。摩加拉陀寺（1295年），残迹现状

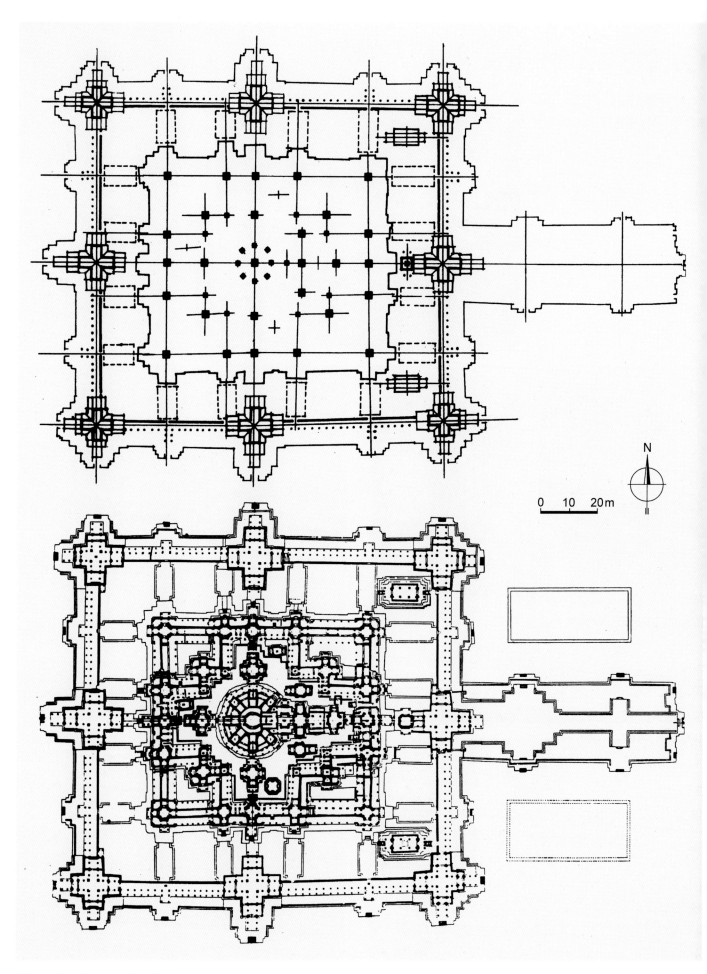

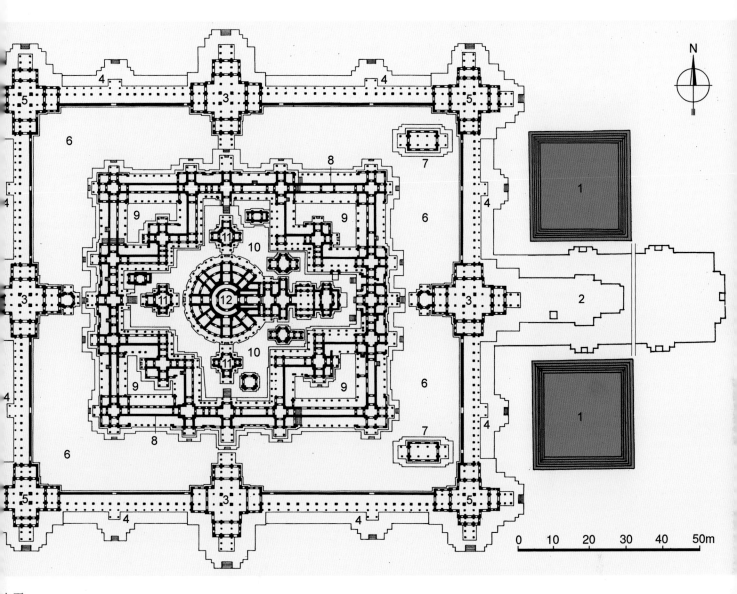

左页：

图2-802吴哥 巴戎寺（巴扬寺，12世纪后期或13世纪初）。总平面及中央台地平面（法国远东学院图稿，作者Jacques Dumarçay，1967年）

本页：

图2-803吴哥 巴戎寺。总平面（1：1000，取自STIERLIN H. Comprendre l'Architecture Universelle，II，1977年，经改绘），图中：1、水池；2、台地；3、外院门楼；4、外院围廊；5、外院角楼；6、第一台地（外院）；7、"藏经阁"；8、内院；9、第二台地院落；10、第三台地；11、祠塔；12、中央塔庙

2-525~2-532；自四院望中央组群全景：图2-533~2-537；四院王台：图2-538、2-539；三院西翼：图2-540~2-543；三院门楼：图2-544~2-551；三院角塔及院景：图2-552~2-557；三院田字阁：图2-558~2-566；三院藏经阁：图2-567~2-569；二院景观：图2-570~2-575；二院门楼及角塔：图2-576~2-580；二院藏经阁：图2-581、2-582；一院景观：图2-583~2-591；主祠塔：图2-592~2-599；一院围廊及角塔：图2-600~2-608；雕饰细部：图2-609~2-621；三院浮雕：图2-622~2-638）。

尽管在16世纪后一度淡出人们的视野，但在吴哥寺庙中，它是唯一自创立以来从没有被完全弃置，一直为重要宗教中心且保存得最为完好的建筑组群（部分原因是周围的宽阔护城河成为阻挡外部丛林蔓生的屏障），并以其宏伟的建筑与生动精美的浮雕闻名于世，是高棉古典盛期艺术的代表作。多年从事吴哥窟维修工作的法国远东学院建筑师和考古学家、古建维

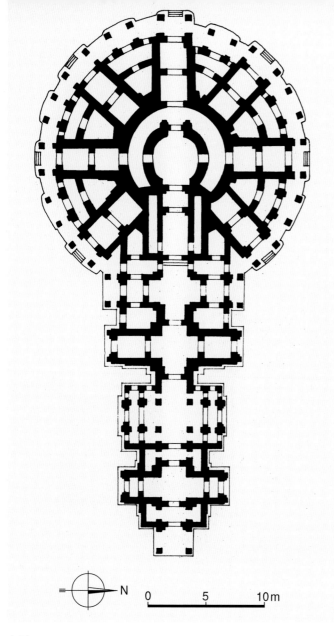

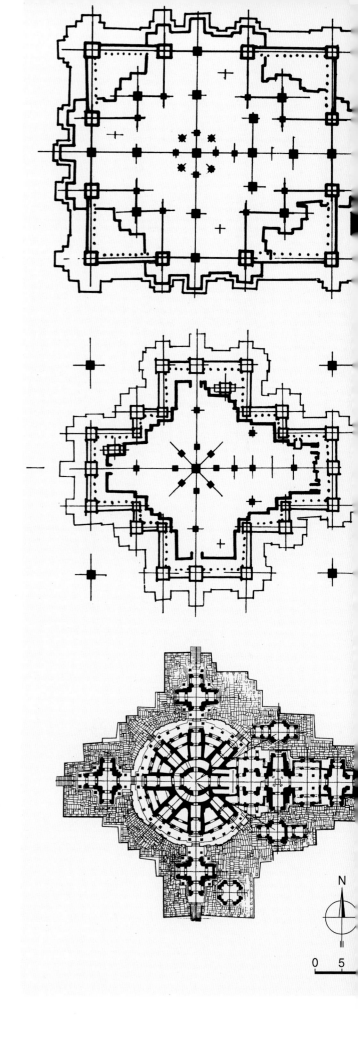

本页：

（左）图2-804吴哥 巴戎寺。中央塔庙组群，平面（据Boisselier，1966年）

（右）图2-805吴哥 巴戎寺。平面层位解析图（据René Dumont）

右页：

（上两幅）图2-806吴哥 巴戎寺。带头像的塔楼，分布图；左图：红色为中央塔庙，紫色寓意"中台八叶院"，蓝色为十字折角回廊内圈的8座小塔，绿色示第二道院落回廊上的16座小塔；右图：红色的具有4个面相，橙色的3个，黄色2个，蓝色的情况不明，浅绿色的为外院的8座楼阁（O. Cunin认为，其上如特马博格县的奇马堡一样，最初均有带头像的塔楼）

（中）图2-807吴哥 巴戎寺。中央组群，立面（法国远东学院图稿）

（左下）图2-808吴哥 巴戎寺。模型（1899年吴哥城博览会上展出，现存巴黎吉梅博物馆）

（右下）图2-809吴哥 巴戎寺。19世纪末景观（绘画，作者路易·德拉波特）

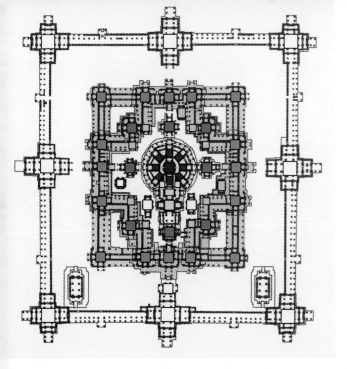
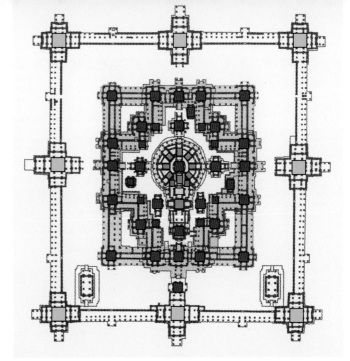

EFEO

左页：

（上）图2-810吴哥 巴戎寺。
东南侧，俯视全景

（下）图2-811吴哥 巴戎寺。
西南侧，俯视景色

本页：

（上）图2-812吴哥 巴戎寺。
东南侧远景

（下）图2-813吴哥 巴戎寺。
东南侧现状

修专家莫里斯·格莱兹认为，"在吴哥古迹中，吴哥窟以其造型之雄伟、布局之均衡、比例之协调、线条之优美，可和世界上任何最杰出的建筑成就相比，毫不逊色。"[23]1992年，吴哥古迹被联合国教科文组织列为世界文化遗产。从1863年开始，吴哥窟的造型即成为柬埔寨的标志，并作为国家的象征出现在国旗上。

本页：

（上）图2-814吴哥 巴戎寺。
东南侧近景

（下）图2-815吴哥 巴戎寺。
东侧远观

右页：

（上）图2-816吴哥 巴戎寺。
东立面现状

（下）图2-817吴哥 巴戎寺。
东北侧全貌

左页：

（上）图2-818吴哥 巴戎寺。
东北侧近景

（下）图2-819吴哥 巴戎寺。
北侧全景

本页：

（上）图2-820吴哥 巴戎寺。
西北侧现状

（下）图2-821吴哥 巴戎寺。
西南侧景观

100多年来，世界上许多国家都投入了大量的资金用于吴哥窟的维护。

吴哥窟在规划布局及建筑上具有鲜明的特色。其护城河外廓矩形，东西向长1500米，南北向1300米，全长约5700米，水深4米；为营造大海的意象，河面宽达190米。护城河通过运河与暹粒河相通，河水可供居民饮用和农田灌溉。护城河内为一长方形绿洲，沿河边设红土石砌筑的围墙一道（东西向长1025米，

左页：

（上）图2-822吴哥 巴戎寺。西南侧近景

（下）图2-823吴哥 巴戎寺。南侧全景

本页：

（左上）图2-824吴哥 巴戎寺。第一台地，围廊南翼，自东南角塔
南侧台阶处向西望去的外景

（右上）图2-825吴哥 巴戎寺。第一台地，围廊东南角塔，自南门
向北望去的廊道景色

（中）图2-826吴哥 巴戎寺。第一台地，南门楼，沿主轴线北望景色

（右下）图2-827吴哥 巴戎寺。第一台地，院落东侧（向西北方向
望去的景色）

（上）图2-828吴哥 巴戎
寺。第一台地，院落东侧，
北区（右为北藏经阁）

（中）图2-829吴哥 巴戎
寺。第一台地，北藏经
阁，南侧景色

（下）图2-830吴哥 巴戎
寺。第一台地，围廊屋
顶近景

南北宽802米，高4.5米，总长约3.6公里）。位于东西轴线上的两道长堤横穿护城河，直至围墙的东西大门。东堤为土堤；西堤长约200米，宽12米，以砂岩板覆盖；堤道两端及中部宽大的十字形平台是这时期新出现的构图要素（中央十字形平台可通过左右石阶下达河面）。平台各凹角处雕翘头那迦的护栏象征着由俗界进入神的天堂（在印度神话中，那迦被视为连接两者的中介）。

（上）图2-831吴哥 巴戎寺。第二台地，围院东南角，自第一台地南藏经阁上望去的景色

（下）图2-832吴哥 巴戎寺。第二台地，围院东北角，自第一台地北藏经阁上望去的景色

（中）图2-833吴哥 巴戎寺。第二台地，东翼（自第一台地东侧院落望去的景色）

护城河内岸与第一道围墙之间有一道30米宽的空地。过护城河十字平台后即围墙的入口塔门和画廊，西面的这个塔门和画廊总长235米。三座塔门正中最高的即吴哥窟山门，门厅内柱头及楣梁雕刻精美，壁柱和门楣也保存完好。三塔外廊形成山字形，和吴哥窟顶层正面的三座塔楼遥相呼应，唯塔门顶部塔冠已残缺不全。各塔门内设十字形纵横通道，纵向通道出入寺院，横向通道通向画廊。廊道较窄，仅宽2.2米，以两排石柱支撑残缺不全的半拱顶。外围墙其他三面塔门，规模不仅较小较简，且未完工。

由围墙包围的庙院广场，占地82公顷。除去位居中央的山庙，这片场地原是古代城市和王宫所在地，王宫遗址位于庙北。据宋代赵汝适《诸番志》一书记载，真腊国中官民都住在以茅草为顶的竹编房舍内。如今古城和王宫皆荡然无存，密林中隐约可见一些纵横街网遗迹。估计当时古城人口约2万。

由围墙西塔门通往寺庙西山门的大道宽9.5米，长约350米，高出地面1.5米，路面用砂岩石板铺砌；路两边设带雕饰的石栏，上承七头蛇保护神那伽（Naga）雕像。大道两侧布置六道台阶（间距50米），可向下至两边的场地。宽阔的空间内，仅在路

本页及右页：

（左）图2-834吴哥 巴戎寺。第二台地，东翼，北段外景

（右）图2-835吴哥 巴戎寺。第二台地，东翼门楼，外景（左侧为中央门楼）

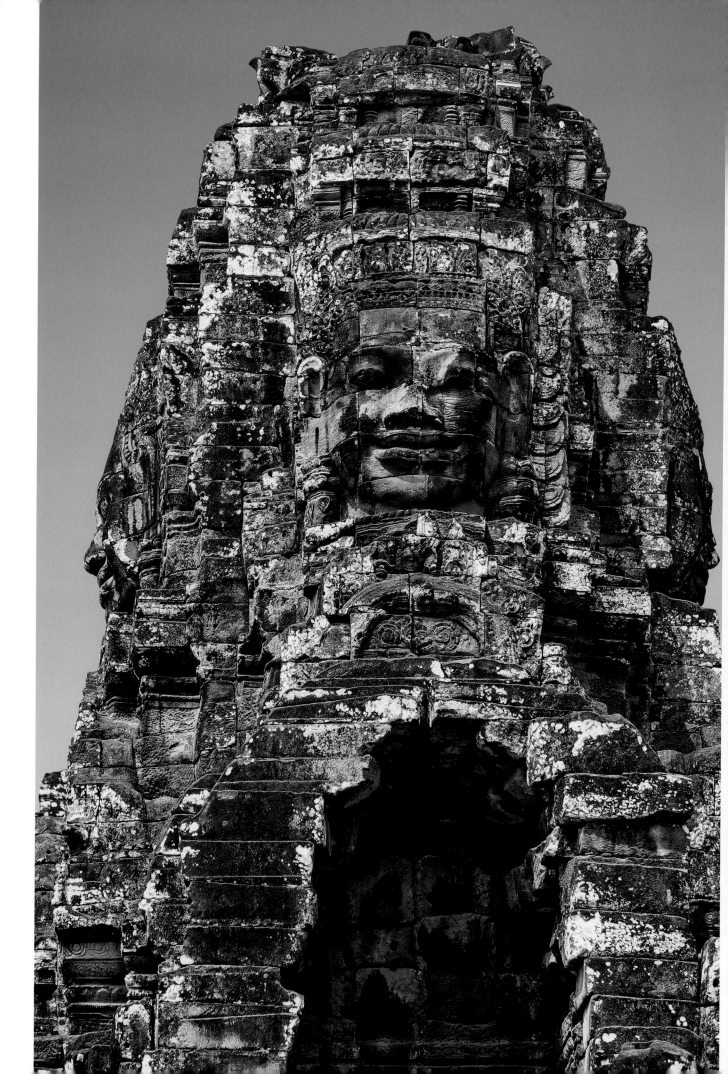

左页：

图2-836吴哥 巴戎寺。第二台地，东翼门楼，近景

本页：

（上）图2-837吴哥 巴戎寺。第二台地，北侧景观（自第一台地院落北侧向西南方向望去的景色）

（左下）图2-838吴哥 巴戎寺。第二台地，东南院（向西北方向望去的景色）

（右下）图2-839吴哥 巴戎寺。第二台地，东南院，西北角塔，东侧景观

（左上）图2-840吴哥 巴戎寺。第二台地，东北院（向西北方向望去的景色）

（右上）图2-841吴哥 巴戎寺。第三台地，台地一景（法国远东学院资料照片，Luc Ionesco摄）

（左中）图2-842吴哥 巴戎寺。第三台地，西南区景色

（下）图2-843吴哥 巴戎寺。第三台地，中央祠塔，西北侧近景

（左上及左中）图2-844吴哥 巴戎寺。第三台地，中央祠塔，内景（室内环道及顶部仰视）

（左下）图2-845吴哥 巴戎寺。第三台地，东南藏经阁，东侧景观

（右上）图2-846吴哥 巴戎寺。第三台地，南端小阁，东北侧现状

（右中及右下）图2-847吴哥 巴戎寺。第三台地，南端小塔，东侧全景及上部近景

南、北对称安置两座藏经阁。往东，藏经阁和山庙之间，路两侧布置可映射主体建筑倒影的水塘（可能修建于16世纪）。这些不多的辅助建筑，起到烘托主要建筑组群的作用。路尽头为直通吴哥窟山门、平面为十字形的双层高台，称王台，古时用作举行庆典舞蹈的场所。王台高2.3米，宽12.16米；前方和左右共设

本页：

（上）图2-848吴哥 巴戎寺。第三台地，围院角塔

（左下）图2-849吴哥 巴戎寺。第三台地，西北小塔，东侧景观

（右下）图2-850吴哥 巴戎寺。第三台地，东南小塔，东北侧近景

右页：

（右上）图2-851吴哥 巴戎寺。第三台地，东头北部小塔，内景

（余四幅）图2-852吴哥 巴戎寺。带头像的塔楼（一，位于第二及第三台地）

三座台阶至下方场地，台阶两翼，各立两头石狮。

十字形王台尽头即吴哥窟中心组群。主体结构系由三个周边布置回廊的平台组成。平台由下至上，逐层缩小，形成三个院落组群。中心耸立的五座象征须尔山的圣塔即位于最高平台上。回廊重要节点上的门娄系以缩小的比例再现寺庙的立面，中上两层平台回

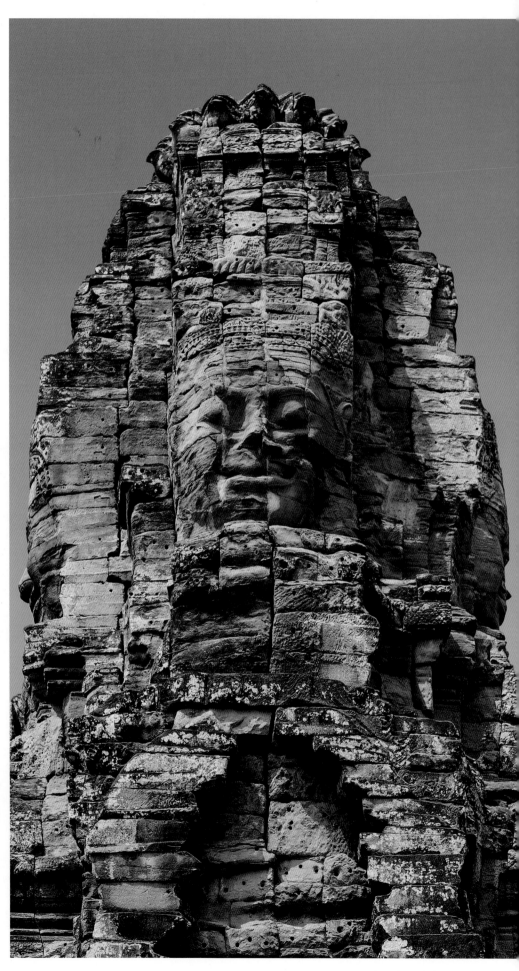

廊四隅设塔门。鉴于寺庙坐东朝西，上层平台并非在下层平台正中，而是略偏东，从而为西边留出更多空间，西边的台阶也因此较东边的和缓。

本页及右页：

（左两幅）图2-854吴哥 巴戎寺。带头像的塔楼（三）

（中上及右两幅）图2-855吴哥 巴戎寺。塔楼头像，近景

由砂岩砌筑的第一平台高出地面约3米；平台之上，围绕整个寺院的回廊南北向长180米，东西向长216米，高4.16米。回廊每面中央设门廊一座，另有八座门廊，位于四角及东西中央门廊两侧。门廊均有内外两道石阶，分别通向第一层内院和外院场地。回廊同时是画廊，将近800米长的廊道后墙上装饰着低浮雕，表现寓意故事及取自印度史诗《摩诃婆罗多》（Mahabharata）及《罗摩衍那》（Ramayana）的场

景。廊道外侧并列两排断面方形的石柱，靠内一排和后墙一起支撑画廊的筒状拱顶，靠外一排支撑侧廊的半拱顶；拱顶离地6米，半拱顶离地4.3米；内柱高3.18米，外柱高2.25米；柱顶过梁与上楣之间的横饰

本页及左页：

（全三幅）图2-856吴哥 巴戎寺。塔楼头像，侧景

本页及右页：

（全三幅）图2-857吴哥 巴戎寺。塔楼头像，细部

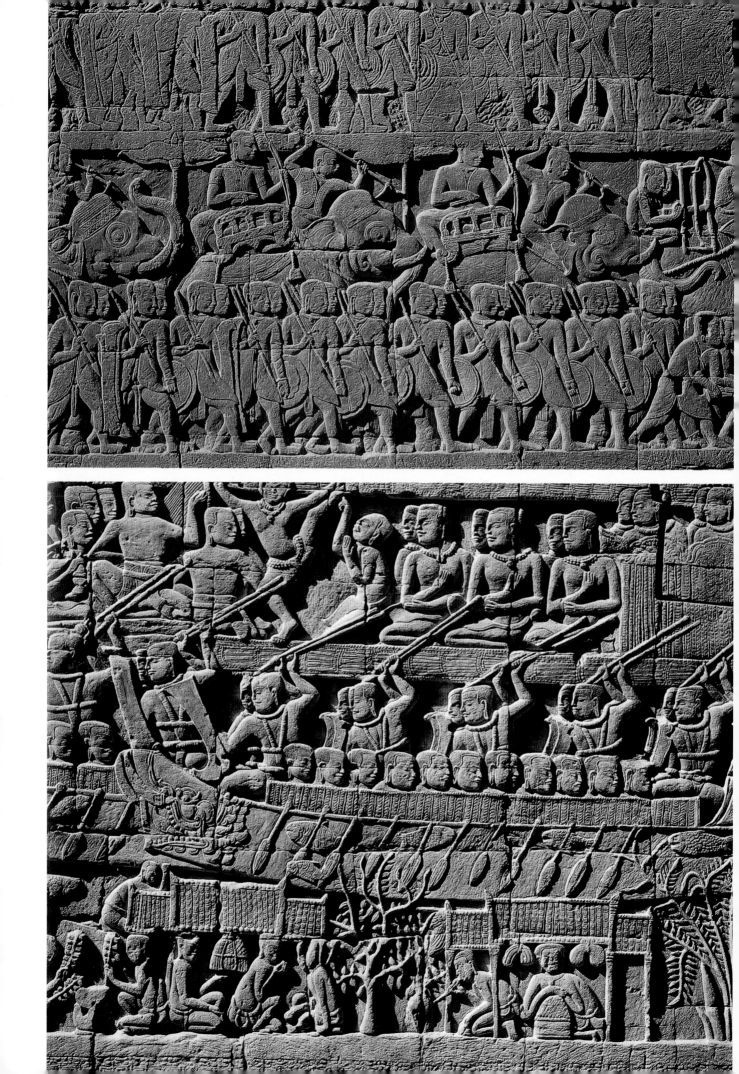

带，满布莲花之类的图案。回廊拱顶和半拱顶上覆陶瓦。

第一层平台西门楼与下一进院落之间以一组颇为壮观的田字形围廊相连（田字阁）。中央十字形廊道把内院分为四个天井，其地面比周围回廊低约1米，原来可能是供仪式净身用的方形水池（有台阶下去）。由于池壁布满雕刻，估计当年蓄水不会太深。田字阁南北两廊，宽约3米，外侧封闭，内侧立双排方柱。十字形廊道均由中廊及两边侧廊组成，方柱四列，两列内柱支撑中廊拱顶，两列外柱分别支撑左

左页：

（上）图2-858吴哥 巴戎寺。第一台地（外院），南廊浮雕：行进中的军队（首领骑在象上，重要器材及装备亦由象驮运；步兵手持两种盾牌，上部浮雕未能完成）

（下）图2-859吴哥 巴戎寺。第一台地，南廊浮雕：战船出发（上下两幅条带表现居民日常生活及娱乐场景）

本页：

（全三幅）图2-860吴哥 巴戎寺。第一台地，南廊浮雕：海战（洞里萨湖之战）

右侧廊。中廊宽3.15米,连两边侧廊在内总宽7.7米,高约4.5米。柱上楣构包括上楣、雕带和过梁,雕带饰飞天仙女浮雕,部分柱身和天棚尚存深红色涂料痕迹。主廊上部为尖矢叠涩筒拱,以陶瓦盖顶,拱顶满覆刻有莲花图案的木质天花板。左右侧廊,宽约2.3米,高约3米,拱顶虽无天花板,但布满彩绘。田字阁南北走廊中央配双柱廊门,有台阶向下至外部场院。建筑改佛寺后,上座部佛教徒曾在南廊处留有许多佛像(现大部已被挪走,部分被红色高棉破坏,

本页及左页：

（左三幅）图2-861吴哥 巴戎寺。第一台地，南廊浮雕：日常生活场景（自上至下分别表现斗猪、斗鸡及市场活动）

（中上）图2-862吴哥 巴戎寺。第一台地，南廊浮雕：市场景象（图2-861第三幅细部，位于南廊东区，表现秤货的妇女和两个正在交谈的中国人）

（中中及中下）图2-863吴哥 巴戎寺。第一台地，东廊浮雕：行军（位于东廊南区）

（右）图2-864吴哥 巴戎寺。第一台地，东廊浮雕：行军（近景）

本页及左页：

（左上）图2-865吴哥 巴戎寺。第一台地，东廊浮雕：运送军需品

（左中及左下）图2-866吴哥 巴戎寺。第一台地，东廊浮雕：战斗

（中上左）图2-867吴哥 巴戎寺。第一台地，北廊浮雕：森林中的野生动物（位于北廊西区，未完成，可据此了解浮雕的加工过程）

（中下及右下）图2-868吴哥 巴戎寺。第一台地，西廊浮雕：高棉内战（位于西廊南区）

（中上右及右上）图2-869吴哥 巴戎寺。第一台地，围廊浮雕：高棉（左）和占婆（右）战士造型

仅留数尊），因而这部分又有"千佛阁"（Preah Poan）之称。

田字阁以外的寺庙第一层平台形成如"∏"字形的内院。院内田字阁南北两侧，各有一座立于双层高台上四面设石阶的藏经阁，其纵长的十字形平面与围廊立面相互应和（见图2-567、2-568）。

田字阁北廊、中廊和南廊东头均设三段阶梯式廊道与更高的第二层台地院落相连。每段廊道顶部连同石柱一起抬高，屋檐处以山墙封堵。这样，大部分东西向廊道得以保持水平，不至于变成斜廊，建筑也因此创造了不同寻常的透视效果（见图2-558，法国摄影家艾米尔·基瑟尔在1873年发表了这道阶梯式走廊

本页：

（左上）图2-870吴哥 巴戎寺。第一台地，围廊浮雕：战胜占婆后的庆功野炊

（右上）图2-871吴哥 巴戎寺。第一台地，柱身浮雕：舞仙

（下）图2-873吴哥 巴戎寺。第二台地（内院），南廊浮雕：祭祀场景（位于南廊西区，受尊崇的毗湿奴位于龛室内，前有长满莲花的小池，边上围着飞天舞者）

右页：

（上下两幅）图2-872吴哥 巴戎寺。第一台地，墙面浮雕：天女及舞仙

的照片，几年后考古学家路易·德拉波特也发表了类似的素描）。

第二层平台比第一层高5.5米，同样绕以矩形画廊；廊道东西向长约115米，南北向宽约100米，廊宽2.45米；朝内的墙面开竖棂盲窗，壁面饰仙女浮雕；没有侧廊。回廊塔门四座，位于四角，由两个不同方向的单跑台阶与第一个院落相连（塔门顶部九层宝塔因年久失修，大半残毁，仅余二三层）；门楼六座，除西面三座外，其他各面均居中一座。西侧三个门楼设台阶下通第一台地田字阁。居中的门楼通向一个后人增添的十字台，台面由矮石柱支撑，东西两端连接第二和第三台地回廊的西门；十字台南北两侧同样布

本页：
（上）图2-874吴哥 巴戎寺。第二台地，东廊浮雕：国王大战巨蛇（位于东廊北区）

（中及下）图2-875吴哥 巴戎寺。第二台地，南廊浮雕：湿婆及其随从，近景及细部

右页：
（左上）图2-876吴哥 巴戎寺。第二台地，南廊浮雕：国王在宫中接见下属

（右上）图2-877吴哥 巴戎寺。第二台地，围廊浮雕：站在池边的宫廷贵妇

（左下）图2-878吴哥 巴戎寺。第二台地，山墙雕刻：为天女所环绕的观音菩萨（该部分在建第三台地时被埋在结构内，1924年被发现；在法国远东学院主持修复时，遮挡该部分的结构已被清除，人们可在东北角一个凹进处看到它）

（右下）图2-879吴哥 巴戎寺。第二台地，东廊北区，内景（林伽）

置藏经阁，唯尺度较第一院落的要小。

核心区这第二进院落空间更为狭窄，出门楼即面对位于两侧藏经阁之间直达最高层院落平台的陡峭梯道（其仰角最高达70°，梯段两侧设护墙）。寺庙中心最高的第三层平台（称Bakan）平面正方形，自第二层平台地面起高30米。平台四周布置12道台阶（每面3道），居中4道宽6米。平台上的重檐回廊平面形成另一个外廊60米见方的田字形结构（见图2-475）；中间十字形廊道将内院分成四个方池，供朝拜者净洗之用（回廊地面高出池底约1米），同时起到在水中映照廊柱的作用。回廊本身宽2米，分主廊和侧廊两部分；十字形廊道中廊两边均设侧廊，四排方柱，中间间距较大的两列柱承高5米的中廊拱顶，两边列柱承高3米的侧廊半拱顶。拱顶和半拱顶均上铺陶瓦。回廊四角立角塔，围绕着十字形廊道中

左页：

（上下两幅）图2-880吴哥巴戎寺。第三台地，中央祠堂，东入口浮雕：飞天女神

本页：

（上）图2-881胎藏界曼荼罗（Garbha-dhatu-mandala）图样

（下）图2-882吴哥 吴哥城。王宫区，总平面轴线关系：1、王宫区；2、巴戎寺；3、南北仓及十二塔庙组群；4、胜利门；5、冥门；6、托玛侬寺；7、召赛寺；8、十字平台；9、茶胶寺

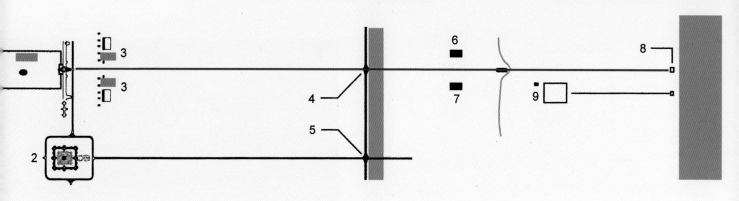

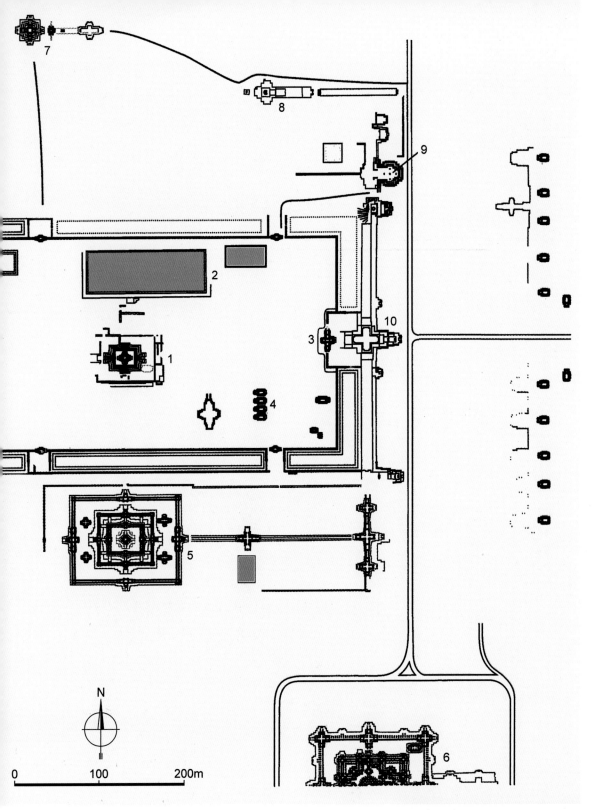

（上）图2-883吴哥 吴哥城。王宫区，地区总平面：1、空中宫殿（"天庙"）；2、王池；3、东门；4、小祠堂（藏经阁？）；5、巴普昂寺；6、巴戎寺；7、巴利莱寺；8、提琶南寺；9、癞王台；10、象台

（下）图2-885吴哥 吴哥城。王宫区，东门，外景（摄于1989年，环境清理及建筑整修前）

央的主塔，形成梅花式布局。顶部这种阶梯金字塔式布局颇似印度金刚宝座式塔庙，但五塔之间距离较宽。中央主塔最高（42米，塔顶离地62米），塔内设内祠神龛，主塔最初供毗湿奴造像，在14~15世纪奉上座部佛教后，改置佛像。

作为巅峰时期高棉建筑的代表和吴哥地区最主要的寺庙组群，苏利耶跋摩二世时期的这组建筑同时纳入了高棉历代庙宇建筑的两个基本要素，即带多层方

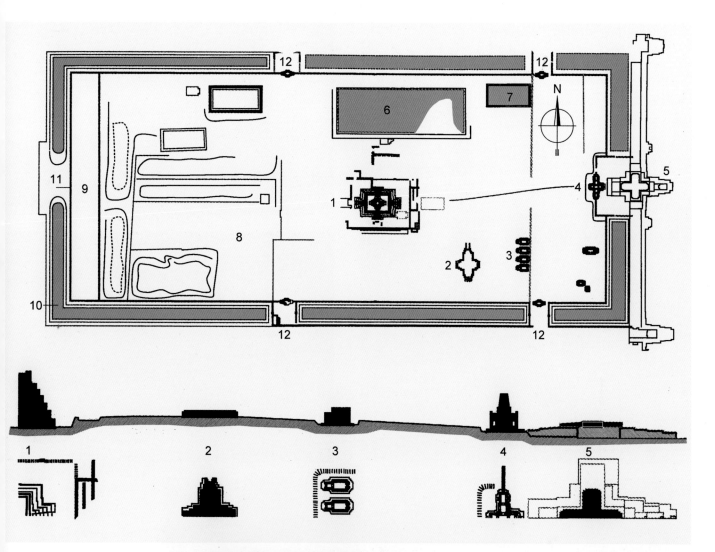

（上）图2-884吴哥 吴哥城。王宫区，总平面及部分建筑剖面示意（木构宫殿的准确位置已难考证，估计在现空中宫殿的东侧及南侧一带，在那里，已发现了一些居住区的痕迹）：1、空中宫殿；2、十字平台；3、小祠堂（藏经阁？）；4、东门；5、象台；6、王池；7、王后浴池；8、仆人区；9、后宫（王室卫队及武器库可能也在该区）；10、壕沟；11、围墙；12、门楼

（下）图2-886吴哥 吴哥城。王宫区，东门，东立面现状

形台地的山庙和后期的回廊庙宇。山庙形式在这里可说是发展到最完美的境界，带周边回廊的三重平台和五座宝塔构成的阶梯状山庙构图，成为印度神话中天神居所须弥山最完美的表现。周边象征咸海的宽阔护城河景象尤为壮观。寺庙外围墙内三道高度递增的矩形回廊据信是象征须弥山所在地的土、水、风；山庙顶部五座塔庙的墙面进一步以浮雕表现神话故事与苏

（右上）图2-887吴哥 吴哥城。王宫区，东门，西立面景观

（下）图2-888吴哥 吴哥城。王宫区，东门，东南侧现状

（左上）图2-889吴哥 吴哥城。王宫区，东北门，南侧景观

（右中）图2-890吴哥 吴哥城。王宫区，东南门，南侧现状

（右上）图2-891吴哥 吴哥城。王宫区，王池，现状

（下两幅）图2-892吴哥 吴哥城。王宫区，王池，池边雕饰

（左上及左中）图2-893吴哥 吴哥城。王宫区，王池，雕饰细部
（公主像及海洋生物）

本页及右页：

（左上）图2-894吴哥 吴哥城。王宫区，王后浴池，近景

（左下及中上左、中中左）图2-895吴哥 吴哥城。王宫区，王后浴池，雕饰细部（虚拟的怪兽和表现逼真的真实动物并列，令人印象深刻）

（中上右）图2-896吴哥 吴哥城。象台，地段轴线关系示意

（中中右）图2-897吴哥 吴哥城。象台，平面示意：1、带台阶的凸翼；2、象墙；3、迦鲁达及狮鹫墙；4、莲苞平台；5、王宫围墙；6、王宫东门；7、十字平台；8、癞王台

（右上）图2-898吴哥 吴哥城。象台，北侧凸翼梯道扩展阶段图（据Christophe Pottier，1~5示五个阶段的扩展范围）

（右下）图2-899吴哥 吴哥城。象台，东南侧全景（位于国王广场西侧，长约300米）

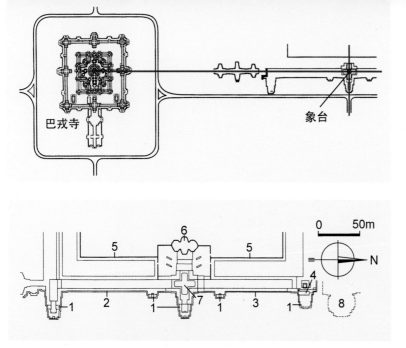

巴戎寺　　　　　　　　　　　　　象台

5　　　　　　6　　　　　　5

1　　　2　　　1　　7　　1　　3　　　1　　4　　8

0　　50m

N

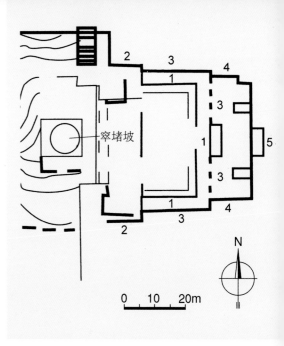

2　　3　　　4

1

窣堵坡　　　　　　　　1

3

1　　5

3

1

3

2　　　4

N

0　10　20m

（上）图2-900吴哥 吴哥城。
象台，自北端癞王台处南望
全景（前景为北侧凸翼）

（下）图2-901吴哥 吴哥城。
象台，北端入口台阶，东南
侧景色

（上）图2-902吴哥 吴哥城。象台，北端入口台阶，东侧全景（仅一组石象，台阶在两边）

（下）图2-903吴哥 吴哥城。象台，北端入口台阶，石象组雕，近景

利耶跋摩二世的王室生活。

　　吴哥窟完美地综合了中心对称与中轴对称的布局方式，充分体现了神权和王权的统一。组群以横贯东西的中轴线为中心，从护城河、外郭围墙到中心建筑群（包括南北两组藏经阁、水池及田字阁），均采用严格对称的形式。围墙或回廊的正向入口全部位于东西及南北轴线上，正对着位于两条轴线交会处的中央

本页及左页：

（左上）图2-904吴哥 吴哥城。象台，北端莲苞平台，东侧全景

（左下）图2-905吴哥 吴哥城。象台，北端莲苞平台，雕饰细部（神祇）

（中上）图2-906吴哥 吴哥城。象台，主入口台地北侧台阶，东北侧地段全景（左侧背景为王宫东门）

（中下）图2-907吴哥 吴哥城。象台，主入口台地北侧台阶，东北侧近景

（右上）图2-908吴哥 吴哥城。象台，主入口台地（中央凸翼）及近周部分，东侧现状

（右下）图2-909吴哥 吴哥城。象台，主入口台地，东北侧全景

左页：

（上）图2-910吴哥 吴哥城。
象台，主入口台地南侧台
阶，东南侧景观（摄于1989
年植被清理前，台地墙檐由
交替布置的迦鲁达及狮头神
支撑）

（下）图2-911吴哥 吴哥城。
象台，主入口台地南侧台
阶，东侧全景

本页：

（上）图2-912吴哥 吴哥城。
象台，南端入口台阶，东北
侧景色

（下）图2-913吴哥 吴哥城。
象台，南端入口台阶，东南
侧现状

左页：

（上）图2-914吴哥 吴哥城。象台，南翼基台雕饰，自东北侧望去的情景

（下）图2-915吴哥 吴哥城。象台，南翼基台雕饰，东南侧景观

本页：

（上下两幅）图2-916吴哥 吴哥城。象台，南翼基台雕饰：大象及驭象人

塔庙。从场院大道望去，中央高塔和两边较小的塔楼左右对称，构成山字形。从四个主要方位望去，顶层的五塔群均呈对称格局。同时，为了更好地突出东西主轴，层层相套的回廊院落主体结构均向西偏移。

组群构图采用了严谨的比例。西大道的长度约为第一进院落廊道立面长度的两倍，行进中可看到整个立面；各层回廊高度呈递增关系，远处望去，由于透

（上）图2-917吴哥 吴哥城。象台，主入口台地，南侧雕刻：石象

（下）图2-918吴哥 吴哥城。象台，南端入口台阶，东南侧雕刻：石象

（中）图2-919吴哥 吴哥城。象台，南端入口台阶，南侧雕刻：石象

视效果，三层回廊似乎高度相同，且每层面积不超过下层面积之半，建筑遂呈现完美的金字塔状廓线（见图2-537）。为了最大限度地突出核心院落上的五座塔庙，各进院落回廊位于轴线上的门楼均不设顶塔，而是采用水平方向扩展的十字形交叉拱顶，顶塔仅安置在回廊四角上。

这时期的重要组群大都由多重院落组成（吴哥窟和崩密列寺均为三重，只有最简单的——如泰国的披迈石宫——仅有一个院落），且核心区院落及建筑布

（上下两幅）图2-920吴哥 吴哥城。象
台，台地栏杆雕刻：那迦头像

局相当紧凑。在吴哥窟，中心区第一进院落和最高院落重复使用中心为十字的田字形组合不仅具有宗教的寓意（十字是太阳神的象征，吴哥窟供奉的毗湿奴正是吠陀时代的太阳神之一），同时也意在歌颂兴建吴哥窟的君主苏利耶跋摩二世（其名意为"太阳守护神"，苏利耶即太阳神）。

这一时期单体建筑尽管形制上没有太大变化，但和前期相比，更为精致华丽。象征须弥山的塔庙（山庙，来自高棉语prasat，英语temple mountain），本

左页：

（上）图2-921吴哥 吴哥城。象台，主入口台地，东南侧浮雕：迦鲁达及狮头神

（下）图2-922吴哥 吴哥城。象台，浮雕：迦鲁达及狮头神，细部

本页：

（上）图2-923吴哥 吴哥城。象台，北端台地，内墙浮雕：五头马及众牧神（12世纪末~13世纪初）

（下）图2-924吴哥 吴哥城。象台，北端台地，内墙浮雕：脚踏莲花瓣的牧神，细部

本页：

（上）图2-925吴哥 吴哥
城。象台，北端入口台阶
浮雕：马球竞技

（中）图2-926吴哥 吴哥
城。象台，浮雕：起舞的
天女（群像）

（下）图2-927吴哥 吴哥
城。癞王台，平面：1、象
台；2、外墙；3、内墙；4、廊
道；5、癞王雕像

右页：

（上）图2-928吴哥 吴哥
城。癞王台，南侧现状（七
层浮雕表现神话故事，前景
为象台北端入口台阶栏杆）

（下）图2-929吴哥 吴哥
城。癞王台，自国王台地
望去的情景

是起源于印度南部的一种祭祀建筑（由若干逐层缩小
的正方形或长方形平台组成，平台上绕以回廊，在最
高层安置顶塔式庙宇，整体外观如金字塔）。在柬埔
寨，现存最早的塔庙是建于881年的巴孔寺。在吴哥
窟，这种形式得到进一步的发展，塔庙转角折线增
多，且从基台一直延伸到塔顶，原本十字形的平面更
趋近多边形。曲折的表面固然为塔体提供了更多的装
饰空间，但不免显得有些琐碎。由于塔身增高到差不

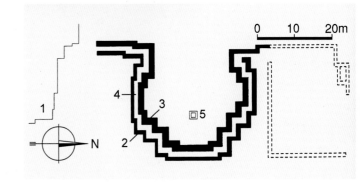

本页：

（上）图2-930吴哥 吴哥城。
癞王台，南侧中部现状

（下）图2-931吴哥 吴哥城。
癞王台，南侧西区景观

右页：
（上）图2-932吴哥 吴哥城。
癞王台，东南侧全景

（下）图2-933吴哥 吴哥城。
癞王台，东南角近观

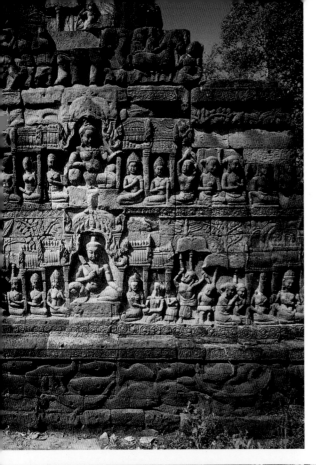

本页：

（上两幅）图2-934吴哥 吴哥城。癞王台，北翼，东侧浮雕：国王、配偶及吞剑表演者

（下）图2-935吴哥 吴哥城。癞王台，内墙雕饰：九头那迦及阴间诸神

右页：

（上两幅）图2-936吴哥 吴哥城。癞王台，内墙雕饰：那迦及男女众神

（右中及下）图2-937吴哥 吴哥城。癞王台，癞王雕像（实为冥神阎摩像；单色照片摄于20世纪初，雕像上搭建了临时保护棚）

多与屋顶高度相等，内部空间亦相应提高。塔身四面门廊不仅突出甚多，且在正面及两个侧面均采用错落叠置的形式，这样的形体和华丽的山墙雕饰一起，大大丰富了建筑的外观。

台地上的回廊是吴哥窟塔庙的另一个突出特色。这种形式出现较晚，但在11世纪初建造的空中宫殿中可看到其应用（布置在顶层平台的宝塔周围）。在吴哥窟，院落回廊不仅体量更大，有的还在一侧另加半

RUINES D'ANGKOR. - La Statue du Roi Lépreux, à Angkor-Thom

本页：

（上）图2-938吴哥 吴哥城。癞王台，癞王雕像，现状（已移至金边国家博物馆内）

（右下）图2-939吴哥 吴哥城。巴利莱寺（13~14世纪），总平面：1、十字形那迦台地；2、大道；3、东门楼；4、基台；5、祠塔

（左下）图2-940吴哥 吴哥城。巴利莱寺，东门楼，现状（1937~1938年复原）

右页：

（左上）图2-941吴哥 吴哥城。巴利莱寺，主祠塔，远景

（右上及左下）图2-942吴哥 吴哥城。巴利莱寺，主祠塔，现状全景及入口近景

（右下）图2-943吴哥 吴哥城。巴利莱寺，山面浮雕（坐佛）

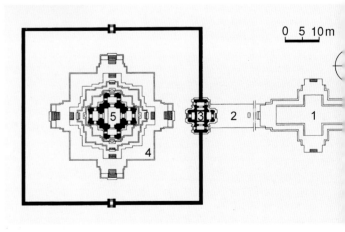

廊，为人们提供更多的活动空间。廊道通常都由兼作雕刻底面的内侧墙壁、向外敞开的成排立柱和重檐屋顶构成。内侧墙壁有的不开窗，有的开明窗，有的开带装饰性直葫芦楞的盲窗；成排立柱或一边两排石柱，或两侧各两排石柱，不设内墙。廊道上置较高的筒拱顶，虽然跨度不大，但一般仍需加筑带半拱顶的侧廊以平衡其水平推力。这样做不仅可增加廊道宽度和遮挡雨水，同时也大大增强了屋顶的构图作用。

（上）图2-944吴哥 吴哥城。巴利莱寺，浮雕细部（位于卡拉头上的卧佛）

（左下）图2-945吴哥 吴哥城。南北仓及十二塔庙地区，地段总平面：1、象台；2、癩王台；3、比图组群；4、北仓；5、北仓东组；6、胜利大道；7、佛台；8、南仓；9、十二塔庙；10、水池

（右下）图2-946吴哥 吴哥城。北仓，组群平面：1、北仓主体；2、十字祠堂；3、东组（由一个立在高台上的方形小祠堂、一座门楼及两座藏经阁组成）

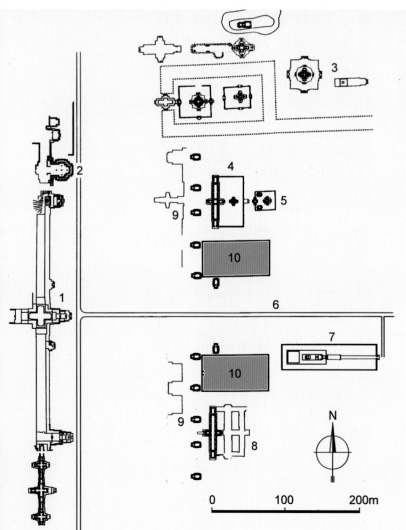

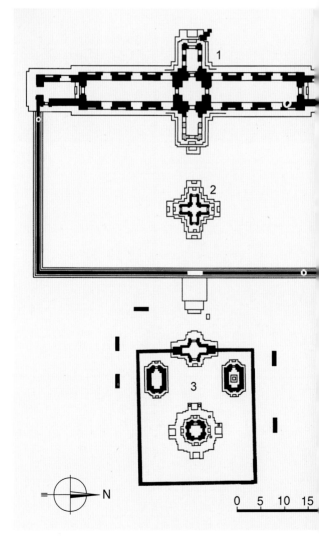

回廊出入口设门楼或塔门。东西轴线上的门楼不
再是单一的建筑，很多都由三个十字形门楼组合而
成。向外延伸的各跨均设拱顶及成对方柱，顶上有雕
刻精细的门楣和三角墙。长廊布局分一字廊、回廊和
十字廊三种形式；后者往往和回廊组成田字形。在吴
哥窟，建筑群各部所用回廊形式可大致概述如下：外
郭，双柱重檐开直棂盲窗；第一层平台，双柱重檐带
雕饰墙面；第二层平台，单檐回廊开直棂盲窗；第三
层平台，双柱重檐开明窗；第一和第三层台地十字形
廊道为四柱重檐带双侧廊。

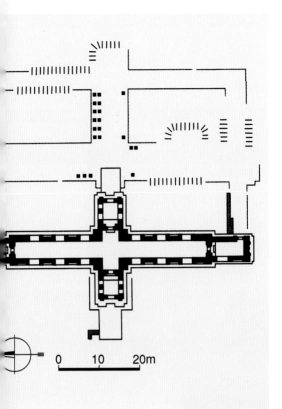

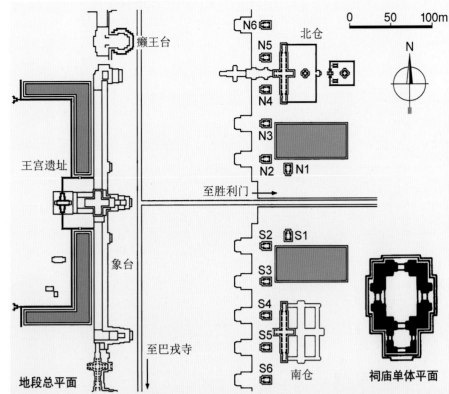

左页:

(左上)图2-949吴哥 吴哥城。北仓,西门廊,近景

(右上及下)图2-950吴哥 吴哥城。北仓,廊厅,西立面,南北两端头景况

(右中)图2-951吴哥 吴哥城。北仓,东组,南藏经阁,西侧现状

本页:

(左上)图2-952吴哥 吴哥城。南仓,平面

(下)图2-953吴哥 吴哥城。南仓,前厅,西南侧景色

(右上)图2-954吴哥 吴哥城。"十二塔庙",地段总平面及祠庙编号示意(S及N分别代表北组及南组,右下为单体建筑平面图)

石塔在形成建筑群的廊线上无疑起到了主要的作用。吴哥窟采用的密檐石塔由九层莲花檐组成,上圆下方,外廊呈抛物线形。上层实心,叠涩拱顶,下层设内祠或与长廊相结合组成塔门。

吴哥窟墙体主要以方石块层层堆垒,偶尔用工字铁榫接,绝大多数场合均不用粘合剂。组群内共有

左页：

（左上）图2-955吴哥 吴哥城。"十二塔庙"，北1（右）和北2（中），西南侧景观

（左中）图2-956吴哥 吴哥城。"十二塔庙"，北3，西南侧现状

（下）图2-957吴哥 吴哥城。"十二塔庙"，北4（右）及北5（左），西侧景观（背景为北仓）

（右上）图2-958吴哥 吴哥城。"十二塔庙"，北4（前景）及北5，东南侧景色

（右中）图2-959吴哥 吴哥城。"十二塔庙"，北4及北5（前景），东北侧景色

本页：

（上）图2-960吴哥 吴哥城。"十二塔庙"，北5（右）及北6（左），西北侧景色（背景为北仓）

（右下）图2-961吴哥 吴哥城。"十二塔庙"，北6，背面现状

（左下）图2-962吴哥 吴哥城。"十二塔庙"，南1，东北侧远景

（上）图2-963吴哥 吴哥城。"十二塔庙"，南2，西南侧景色

（左下）图2-964吴哥 吴哥城。"十二塔庙"，南2及南3（前景），南立面

（右下）图2-965吴哥 吴哥城。"十二塔庙"，南4，南侧现状

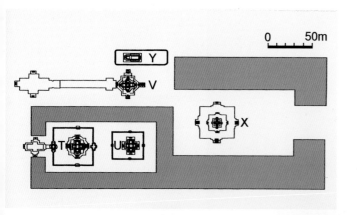

1536根石柱。石构件平均重量约为1.5吨，总量达500万~1000万块。最近日本东京早稻田大学的两位学者内田悦生、一太下田通过实地考察，发现在吴哥窟东北35公里处有50多个采石场遗址，分布在2.4公里的范围内。他们还通过对卫星图片的研究，发现从这些采石场有通向吴哥窟的运河网。因此他们认为，建造吴哥窟的砂岩石块很可能是靠这条34公里长的运河，而不是如以前人们想象的那样，经过洞里萨湖辗转85公里运到吴哥。

（上）图2-966吴哥 吴哥城。比图组群（12或13世纪），总平面及各祠庙编号

（中）图2-967吴哥 吴哥城。比图组群，祠庙T，主塔庙，现状

（下）图2-968吴哥 吴哥城。比图组群，祠庙V，东南侧远景（前景为环绕祠庙T和U的壕沟）

（上）图2-969吴哥 吴哥城。比图组群，祠庙U，遗迹现状

（中两幅）图2-970吴哥 吴哥城。比图组群，祠庙U，雕饰细部（左、北门楣梁浮雕：乳海翻腾；右、舞神湿婆）

（左下）图2-971吴哥 吴哥城。比图组群，祠庙V，西南侧现状

（右下）图2-972吴哥 吴哥城。比图组群，祠庙V，南侧景观

其他吴哥风格作品

除吴哥窟外，这时期修建的许多大型寺庙，如托玛侬寺、召赛寺、萨姆雷堡寺、泰国武里南府的帕侬龙寺等，和早先阇耶跋摩六世（1080～1107年在位）兴建的披迈石宫及陀罗尼因陀罗跋摩一世（1107～1112年在位）时建的崩密列寺一起，均为吴哥风格的代表作。

上述几座寺庙中，托玛侬寺位于吴哥城胜利门以

（上）图2-973吴哥 吴哥城。比图组群，祠庙X，西北侧现状

（左中）图2-974吴哥 吴哥城。比图组群，祠庙X，西侧近景

（右中）图2-975吴哥 吴哥城。比图组群，祠庙X，室内，雕饰细部（坐佛，门楣以上，共37尊）

（左下）图2-976吴哥 吴哥城。比图组群，祠庙Y，前厅西南角雕饰细部（毗湿奴下凡）

（右下）图2-977吴哥 圣剑寺。总平面：1、平台；2、带界石的大道；3、东门；4、第四道围院；5、第三道围院；6、火楼

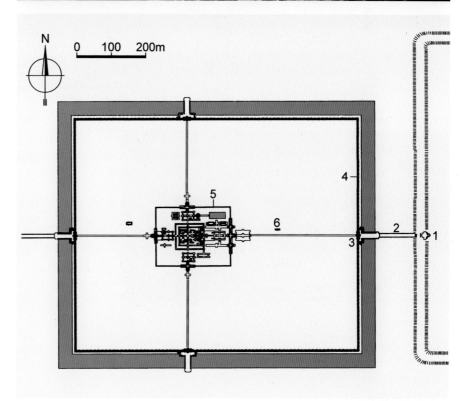

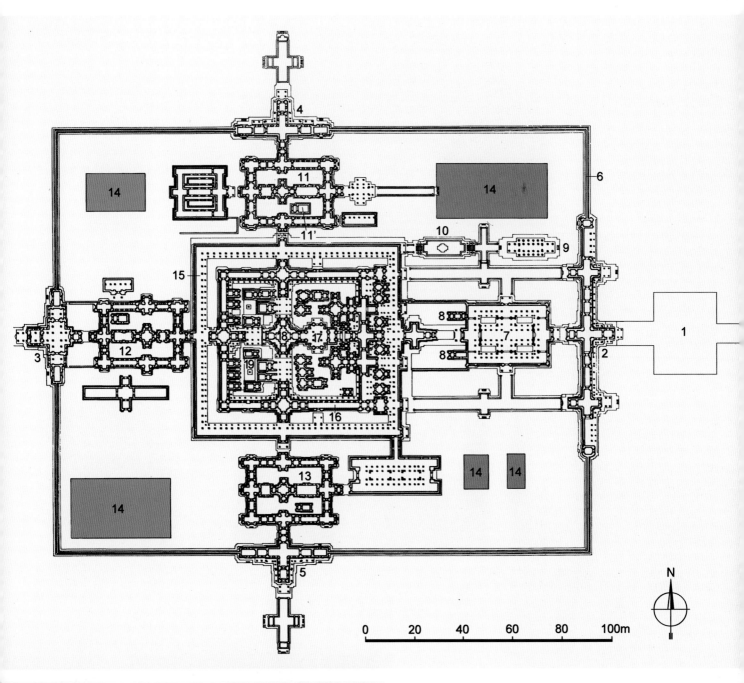

本页：

（上）图2-978吴哥 圣剑寺。中心区平面（取自STIERLIN H. Comprendre l'Architecture Universelle, II, 1977年），图中：1、十字平台；2、（三院）东门楼；3、（三院）西门楼；4、（三院）北门楼；5、（三院）南门楼；6、第三道围院；7、舞厅；8、祠堂/"藏经阁"；9、柱阁（两层楼）；10、红石台；11、北庙（湿婆祠庙）；11'、藏经阁；12、西庙（毗湿奴庙）；13、南庙；14、水池；15、第二道围院；16、第一道围院；17、柱厅；18、中央祠塔；19、（一院）小柱院

（下）图2-979吴哥 圣剑寺。四院，东门楼外界石大道

右页：

（上）图2-980吴哥 圣剑寺。四院，东门楼外界石大道，界石近景

（下）图2-981吴哥 圣剑寺。四院，东门楼，东侧远景

本页：

（上）图2-982吴哥 圣剑寺。四院，
东门楼外那迦桥

（下）图2-983吴哥 圣剑寺。四院，
东门楼，外侧（东侧）现状

（中）图2-984吴哥 圣剑寺。四院，
西门楼，西侧远景

右页：

（上下两幅）图2-985吴哥 圣剑寺。
四院，西门楼，门外那迦桥，立面
及细部

东约500米处，是一座优雅的小型寺庙，供奉湿婆及
毗湿奴。主祠朝东，上冠单塔并配有前厅。组群于
20世纪60年代在法国远东学院主持下进行了全面整
修（总平面：图2-639；全景：图2-640~2-642；中央
祠塔：图2-643~2-653；西门楼：图2-654~2-656；藏
经阁：图2-657、2-658）。南面跨过胜利大道与之相
对的召赛寺建于12世纪中叶，同样是供奉湿婆及毗
湿奴。2000~2009年在中国团队的帮助下进行了修复
（总平面：图2-659；全景：图2-660~2-664；门楼：

左页：

（上）图2-986吴哥 圣剑寺。
四院，西门楼，西立面全景

（下）图2-987吴哥 圣剑寺。
四院，西门楼，东北侧（内
侧）景观

本页：

图2-988吴哥 圣剑寺。四
院，西门楼，北塔东面边侧
雕饰

图2-665~2-676；中央祠塔及祭拜厅：图2-677~2-683；
藏经阁：图2-684~2-689；雕饰细部：图2-690）。

　　建于12世纪初的萨姆雷堡寺位于吴哥东湖东侧约
400米处，其名是来自东南亚的一个古代民族，寺庙
所用材料同女王宫。其单一的曲线塔楼为吴哥风格的

典型特征。寺庙于1936~1944年在法国建筑师及考古
学家莫里斯·格莱兹主持下进行了精心的修复（总平面
及平面形制：图2-691~2-693；全景：图2-694~2-696；外
院门楼及围廊：图2-697~2-705；内院门楼及景观：
图2-706~2-720；内院中央祠塔：图2-721~2-725；内

本页及右页：

（左上）图2-989吴哥 圣剑寺。四院，北门楼，南
侧（内侧）现状

（左下）图2-990吴哥 圣剑寺。四院，北门楼，东
塔，西南侧景观

（中两幅及右上）图2-991吴哥 圣剑寺。四院，围
墙浮雕：脚踩那迦的迦鲁达（整个外围墙共有72
尊这样的巨大浮雕，每块高5米，间距约35米，上
部龛室佛像毁于13世纪阇耶跋摩八世时期）

（右下）图2-992吴哥 圣剑寺。四院，火楼（为佛
教朝圣者建的休憩所，在城内，位于路边的这类
建筑有上百座之多），东南侧景观

左页：

（上）图2-993吴哥 圣剑寺。
四院，火楼，南立面现状

（下）图2-994吴哥 圣剑寺。
三院，东门楼，东侧全景

本页：

（上）图2-995吴哥 圣剑寺。
三院，东门楼，东北侧现状

（下）图2-996吴哥 圣剑寺。
三院，东门楼，东南侧景色

（上）图2-997吴哥 圣剑寺。
三院，东门楼，东南侧近景

（下）图2-998吴哥 圣剑寺。
三院，东门楼，主塔门廊，南
侧景观

（左上）图2-999吴哥 圣剑寺。三院，东门楼，主塔门廊，东南侧近景

（下）图2-1000吴哥 圣剑寺。三院，东门楼，北翼，东南侧景色

（右上）图2-1001吴哥 圣剑寺。三院，东门楼，南翼，西侧近景

（上）图2-1002吴哥 圣剑寺。
三院，西门楼，西侧全景

（中）图2-1003吴哥 圣剑寺。
三院，西门楼，西南侧景观

（下）图2-1004吴哥 圣剑寺。
三院，西门楼，西北侧现状

（上）图2-1005吴哥 圣剑寺。
三院，西门楼，主门廊南侧
景况

（下）图2-1006吴哥 圣剑寺。
三院，西门楼，东南侧景色
（院内）

院藏经阁：图2-726~2-728）。

　　位于今泰国和柬埔寨边境现属泰国武里南府的帕侬龙寺建于10~13世纪，是座供奉湿婆的印度教寺庙，坐落在高402米的一座死火山边上。泰国文化部所属艺术局（Fine Arts Department）用了17年时间（1971~1988年）对建筑群进行整修，已大体复原了

其最初的状态（总平面及东侧景观：图2-729~2-731；内院门楼：图2-732~2-738；内院景观：图2-739~2-742；主祠塔及小阁：图2-743~2-750）。

　　位于吴哥主要建筑群东面40公里处的崩密列寺是吴哥最早使用砂岩的建筑，原本是作为印度教寺庙，但仍有一些佛教题材的雕刻。其建造年代（12世纪

左页：

（上及左下）图2-1007吴哥 圣剑寺。三院，西门楼，西侧山墙（浮雕：兰卡之战）及守门天近景

（右中）图2-1008吴哥 圣剑寺。三院，西门楼，东侧楣梁雕饰

（右下）图2-1009吴哥 圣剑寺。三院，北门楼，北侧全景（尚存一尊守门天像）

本页：

（左上）图2-1010吴哥 圣剑寺。三院，南门楼，南侧山墙浮雕

（左中）图2-1011吴哥 圣剑寺。三院，西庙（毗湿奴庙），西南侧现状

（右上）图2-1012吴哥 圣剑寺。三院，西庙，主祠内景

（左下）图2-1013吴哥 圣剑寺。三院，北庙（湿婆庙），主塔及前厅，南侧现状

（右下）图2-1014吴哥 圣剑寺。三院，北庙，前厅内景（上部屋顶已失，照片示西望主塔情景）

（左上）图2-1015吴哥 圣剑寺。三院，北庙，中央祠塔，内景（中央的象神雕像想必是从别处移来）

（下）图2-1016吴哥 圣剑寺。三院，北庙，前厅，东侧山墙浮雕：斜躺在阿南塔身上的毗湿奴

（右上）图2-1017吴哥 圣剑寺。三院，北庙，院落东南角藏经阁，西侧现状

（右中上）图2-1018吴哥 圣剑寺。三院，南庙，西北院，现状

（右中下）图2-1019吴哥 圣剑寺。三院，南庙，主塔，内景

（上）图2-1020吴哥 圣剑
寺。三院，东北区，自红石台
上东望景色（右侧为舞厅大
院，左侧高两层的柱阁为吴哥
仅存的三座这类建筑之一）

（下）图2-1021吴哥 圣剑
寺。三院，东北区，自二院
东侧北门东望景色（左为红
石台和柱阁，右为舞厅）

初）只是根据风格判断（与吴哥窟类似）。尽管规模比吴哥窟略小，但仍属高棉帝国最大寺庙之一：由廊道围合的外院长181米，宽152米，围绕它的壕沟长宽分别为1025米及875米，宽45米。组群朝东，但其他三面亦有入口。由三道围廊环绕的中央主体祠庙现已倒塌，整个组群目前仍处于荒弃状态（总平面及中央组群平面：图2-751~2-753；遗址现状：图2-754~2-765）。

　　在小型寺庙中，位于吴哥窟以南约9公里处的阿特维寺无论从中央塔楼的形式、女神雕刻的风格或是主入口朝西等方面来看，都和吴哥窟极为相像（西门楼现只是一栋独立建筑）。组群未能最后完成，因而揭示了不少施工细节。这组建筑已于20世纪70年代在

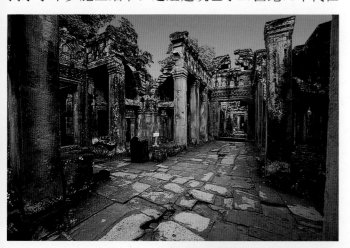

左页：

（上）图2-1022吴哥 圣剑寺。三院，东南区，东望景色（前方为三院东墙南侧门，左侧为舞厅）

（下）图2-1023吴哥 圣剑寺。三院，东南区，东围墙南翼，内侧景观

本页：

（左上）图2-1024吴哥 圣剑寺。三院，舞厅，内景（自中心西望景色）

（右上）图2-1025吴哥 圣剑寺。三院，舞厅，东门，近景

（下）图2-1026吴哥 圣剑寺。三院，舞厅，东门，檐壁雕刻

本页及左页：

（左上）图2-1027吴哥 圣剑寺。三院，舞厅，西门，檐壁雕刻

（左下）图2-1028吴哥 圣剑寺。三院，柱阁，南侧全景（以圆柱支撑上层结构，为吴哥建筑孤例；其功用尚不清楚，尽管有人认为它可能是寺庙碑文中提到的谷仓）

（中上）图2-1029吴哥 圣剑寺。三院，柱阁，西南侧现状

（右上）图2-1030吴哥 圣剑寺。三院，柱阁，东南侧景观

（右下）图2-1031吴哥 圣剑寺。三院，红石台，东南侧现状

（上）图2-1032吴哥 圣剑寺。
二院，东北角侧门

（下）图2-1033吴哥 圣剑寺。
内院，南门，南侧（背景处
可看到位于中央祠塔内的窣
堵坡）

法国远东学院主持下进行了修复（图2-766、2-767）。

[阇耶跋摩七世时期（1181～1215年），吴哥城]

城市概况

苏利耶跋摩二世逝世后，吴哥王国陷入内乱，国

势衰颓。1177~1181年占婆人入侵，首都耶输陀罗补
罗遭到破坏和洗劫。当时还是王子的阇耶跋摩七世
（1125~1218年，约1181~1218年在位）奋起抗敌，在
驱逐占婆人后，于1181年登基为王（图2-768）。他
在位30余年，帝国臻于鼎盛，疆域扩展到了真腊本土
以外。阇耶跋摩七世在成为废墟的首都大兴土木，于

12世纪后期重建吴哥城（大吴哥）。这座新都位于吴哥窟北面近2公里处，和3个世纪前创立的旧都耶输陀罗补罗部分重合（老城中心位于其西北），直到15世纪这里一直是高棉帝国的国都。实际上，高棉人并没有严格区分这两个城名，直到14世纪，铭文上仍用旧名；至16世纪才称其为吴哥城（原意为"大城"；总平面、全景图及典型城门立面：图2-769~2-771；胜利门：图2-772~2-776；东门：图2-777、2-778；北门：图2-779~2-783；南门：图2-784~2-793；西门：图2-794~2-796）。

新都城占地9平方公里，几乎是方形的平面边长约3公里[根据法国远东学院（École Française d'Extrême-Orient，EFEO）1973年发表的测量数据，东、

（上及中）图2-1034吴哥 圣剑寺。内院，残迹现状

（下）图2-1035吴哥 圣剑寺。内院，柱廊景色

图2-1036吴哥 圣剑寺。内院，西南区，自西北方向望去的景色（左侧空着的龛室内原有佛像，在印度教复兴期间被毁）

南、西、北各面城墙长度分别为3030米、3050米、3038米及3089米]。鉴于先前被占婆入侵的惨痛教训，阇耶跋摩七世将吴哥城城墙筑得特别高大厚实，土红色石墙高8米左右，城外还建有宽约90米的护城河。五条石砌堤道于两侧设石栏（由成排手持蛇神那伽的巨大石像组成），通向护城河上的桥和五座带塔楼的大门（除4座位于各面中央通向市中心巴戎寺的正向大门外，东门以北500米处另有通向巴戎寺北面胜利广场和王宫的胜利门）。

（上）图2-1037吴哥 圣剑寺。内院，
西南区，北望景观

（下）图2-1038吴哥 圣剑寺。内院，
西南区，西侧三小祠，东北侧景色

本页：

图2-1039吴哥 圣剑寺。内院，西南区，北侧小祠堂，东侧景色

右页：

（左上）图2-1040吴哥 圣剑寺。内院，主祠塔，内景（对景处为内祠中央的窣堵坡）

（左下）图2-1041吴哥 圣剑寺。内院，主祠塔，内祠窣堵坡

（右下）图2-1042吴哥 圣剑寺。内院，柱厅（位于主祠塔东侧），内景（林伽及基座可能原在主祠内，13世纪后期移至这里）

（右上）图2-1043吴哥 盘龙祠（12世纪）。总平面及中心区平面：1、圆岛及主祠塔；2、神马雕像（观音菩萨的化身）；3、人头祠；4、象头祠；5、马头祠；6、狮头祠；7、主池；8、小池

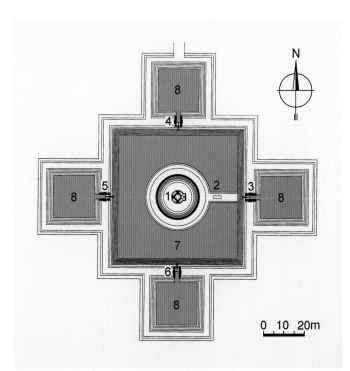

在宗教方面，阁耶跋摩七世承先王意志，信奉大乘佛教，尊崇观世音菩萨。在其任内，佛教庙宇和公共设施的建设均有所进展。除了城内原有的两座早期的须弥山式庙宇（苏利耶跋摩一世重建的空中宫殿和优陀耶迭多跋摩二世时建的巴普昂寺）外，阁耶跋摩七世还建造了自己的塔庙——位于城市中央的巴戎寺。城内其他宗教建筑尚有圣剑寺、塔布茏寺、盘龙祠、达松寺、格代堡（"僧舍之堡"）等，同时还兴建了不少医院、旅舍。另在吴哥城围墙四个内角处，各有一座砂岩砌筑的小型祠庙（角祠）。平面十字形的这些祠堂朝东，供奉观音菩萨，皆为采用巴戎风格

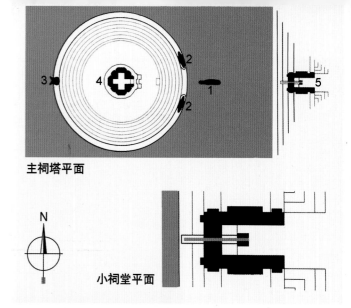

主祠塔平面

N

小祠堂平面

本页：

（上）图2-1044吴哥 盘龙祠。主祠塔及小祠堂平面：1、神马雕像；2、护卫东侧入口的七头蛇雕像（其身躯绕基台边缘而行）；3、蛇尾交会处；4、主祠塔；5、小祠堂

（中）图2-1045吴哥 盘龙祠。北侧全景

（下）图2-1046吴哥 盘龙祠。西北侧景观（前景为北侧小池及象头祠，后为主池及中央祠塔）

右页：

（上）图2-1047吴哥 盘龙祠。圆岛及中央祠塔，东侧景色

（下）图2-1048吴哥 盘龙祠。圆岛及中央祠塔，南侧景观（右侧水中为神马雕像，岛两端可看到石雕的蛇头和缠绕的蛇尾）

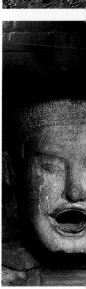

的作品（图2-797~2-800）。

城市显然在17世纪前即被废弃。1609年到此的西方游客看到的已是满目荒凉。据信城市盛期曾有8万~15万人口。在城内，最后一座石构祠庙是位于胜利大道南侧1295年建造的摩迦拉陀寺（图2-801）。

巴戎寺

位于吴哥城中心，建于12世纪后期或13世纪初的

巴戎寺（另译巴扬寺），是高棉帝国时期吴哥最著名的寺庙之一。它不仅是阇耶跋摩七世时期众多建筑项目中的主要工程，也是在吴哥地区建造的最后一个国寺，同时还是该地区一开始就作为大乘佛教（Ma-hayana Buddhist）寺庙而建的唯一国寺（总平面、中央组群平面、立面、解析图及模型：图2-802~2-808；历史景观：图2-809；现状景观：图2-810~2-823；第一台地：图2-824~2-830；第二台地：图2-831~2-840；第三

本页及左页：

（左上）图2-1049吴哥
盘龙祠。圆岛及中央祠
塔，西北侧景况

（中上）图2-1050吴哥
盘龙祠。中央祠塔，南
侧浮雕细部：观音菩萨

（左下及中下）图
2-1051吴哥 盘龙祠。象
头祠（西北侧景色）及
人头祠头像雕刻

（右两幅）图2-1052吴
哥 盘龙祠。神马雕像，
南侧及东南侧景观

台地：图2-841~2-851；带头像的塔楼：图2-852~2-857；
第一台地浮雕：图2-858~2-872；第二及第三台地浮
雕：图2-873~2-880）。

　　坐西朝东的寺庙位于沿东西轴线延伸的围院内。
由于组群位于吴哥城的正中心，通向它的道路来自城
市的四座正向大门。寺庙本身没有配置外围墙及壕

沟，而是直接利用城市本身的城墙和壕沟。从这个意
义上说，它可被视为一座占地达9平方公里的城市-寺
庙，面积大大超过南面的吴哥窟（2平方公里）。在
寺庙主体部分，有两个带廊道的围院（第一和第二围
院）和一个上台地（第三围院）。所有这几个围院都
紧靠在一起，中间空间很小。按莫里斯·格莱兹的说

本页：

（左上）图2-1053吴哥 盘龙祠。神马雕像，细部（化身为神马的观音菩萨帮助商人们逃离女妖岛，细部示吊在马尾巴上的商人们）

（右）图2-1054吴哥 盘龙祠。石雕：七头那迦，近景

（左中）图2-1055吴哥 达松寺（12世纪末~13世纪初）。总平面：1、第三道围墙（长宽分别为230米及200米）；2、三院东门；3、三院西门；4、第二道围墙；5、二院东门；6、二院西门；7、内院（一院）；8、中央祠塔；9、"藏经阁"

（左下）图2-1056吴哥 达松寺。中心区平面：1、第二道围墙；2、二院东门；3、二院西门；4、内院（一院）；5、内院东门；6、内院西门；7、内院北门；8、内院南门；9、中央祠塔；10、"藏经阁"；11、桩柱

右页：

图2-1057吴哥 达松寺。三院，东门，东南侧景色（2004年整修）

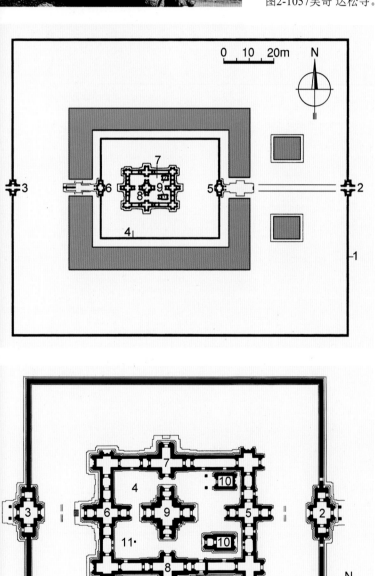

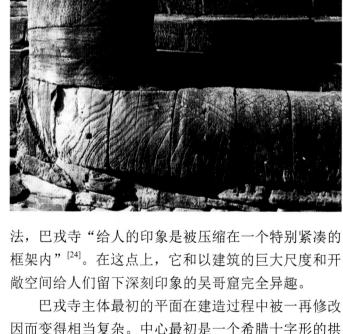

法，巴戎寺"给人的印象是被压缩在一个特别紧凑的框架内"[24]。在这点上，它和以建筑的巨大尺度和开敞空间给人们留下深刻印象的吴哥窟完全异趣。

巴戎寺主体最初的平面在建造过程中被一再修改因而变得相当复杂。中心最初是一个希腊十字形的拱顶廊道，但之后被填充扩建成一个位于大型基座上的圆形圣殿（高出地面43米）。除中央祠堂外，周围八

本页及左页：

（左上）图2-1058吴哥 达松寺。三院，东门，东侧（外侧）现状

（左下）图2-1059吴哥 达松寺。三院，东门，西侧（内侧）景观

（中上）图2-1060吴哥 达松寺。三院，东门，西侧，顶塔头像近景（和吴哥其他遗存一样，上置观音菩萨四面像）

（中下）图2-1061吴哥 达松寺。三院，西门，西侧全景

（右上）图2-1062吴哥 达松寺。三院，西门，东侧（内侧）景象

（右下）图2-1063吴哥 达松寺。二院，西门，东侧（内侧）现状

左页：

（上）图2-1064吴哥 达松寺。内院，东南侧外景（右为内院东门，左侧为南门）

（下）图2-1065吴哥 达松寺。内院，西翼外侧全景

本页：

（上）图2-1066吴哥 达松寺。内院，西翼北段外景

（下）图2-1067吴哥 达松寺。内院，东门，东侧（外侧）现状（为诸门塔中保存得最好的一座，原为寺庙主入口，现游客改自西门进入）

本页及右页：

（左）图2-1068吴哥 达松寺。内院，东门，顶塔，东南侧近景

（中上）图2-1069吴哥 达松寺。内院，西门，顶塔近景

（右上）图2-1070吴哥 达松寺。内院，西北区，向东北方向望去的景色（左为北门西南侧，右为主祠塔北翼）

（中下）图2-1071吴哥 达松寺。内院，主祠塔，东侧全景

（右下）图2-1072吴哥 达松寺。内院，主祠塔，东南侧近景（自院外穿过破损的围墙望去的景色）

本页：

（上下两幅）图2-1073吴哥 达松寺。内院，地面上归位复原的山墙雕饰（观音菩萨在印度教统治时期被去掉了两只手臂）

右页：

（左上）图2-1074吴哥 达松寺。雕饰细部：八角柱

（右上）图2-1075吴哥 达松寺。雕饰细部：佩戴长耳坠的天女

（右中）图2-1076吴哥 达松寺。南藏经阁，屋面模仿传统陶瓦的砂岩板块

（左中）图2-1077吴哥 布雷堡（12世纪末~13世纪初）。总平面：1、外院（第二道围院）；2、原围着十字台地的那迦栏杆残段；3、内院及中央组群

（左下）图2-1078吴哥 布雷堡。内院及中央组群，平面

（右下）图2-1079吴哥 布雷堡。外院（第二道围院），东门残迹

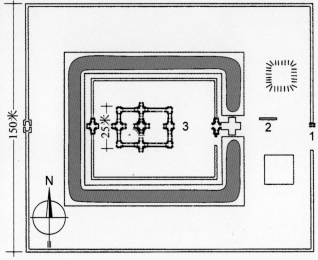

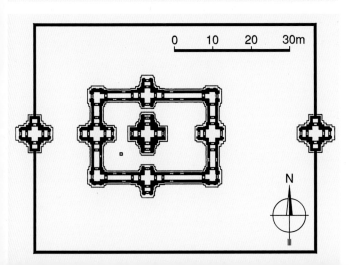

（左上）图2-1080吴哥 布雷堡。内院（第一道围院），东南侧外景

（左中）图2-1081吴哥 布雷堡。内院，东门，东侧景观

（右上）图2-1082吴哥 布雷堡。内院，东门，西南侧现状（朝院内一侧景色）

（右下）图2-1083吴哥 布雷堡。内院，东门，外侧雕饰细部：天女像（右面一个一手持镜，注视着停在莲花枝茎上的一只鸟）

（左下）图2-1084吴哥 布雷堡。内院，中央祠塔，西南侧景色

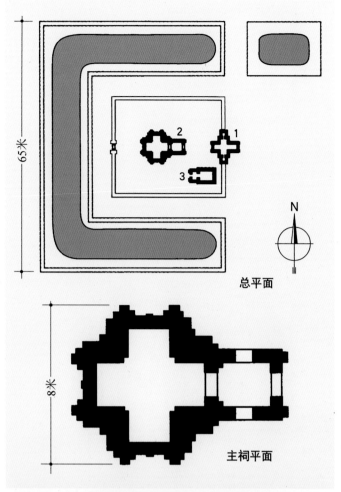

总平面

主祠平面

（右上）图2-1085吴哥 布雷祠。总平面及主祠平面（总平面图中：
1、东门；2、主祠；3、"藏经阁"）

（左上）图2-1086吴哥 布雷祠。遗址，东南侧现状（自左至右：藏
经阁、主祠及东门）

（左中）图2-1087吴哥 布雷祠。主祠，东南侧景观

（右下）图2-1088吴哥 布雷祠。主祠，东立面现状

（左下）图2-1089吴哥 布雷祠。主祠，东北侧景色

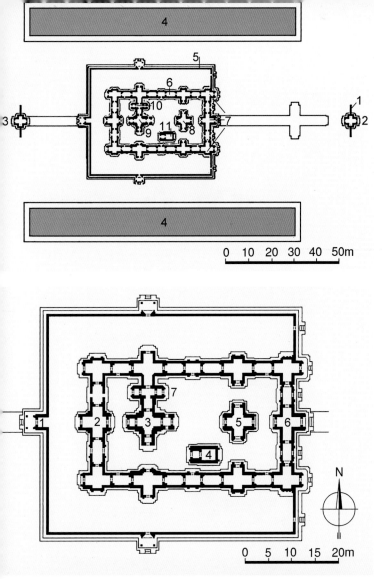

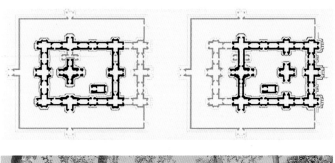

个主要方位成辐射状布置八个小祠堂。再后角上为一道成直角相交的廊道封闭。逐渐形成最后的样式。

寺庙最初的主要供奉对象是位于中央塔楼下圣殿中心处的禅定坐佛及为其遮雨的守护神目支邻陀[25]的雕像。当然，实际上它也是象征性地祭拜被神化的国王，即所谓"神王"（Deva-Raja，Devaraja），周围

（左上）图2-1090吴哥 达内寺（12世纪后期~13世纪初）。总平面：1、第三道围墙（未完成）；2、三院东门；3、三院西门；4、水池；5、第二道围院（二院，长宽分别为55米和47米）；6、第一道围院（内院，长宽分别为46米和27米）；7、内院东门；8、东祠塔；9、主祠塔；10、联系厅堂；11、"藏经阁"

（左中）图2-1091吴哥 达内寺。主要组群平面：1、二院西门；2、内院（一院）西门；3、主祠塔；4、"藏经阁"；5、东祠塔（原为内院东门）；6、内院东门；7、联系厅堂

（右上）图2-1092吴哥 达内寺。最初平面复原想象图：左、据Freeman及Jacques（新的内院东门向东延伸，成为第二道围墙的组成部分，最初建造的内院东门变为院内的独立祠塔，联系厅堂亦为后加）；右、据Jean Laur（在最初建筑的基础上向西扩展）

（下）图2-1093吴哥 达内寺。内院（一院），北侧外景（右为内院北门及其顶塔）

（右中）图2-1094吴哥 达内寺。内院，西门外景

祠堂内还安置有达官贵人的雕刻。但在阇耶跋摩八世
统治期间人们复归印度教信仰时，这尊高3.6米的雕
像被移出圣殿并被打成碎块。1933年在一口井底被发
现后，已被拼凑起来在吴哥的一个小亭内展出。

　　巴戎寺同样沿袭前期中轴对称加中心对称的形
式，通过东西向引道将由护城河、围墙及回廊构成的
同心院落连为一体，各组成部分层层递进并稍稍西
移。只是这时期的院落回廊由原来的半封闭状态变得

（上两幅）图2-1095吴哥 达内寺。内院，东侧及东北侧景观（自
左至右分别为内院南门、主祠塔及联系厅堂、内院北门）

（左中）图2-1096吴哥 达内寺。内院，东南角一景

（右下）图2-1097吴哥 达内寺。内院，西北侧景色（中间建筑为
东祠塔）

（左下）图2-1098吴哥 达内寺。内院，北门南山墙浮雕（骑士）

图2-1099吴哥 达内寺。内院，主祠塔，东门廊南侧龛室浮雕（天女像）

更为开敞，一侧墙上开方窗，另一侧立一或两排方柱上承屋顶，从而满足绕行仪式中观赏圣像及中心建筑的需求。

由于附属建筑类型增多及后期增建等原因，平面的规划布局上较前期更为复杂。引道上除按传统方式布置带那迦栏杆的十字形平台及门楼，并于两侧对称安置藏经阁、蓄水池及附属小塔外，还增添了这时期开始出现的舞殿。这种酬神舞殿本源于印度，但在印度东南地区，舞殿通常位于寺庙主体建筑前，在这里则是位于寺庙核心区外东面的引道上，为四面敞开的柱厅，于矩形的基台上以两排方柱支撑木构屋顶（方柱或纵向排列，将内部分为三个空间，或呈十字形，

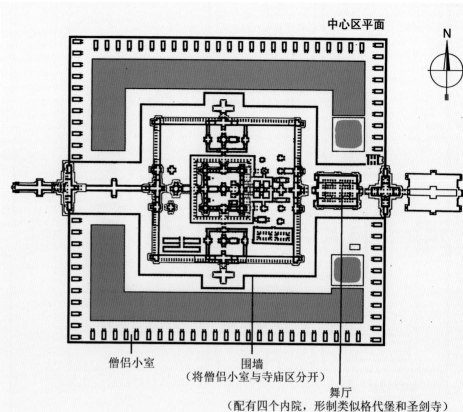

中心区平面

N

僧侣小室　　　　　围墙
（将僧侣小室与寺庙区分开）

舞厅
（配有四个内院，形制类似格代堡和圣剑寺）

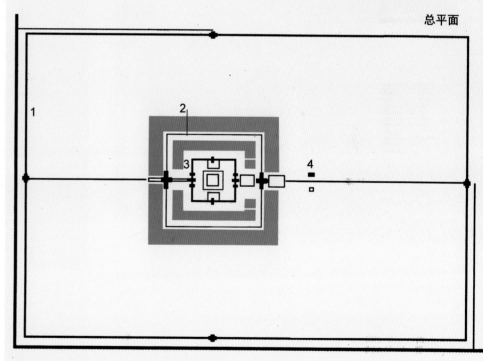

总平面

（左）图2-1100吴哥 达内寺。内院，主祠塔，北门山墙浮雕（站在船上的高大人物可能是菩萨或佛陀，但上面的华盖一般仅用于国王或神祇）

（右）图2-1101吴哥 塔布茏寺（1186年）。总平面及中心区平面，总平面图中：1、第五道围墙（长宽分别为1015米及670米）；2、第四道围墙（长宽分别为250米及220米，墙内布置僧侣小室93个，可能原为94个，一个后为东门北侧建筑取代）；3、第三道围墙（长宽分别为112米及108米）；4、火楼将空间一分为四）。

作为王室寺庙，巴戎寺核心区域建筑完全遵循胎藏界曼荼罗的图样（图2-881）。在阇耶跋摩七世任命的匠师协助下，人们确实成功地完成了这项工作，充分表现出这种建筑类型所承担的象征意义。整个建筑组群可视为一座坡度和缓的三层山庙，由两重矩形

回廊平台及顶层的十字折角院落组成。圆形的中央塔庙位居顶层院落偏西的位置，中心为四面辟门、象征胎室的圆形内祠，它和八个辐射状布置上冠顶塔的小室，形成围绕着花蕊的八瓣莲花，寓意胎藏界曼荼罗中的"中台八叶院"（见图2-806左图紫色圈）。十字折角回廊内圈的8座小塔（图中蓝色圈），和第二

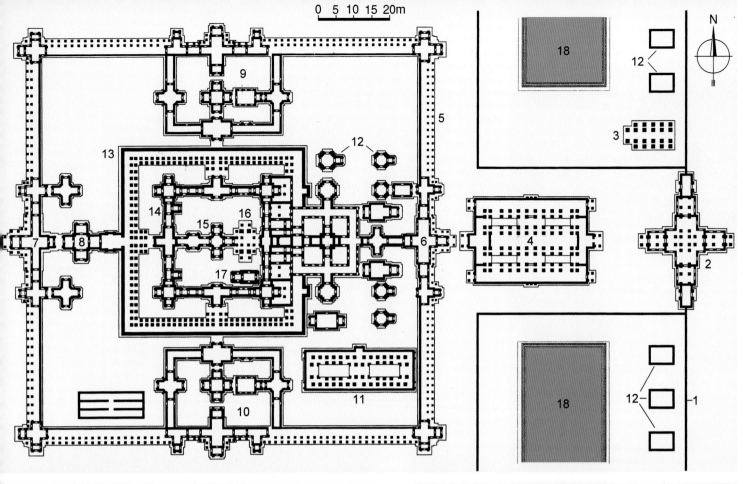

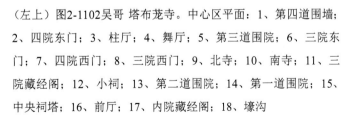

（左上）图2-1102吴哥 塔布茏寺。中心区平面：1、第四道围墙；2、四院东门；3、柱厅；4、舞厅；5、第三道围院；6、三院东门；7、四院西门；8、三院西门；9、北寺；10、南寺；11、三院藏经阁；12、小祠；13、第二道围院；14、第一道围院；15、中央祠塔；16、前厅；17、内院藏经阁；18、壕沟

（右中）图2-1103吴哥 塔布茏寺。五院，北门，东北侧现状

（左中）图2-1104吴哥 塔布茏寺。五院，北门，东北侧近景

（右下）图2-1105吴哥 塔布茏寺。五院，北门，顶塔头像近景

道院落回廊上的16座小塔（图中绿色圈）一起，进一步起到烘托中央组群的作用。

由于避免采用大体量建筑，整个组群显得亲切宜人。显然，在这里，人们追求的并不是高大威严，而是复归佛教中庸、平和的意境。

在雕刻及装饰艺术上，巴戎寺最突出的特色是在上层台地环绕着中心塔楼的祠堂和亭阁上均设带浮雕巨像的佛塔。中心高台上有塔49座（现存37座），加上5座门塔，共计54座。各塔上朝着四个主要方位的浮雕佛像呈现出典型的高棉人面容，面带安详的微笑，令吴哥蜚声世界的所谓"高棉的微笑"即来源于此。由于在建设过程中塔的数量时有增加，有的又因

（左上）图2-1106吴哥 塔布茏寺。五院，西门，东侧（内侧）现状

（右上）图2-1107吴哥 塔布茏寺。五院，西门，北侧全景

（左下）图2-1108吴哥 塔布茏寺。五院，西门，东侧，头像细部

（上）图2-1109吴哥 塔布茏寺。五院，火楼，东南侧现状

（下）图2-1110吴哥 塔布茏寺。五院，火楼，南侧景观

年代久远而蚀损，因而在数量统计上有多种说法。有的认为仅中心高台上的49座塔雕有四面佛像，亨利·施蒂尔林等人则认为54座塔均有，即总共216个浮雕面相。

鉴于寺庙塔楼上这些巨大的浮雕头像颇似阇耶跋摩七世的其他雕像，许多学者都相信，这些头像是表现这位被神化的国王本人，表现他放眼四方，俯视着下方以王公显贵群像为代表的国家。还有的认为是象征无所不在、大慈大悲的佛陀，或表现观世音菩萨[26]。这两种说法看来并不相互排斥。吴哥学者乔

图2-1111吴哥 塔布茏寺。
五院，火楼，雕饰近景

治·科代斯认为，阇耶跋摩实际上完全继承了高棉君王的传统，视自己为"神王"（Devaraja）。主要区别仅在于，前任诸君主是印度教徒，视自己为湿婆及其象征林伽的化身，而作为佛教徒的阇耶跋摩则把自己看作佛陀和菩萨的代表。

除上台地这些头像外，巴戎寺尚有1189米长的浮雕，总计刻画了超过11000个人物。寺庙墙上的这些浮雕组群，不同寻常地将神话、历史和世俗场景结合在一起，不只展现阇耶跋摩七世与占婆人战斗的壮阔场面，也有描绘市井小民的生活场景。其中外廊道主

（上）图2-1112吴哥 塔布茏寺。四院，东门，远景

（下）图2-1113吴哥 塔布茏寺。四院，东门，东北侧现状

（中）图2-1114吴哥 塔布茏寺。四院，东门，北翼，东侧近景

要表现历史事件和日常生活，内廊道表现神话典故。日本政府派出的吴哥古迹保护工作组的专家认为，和吴哥窟那种古典风格不同，巴戎寺是高棉建筑中"最引人注目的巴洛克风格的表现"。

巴戎寺不仅在阇耶跋摩七世时期有所变化，在这位笃信佛教的国王死后，后期信奉印度教和小乘佛教的国王按各自的宗教倾向再次对寺庙进行了改建和扩建（13世纪阇耶跋摩八世统治时期，高棉帝国复归信仰印度教；在接下来的几个世纪里，小乘佛教成为占主导地位的宗教），因此在寺中可看到印度教与佛教并存的特殊表现。在寺庙被最后弃置并被丛林掩盖之前，它和最初的平面已有很大差别，如寺庙东台地、

（上）图2-1115吴哥 塔布茏寺。
四院，东门，内侧，自西北方
向望去的景色

（下）图2-1116吴哥 塔布茏寺。
四院，西门，西侧全景

（中）图2-1117吴哥 塔布茏寺。
四院，西门，西北侧景观

本页：
（上）图2-1118吴哥 塔布茏寺。四院，西门，南翼，西侧现状

（下）图2-1119吴哥 塔布茏寺。四院，西门，西北侧近景

右页：
（上）图2-1120吴哥 塔布茏寺。四院，西门，外门廊南侧细部

（左中）图2-1121吴哥 塔布茏寺。四院，柱厅（位于东门西北方向），残迹现状

（左下）图2-1122吴哥 塔布茏寺。四院，舞厅，东南门，东南侧外景

（右下）图2-1123吴哥 塔布茏寺。四院，舞厅，西南门，西侧景观

（右中）图2-1124吴哥 塔布茏寺。四院，舞厅，东北门，山墙雕饰

（左上）图2-1125吴哥 塔布茏寺。四院，舞厅，假门雕饰

（左中）图2-1126吴哥 塔布茏寺。四院，舞厅，门楣残迹

（右上）图2-1127吴哥 塔布茏寺。四院，舞厅，花饰细部

（右中）图2-1128吴哥 塔布茏寺。三院，西南角外景

（下）图2-1129吴哥 塔布茏寺。三院，东南角外景

（左上）图2-1130吴哥 塔布茏寺。三院，东廊内景

（右上）图2-1131吴哥 塔布茏寺。三院，南门，外侧现状

（右中）图2-1132吴哥 塔布茏寺。三院，西门，南侧景观

（下）图2-1133吴哥 塔布茏寺。三院，东门边塌落的石块

藏经阁、内廊的方角及部分上层台地。

20世纪上半叶，法国远东学院（École Française d'Extrême Orient）开展了寺庙的保护工作，并采用归位复原技术（anastylosis）进行修复。自1995年开始，主要工作由日本政府派出的维修团队（Japanese Government Team for the Safeguarding of Angkor,

JSA）负责，并定期举行年会。

王宫区及附近建筑

阇耶跋摩七世当年位于空中宫殿旁边的宫邸，现已荡然无存。现人们仅能看到少数门楼、王池及浴池的残迹（总平面：图2-882~2-884；门楼：图2-885~2-890；王

（上）图2-1134吴哥 塔布茏寺。三院，北侧，遗址现状

（左下）图2-1135吴哥 塔布茏寺。三院，南寺，东北侧景观

（右下）图2-1136吴哥 塔布茏寺。三院，南寺，东门，东南侧（外侧）现状

（左上）图2-1137吴哥 塔布茏寺。三院，南寺，西门，东南侧（内侧）景观

（左中）图2-1138吴哥 塔布茏寺。三院，南寺，主祠塔，东南侧景色

（左下）图2-1139吴哥 塔布茏寺。三院，南寺，主祠塔，东翼南侧近景

（右上）图2-1140吴哥 塔布茏寺。三院，南寺，主祠塔，前厅东山墙浮雕：佛陀出家

（右中）图2-1141吴哥 塔布茏寺。三院，北寺，东门外景

（右下）图2-1142吴哥 塔布茏寺。三院，十字廊院，残迹现状

（左上）图2-1143吴哥 塔布茏寺。三院，东南区，西南小祠，东北侧景观

（右上）图2-1144吴哥 塔布茏寺。三院，东南区，西北小祠，东侧现状（右侧为三院东西轴线上的田字形围院）

（左中）图2-1145吴哥 塔布茏寺。三院，西北区，小祠，西侧残迹现状

（右下）图2-1146吴哥 塔布茏寺。三院，西南区，小祠（左）及三院西门（右），东南侧景色

（左下）图2-1147吴哥 塔布茏寺。三院，西南区，小祠，西南侧全景

池：图2-891~2-893；王后浴池：图2-894、2-895）。在宫区东面，尚存两组台地建筑，即作为宫区东面主要入口的象台（总平面示意及梯道扩展阶段图：图2-896~2-898；全景：图2-899、2-900；北端景观：图2-901~2-905；主入口台地：图2-906~2-911；南端及南翼景色：图2-912~2-916；雕饰细部：图2-917~2-926）和位于它北侧、国王广场西北角的癞王台（其名来自遗址上发现的一尊表现印度教冥府之神阎摩的15世纪雕刻，台宽约25米，高6米，饰带七条，但最上一层已大部缺失；平面：图2-927；现状景观：图2-928~2-933；雕饰：图2-934~2-938）。

位于王宫区北面丛林里的巴利莱寺由于佛像保存完好，未被印度教徒破坏，可能建造年代较晚（13~14世纪），属该地区最后一个阶段的寺庙（其主庙坐落在一个金字塔式的大型基座顶上，形成一个截锥形的高塔，给人印象颇为深刻；图2-939~

（上）图2-1148吴哥 塔布茏寺。三院，西南区，小祠，西南侧近景

（左下）图2-1149吴哥 塔布茏寺。三院，东北区，西北小祠，西侧现状

（右中）图2-1150吴哥 塔布茏寺。三院，东北区，东北小祠，北侧景色

（右下）图2-1151吴哥 塔布茏寺。三院，东北区，西南小祠，西北侧景观

2-944）。

位于王宫区东侧的南仓和北仓尽管名称中的"Khleang"意为"仓库"，实际上是两座功能不明的建筑（有人根据门上的国王铭刻认为可能是接待房间，甚至是来访的贵族或大使的住处）。它们位于从国王广场通向吴哥城胜利门的大道两侧，尽管建于不同时期，但设计相近（仅南仓稍窄一些；地段总平面：图2-945；北仓：图2-946~2-951；南仓：图2-952、2-953）。北仓可能原为木构，在建南仓前重建时改为石砌。在这两组建筑西面有所谓"十二

塔庙"，其中10座面向国王广场，沿南北轴线一字排开，另有两座面对面布置在胜利大道两侧（图2-954~2-965）。

位于北仓北面的比图组群由五座小祠庙组成（分别以字母T、U、V、X、Y命名），由于没有铭文记录，建造年代难以准确判定，一般认为建于12世纪，但也有专家倾向于更晚的年代（13世纪）。如果是这样，那

它们当属吴哥的最后一批寺庙（图2-966~2-976）。

圣剑寺及其周围建筑

在吴哥城及其附近其他寺庙建筑中，内层院落中心多为平面十字形的小型塔庙，或这类塔庙加门厅及门廊的组合形态。这种变化很可能是基于佛教仪典要求给信众们提供更多的参与空间，如圣剑寺、塔布茏

本页及左页：

（左上）图2-1152吴哥 塔布茏寺。三院，东北区，东南小祠，西侧现状

（左中）图2-1153吴哥 塔布茏寺。三院，东北区，东南小祠，南侧山墙浮雕：宫中的国王（下列为属臣）

（右上）图2-1154吴哥 塔布茏寺。二院，西南角，自西南方向望去的情景

（右中上）图2-1155吴哥 塔布茏寺。二院，西南角，自东南方向望去的外景（左侧为三院西南区小祠）

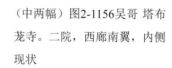

（中两幅）图2-1156吴哥 塔布茏寺。二院，西廊南翼，内侧现状

（右中下）图2-1157吴哥 塔布茏寺。二院，西廊北翼，内侧景色

（右下）图2-1158吴哥 塔布茏寺。二院，西门南侧（与右侧内院入口相连）

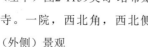

（左下）图2-1159吴哥 塔布茏寺。一院，西北角，西北侧（外侧）景观

本页：

（上）图2-1160吴哥 塔布茏寺。一院，东北角，内侧景观（右侧前景为中央祠塔前厅北门廊）

（右下）图2-1161吴哥 塔布茏寺。一院，西南角，内侧，西望情景

（左下）图2-1162吴哥 塔布茏寺。一院，中央祠塔，西北侧现状

右页：

（左上）图2-1163吴哥 塔布茏寺。一院，藏经阁，西北侧景色

（右上）图2-1164吴哥 塔布茏寺。门楼悬挑结构及砌体细部

（下）图2-1165吴哥 塔布茏寺。基台浮雕细部

寺和格代堡。

位于吴哥城东北的圣剑寺（原意"国王之剑"）系12世纪阇耶跋摩七世为纪念其父建造。寺址即他1191年战胜占婆人入侵之处（其近代名字"圣剑"系来自Nagara Jayasri，意为"神圣的胜利之城"）。寺庙矩形外围墙长宽分别为800米和700米，外绕宽50米、长935米和宽755米的壕沟（总平面及中心区

本页及右页：

（左及中）图2-1167吴哥 塔布茏寺。墙体转角处龛室及雕饰细部

（右两幅）图2-1168吴哥 塔布茏寺。龛室浮雕（部分用归位复原法进行了初步修整）

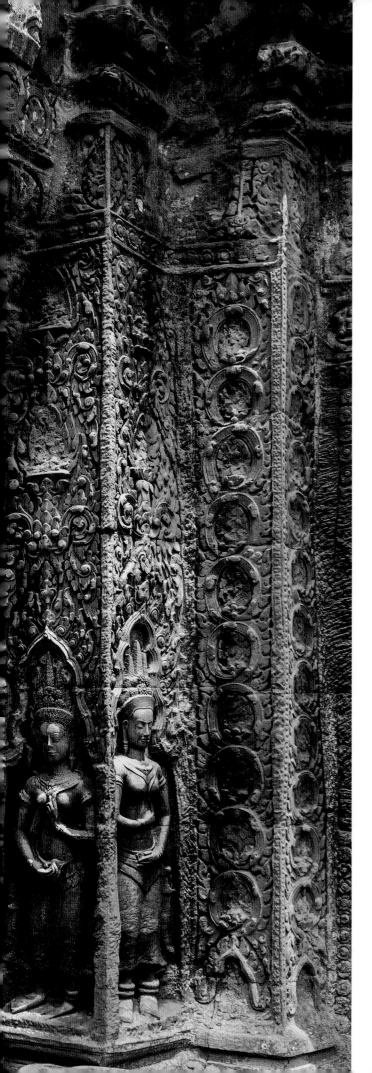

本页：

（左上）图2-1169吴哥 塔布茏寺。龛室天女雕刻（位于一院西南角）

（右上）图2-1170吴哥 塔布茏寺。山面雕刻（一）

（下）图2-1171吴哥 塔布茏寺。山面雕刻（二）

右页：

（上）图2-1172吴哥 塔布茏寺。山面雕刻（三，表现佛教题材）

（下）图2-1173吴哥 塔布茏寺。山面雕刻（四，战士系列，上部可能毁于阇耶跋摩八世时期）

左页：

图2-1174吴哥 塔布茏寺。保留初始面貌的遗址景观（法国远东学院的学者们有意选择这座寺院作为19世纪发现时原始状态的例证，因而除了少数必要的支撑外，主要部分均未进行清理及修复）

塔布茏寺围墙东南角

王室浴池

N

平面：图2-977、2-978；四院门楼及界石大道：图2-979~2-990；四院围墙及火楼：图2-991~2-993；三院门楼：图2-994~2-1010；三院西庙：图2-1011、2-1012；三院北庙：图2-1013~2-1017；三院南庙：图2-1018、2-1019；三院东区：图2-1020~2-1023；三院舞厅及周围地区：图2-1024~2-1031；二院及内院：图2-1032~2-1042）。组群由围着佛教圣所的系列矩形廊道组成，周围还有许多印度教附属祠堂及后期增添部分。除少数为两层外，建筑大部为单层。建筑雕饰极其优美，如三院北庙前厅东侧山墙表现毗湿奴的

本页：

（上两幅）图2-1175吴哥 塔布茏寺。廊道内景（当初廊内有雕像，现仅留基座）

（左下）图2-1176吴哥 塔布茏寺。头部被盗取的佛像

（右下）图2-1177吴哥 格代堡（"僧舍之堡"，12世纪中叶~13世纪初）。总平面（确定寺庙用地的第四道围墙系后期增建，长宽分别为720米及475米，配有四个带头像顶塔的门楼；其西墙与塔布茏寺东南角对齐，因此中央祠塔几乎位于中心位置）

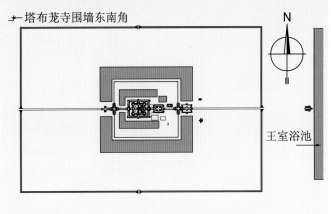

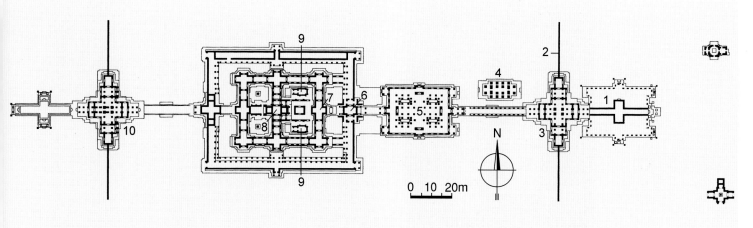

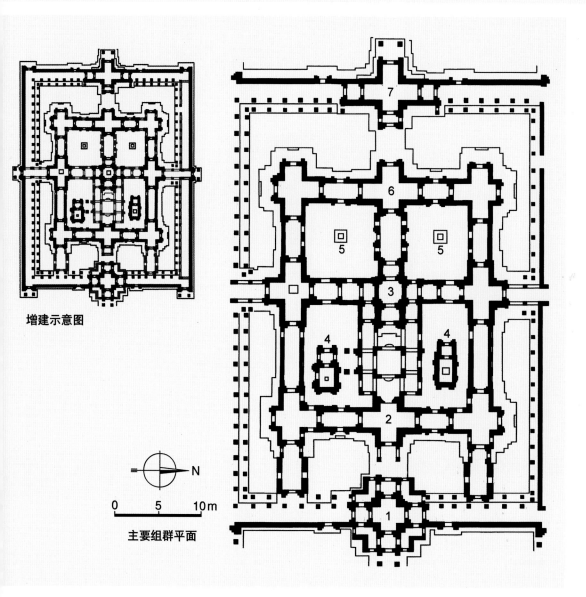

增建示意图

主要组群平面

（上）图2-1178吴哥 格代堡。主轴线平面：1、带那迦栏杆的台地；2、第三道围墙；3、三院东门；4、柱楼；5、舞厅；6、二院东门；7、一院东门；8、中央祠塔；9、"藏经阁"；10、三院西门

（下）图2-1179吴哥 格代堡。主要组群平面：1、二院东门；2、一院东门；3、中央祠塔；4、"藏经阁"；5、桩柱（上部曾承木祭坛）；6、一院西门；7、二院西门；中央祠塔原是位于一院中央的独立建筑，一院和二院亦没有相连，小图中红色部分均系后期增添或封堵

浮雕（见图2-1016，毗湿奴斜躺在阿南塔身上，后者在这里以带足的神龙形象出现，下方乌龟和鱼在宇宙之洋中漫游，左侧抱着毗湿奴足部的是吉祥天女拉克希米）。其围墙门楼及那迦桥（Nāga-bridges）等部分保存完好，但和附近的塔布茏寺一样，遗址上因覆盖着大量的植被及树木，基本处于失修状态。

位于圣剑寺东侧方形人工池上的盘龙祠（原意为"盘绕的蛇"，12世纪）是种特殊的形式，很难对其进行精确的分类。这是个立在池中圆形基台上的小祠堂，象征性地表现漂浮在太古时期大洋上的天堂

（左）图2-1180吴哥 格代堡。西侧，俯视全景

（右）图2-1182吴哥 格代堡。四院，东门，外侧景观（面对王室浴池，整修前状况）

（图2-1043~2-1054）。池水通过分别带有狮、马、象及人头的小祠堂流向四个对称布置的水池（现已干涸），并从那里通过运河与河流相通。

盘龙祠所在水池东面的达松寺建于12世纪末至13世纪初，同样是阇耶跋摩七世为纪念其父建造。寺庙配有三道围墙及壕沟，核心部分由一个带围廊及门楼的单一祠庙组成。组群基本保持原状，没有整修（总平面及中心区平面：图2-1055、2-1056；三院及二院：图2-1057~2-1063；内院：图2-1064~2-1073；细部及雕饰：图2-1074~2-1076）。

（左上）图2-1181吴哥 格
代堡。远景

（右上）图2-1183吴哥 格
代堡。四院，东门，外侧
现状

（下）图2-1184吴哥 格代
堡。四院，东门，东立
面，南翼近景

位于圣剑寺北面，建于12世纪末至13世纪初的布雷堡，是座带两道围墙和内壕沟的小型寺庙（图2-1077~2-1084）。南面同时期建成的布雷祠位于一个小丘顶上，由于地形关系建筑稍稍偏离正向。其主庙结构保留完好，只是装饰大部缺失（图2-1085~2-1089）。

位于茶胶寺北面丛林内的达内寺建于12世纪后期至13世纪初，可视为同时期建造的圣剑寺的外围寺

（上）图2-1185吴哥 格代堡。四院，东门，面像塔，近景

（下）图2-1186吴哥 格代堡。三院，东门及十字平台，东侧现状

庙。其平面形制比较特殊，很可能是设计人在建造过程中改变了想法，将内院向东延伸，因而原建的东门现变成了院内的独立建筑（图2-1090~2-1100）。

塔布茏寺及格代堡
位于吴哥城东约1公里处的塔布茏寺建于1186

（左上）图2-1189吴哥 格代堡。三院，东门，内景及坐佛像

（右上）图2-1190吴哥 格代堡。三院，那迦大道，西望景色

（右中）图2-1191吴哥 格代堡。三院，柱楼，东南侧现状

（下）图2-1192吴哥 格代堡。三院，舞厅，内景

（上）图2-1193吴哥 格代堡。三院，西门，外侧景观

（下）图2-1194吴哥 格代堡。三院，西门，西南侧现状

（上）图2-1195吴哥 格代
堡。三院，西门，内侧现状

（下）图2-1196吴哥 格代
堡。二院，西翼全景（自三
院西门向东望去的情景）

第二章 柬埔寨·677

本页：

（上）图2-1197吴哥 格代堡。二院，
西门，西南侧现状

（左中）图2-1198吴哥 格代堡。二院，
带半拱顶的廊道

（下）图2-1199吴哥 格代堡。二院，
自院落西南角望内院西翼塔楼

（右中）图2-1200吴哥 格代堡。内院，
塔楼群，自西北方向望去的景色

右页：

图2-1201吴哥 格代堡。内院，西门塔，
西北侧景色

年[27]，系阇耶跋摩七世为纪念其母兴建（总平面及中心区平面：图2-1101、2-1102；五院：图2-1103~2-1111；四院：图2-1112~2-1127；三院：图2-1128~2-1153；二院：图2-1154~2-1158；一院：图2-1159~2-1163；细部及雕饰：图2-1164~2-1173；残迹景观：图2-1174~2-1176）。塔庙东面与小拜殿和柱廊相连，西面通过门厅与院落的西门楼相接，院落东部布置藏经阁。庙内供奉的"智慧女神"据传依阇耶跋摩七世母亲的形象塑造（建筑目前因被大树盘踞没有整修）。

位于塔布茏寺东南的格代堡（"僧舍之堡"）建于12世纪中叶~13世纪初阇耶跋摩七世时期，采用巴戎风格，只是规模较小、较简单（总平面及主要组群平面：图2-1177~2-1179；全景：图2-1180、2-1181；四院东门：图2-1182~2-1185；三院：图2-1186~2-1195；二院：图2-1196~2-1199；内院：图2-1200~2-1205；雕饰：图2-1206、2-1207）。其中心塔殿的南北门廊

本页：

（左上）图2-1202吴哥 格代堡。内院，西北塔，西南侧景观

（下）图2-1203吴哥 格代堡。内院，西南塔，自西北侧望去的景观（巴戎风格）

（右上）图2-1204吴哥 格代堡。内院，西侧小院景观

右页：

图2-1205吴哥 格代堡。内院，中央祠塔，西南侧景观

本页及右页：
（左上及中）图2-1206
吴哥 格代堡。墙面龛室
及图案雕饰

（右）图2-1207吴哥 格
代堡。山墙浮雕细部：
微笑的佛头

（左下）图2-1208吴哥
医院祠堂（位于吴哥窟
西面，12世纪后期）。平
面：1、东门；2、祠堂；
3、"藏经阁"；4、水池

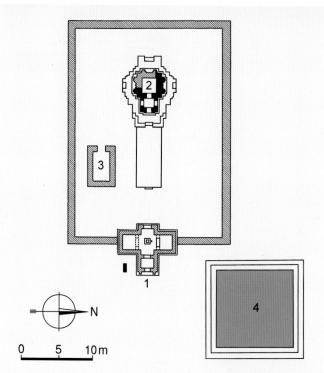

与院落的南北门楼相连，与塔布茏寺东西向相连有所不同。在殿身转角上部雕迦鲁达造型以承托屋顶的手法在占婆公元9世纪早期的卡兰及高棉吴哥窟时期的塔殿中都可见到，此时则得到普及。这座寺庙由于结构问题及使用的砂岩质量较差，导致破败不堪，目前正在维修中。

其他外围及外域寺庙

据1186年塔布茏寺碑文记载，在阇耶跋摩七世时期，王国境内有102所医院，其中四座建在都城郊区。医院本身均为木构，现已无存，只有石砌的医院祠堂有迹可循。祠堂建筑形制基本统一：于矩形围墙东侧设门楼，院内除祠堂外另有一栋藏经阁，

院外东北角辟方形水池（如吴哥窟西面的医院祠堂：图2-1208~2-1211；茶胶寺西北的医院祠堂：图2-1212）。与此相关，另外一栋值得注意的小祠庙是位于圣剑寺东北约3公里处，建于12世纪末至13世纪初的牛园寺，其形制与塔布茏碑文所载医院祠堂颇

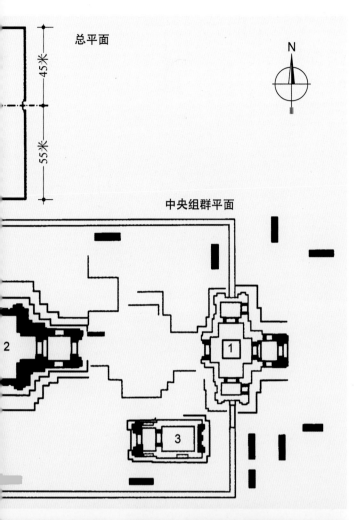

总平面

45米

55米

中央组群平面

N

1

2

3

本页及左页：

（左上）图2-1209吴哥 医院祠堂（位于吴哥窟西面）。现状外景

（左下）图2-1210吴哥 医院祠堂（位于吴哥窟西面）。浮雕细部：农耕

（中下左）图2-1211吴哥 医院祠堂（位于吴哥窟西面）。祠堂内景

（右）图2-1212吴哥 医院祠堂（位于茶胶寺西北，12世纪后期）。现状外景

（中上）图2-1213吴哥 牛园寺。总平面及中央组群平面，图中：1、东门；2、祠堂；3、"藏经阁"

（中下右）图2-1214吴哥 牛园寺。东门，残迹现状

为相似，但从雕刻上看似供奉观音菩萨，因而很可能这种布局方式已成为一般小祠堂的通用模式（图2-1213~2-1218）。

位于暹粒市北郊的恩戈塞寺据铭文记载建于968年，施主是国王的女婿、一位来自印度的婆罗门（印度教的祭司贵族）。虽然祠庙规模不大，但从形制上看，原设计应有三座祠堂，但可能是只建（或只留下）了两座，即中央祠堂及北祠堂（图2-1219~2-1224）。

位于吴哥窟以东17公里处的德拉寺，坐落在通

向75公里外磅斯外圣剑寺的古代大道上，建于11世纪（12世纪改建和增建）。其外围护城河长宽分别为1.5公里和1公里，规模仅次于吴哥窟，但寺庙本身仅占护城河所围面积的很少部分。如今建筑仅留残墟和少量的装饰部件（图2-1225~2-1232）。

由于距吴哥古迹中心区较远并位于孤立地段上，如今，到磅斯外圣剑寺参观的游客很少。实际上，

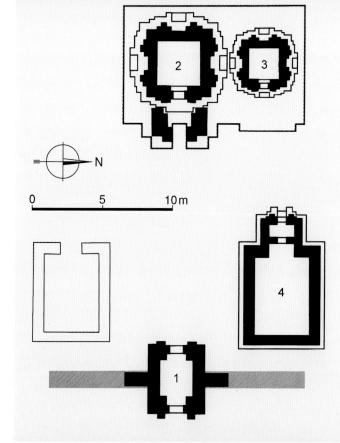

左页：
（左上）图2-1215吴哥 牛园寺。祠堂，东南侧景观
（右上）图2-1216吴哥 牛园寺。祠堂，西南侧现状
（左中）图2-1217吴哥 牛园寺。"藏经阁"，现状
（右中及下）图2-1218吴哥 牛园寺。在地面重组的山墙雕刻（下图表现黑天手擎牛增山）

本页：
（右上）图2-1219吴哥 恩戈塞寺（968年）。总平面：1、东门；2、中央祠塔；3、北祠塔；4、"藏经阁"
（中）图2-1220吴哥 恩戈塞寺。主祠塔群，东南侧现状（左侧第三座祠塔可能未建或已毁，北祠塔边上的红塔及后面的金色建筑属后期增建，右侧前景为东门残迹）
（左上）图2-1221吴哥 恩戈塞寺。东门，残迹现状
（下）图2-1222吴哥 恩戈塞寺。中央祠塔及北祠塔，东立面景色

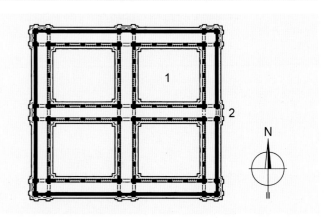

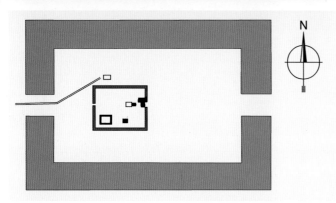

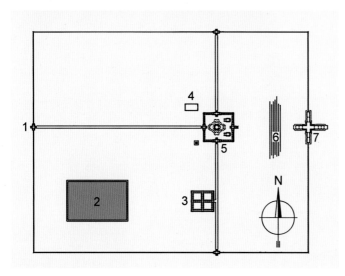

本页：

（左上）图2-1223吴哥 恩戈塞寺。"藏经阁"，现状

（左中上）图2-1224吴哥 恩戈塞寺。中央祠塔，入口楣梁雕饰（表现乳海翻腾场景，上部山墙浮雕表现黑天手擎牛增山）

（左中下）图2-1225吴哥 德拉寺（11世纪，12世纪改建和增建）。总平面示意（护城河长1.5公里，宽1公里）

（左下）图2-1226吴哥 德拉寺。寺庙区平面：1、外围墙西门；2、水池；3、十字阁；4、近代佛教祠庙；5、中央祠庙组群；6、带挡土墙的陡坡；7、外围墙东门

（右上）图2-1227吴哥 德拉寺。中央祠庙组群，平面：1、内院西门；2、中央祠塔；3、内院北门；4、内院南门；5、"藏经阁"；6、内院东门

（右中）图2-1228吴哥 德拉寺。外院，十字阁，平面：1、未毁的院落；2、入口

右页：

（左上及左中）图2-1229吴哥 德拉寺。外院，十字阁，外景及院内现状

（左下）图2-1230吴哥 德拉寺。内院，东门，西侧现状

（右上）图2-1231吴哥 德拉寺。内院，中央祠塔，南侧景观（屋顶已失，墙体部分毁坏）

（右下）图2-1232吴哥 德拉寺。内院，南藏经阁，外景（为现场保存得最好的建筑，室内尚可进入）

它是吴哥时期所建宗教建筑组群中最大的一个，其外围墙所占面积达到5平方公里左右（图2-1233～2-1244）。有关寺院建造的历史资料很少。法国学者相信寺院创建于11世纪苏利耶跋摩一世时期。在1181年自占婆手中夺回都城吴哥（耶输陀罗补罗）之前，在苏利耶跋摩二世乃至阇耶跋摩七世时期，这里都

是王室驻地。19世纪末法国考察队进行了初步调查，1937年维克托·戈卢贝夫又通过航测揭示了建筑群的实际范围。组群拥有四道围墙（面向东北方向），并有一个横跨东侧、宽750米、长2800米的人工湖（目前已干涸）。在湖中心的一个人工岛上建有一栋带中央塔楼的十字形神庙。东南角上另有一个高15米并带

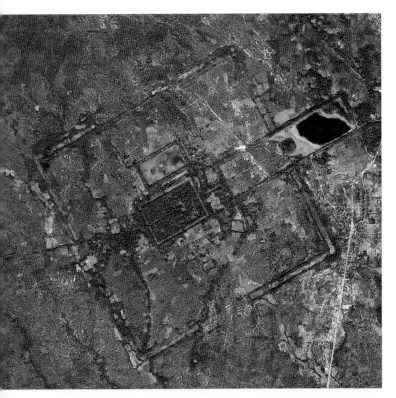

左页：

（左上）图2-1233吴哥 磅斯外圣剑寺（11世纪上半叶）。地段卫星图（遗址占地约5平方公里，朝东北方向，由四个围院套合组成；东侧巨大的人工湖长2.8公里，宽750米，但目前已大部干涸；主要建筑所在的中央院落长1097米，宽701米）

（右上）图2-1234吴哥 磅斯外圣剑寺。人工湖中央岛上十字形神庙残迹

（左中）图2-1235吴哥 磅斯外圣剑寺。人工湖西侧塔庙（头像塔巴戎风格）

（左下）图2-1236吴哥 磅斯外圣剑寺。主院，东北门，外侧远景

（右中）图2-1237吴哥 磅斯外圣剑寺。主院，东北门，外侧门廊近景

（右下）图2-1238吴哥 磅斯外圣剑寺。主院，东北门，内侧景色

本页：

（上）图2-1239吴哥 磅斯外圣剑寺。主院，中央组群部分残迹

（中）图2-1240吴哥 磅斯外圣剑寺。主院，中央祠堂，残迹现状

（下）图2-1241吴哥 磅斯外圣剑寺。主院，一座未鉴明功用的建筑

本页及右页：

（左上）图2-1242吴哥 磅斯外圣剑寺。墙面雕饰细部

（中下）图2-1243吴哥 磅斯外圣剑寺。楣梁雕刻（五尊坐佛）

（中上）图2-1244吴哥 磅斯外圣剑寺。头像（高41厘米，初步鉴定为国王阇耶跋摩七世像，现存金边国家博物馆）

（右上）图2-1245特马博格县 奇马堡。总平面示意[围绕中央组群不规则地布置了八座附属祠塔（其中有的是头像塔，有两座布置在城外），东面有一个巨大的人工湖，但相对主建筑群其轴线稍稍偏北；平面图全部按正向绘制，但从卫星图上看，实际上是偏向东北约2°（图上红线所示）]

（右下）图2-1246特马博格县 奇马堡。中心区平面：1、第四道围院；2、第三道围院；3、第二道围院；4、鸟人厅

（左中及左下）图2-1247特马博格县 奇马堡。祠庙，残迹景观

石象雕刻的金字塔残迹。外围墙内，人工湖西侧立一巴戎风格的塔庙（中央塔楼四面出头像）。一个堤道自这里通向中央院落（长宽分别为1097米和701米，类似吴哥城的形制，其外围壕沟并配四座门塔）。内院中央祠庙立在两层基台上，但中央塔楼因2003年的一次盗掘而倒塌（建筑雕饰精美，许多著名的高棉雕刻都是来自这里）。

在吴哥地区以外，除前述泰国华富里的三塔寺、素可泰拜琅寺和芒果寺外，属这一阶段的尚有柬埔寨西北特马博格县的奇马堡（总平面及中心区平面：图2-1245、2-1246；残迹现状：图2-1247~2-1254；雕饰：图2-1255~2-1261）。其中央三座祠堂沿南北轴线一字排开。这本是10世纪期间砖构祠庙的流行做法（如靠近吴哥城南门的贝寺，图2-1262、2-1263），但在以后已废弃不用。在12世纪期间，恢复这种形制的仅有这座寺庙和位于吴哥城北面的吞堡两个实例（后者建于12世纪末至13世纪初，三座祠堂均以砂岩砌造，图2-1264~2-1273）。

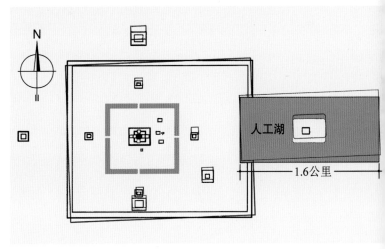

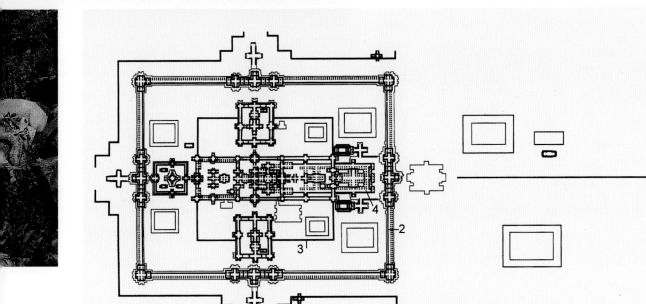

本页：

（上）图2-1248特马博格
县 奇马堡。"藏经阁"，遗
存现状

（左下）图2-1249特马博
格县 奇马堡。附属祠塔，
现状

（右中及右下）图2-1250
特马博格县 奇马堡。廊
道，残迹景色

右页：

（左上）图2-1251特马博
格县 奇马堡。堤道那迦
栏杆，近景

（右上及下）图2-1252特
马博格县 奇马堡。栏杆
端头雕饰：那迦及迦鲁达
（后者位于东台地附近，
由于长期埋在地下，细部
保存完好）

五、19~20世纪，金边王宫

[规划及布局]

　　1431年，由于暹罗人入侵高棉，占领并洗劫了
吴哥，吴哥王朝末代国王奔哈·亚（1393~1463年在
位）被迫于1434或1446年迁都金边（当时称Krong
Chatomok Serei Mongkol）。几十年后（1494年）
又陆续迁到巴桑、洛韦和乌东。1863年国王诺罗敦

本页：

（上）图2-1253特马博格县奇马堡。带头像的祠塔，近景

（下）图2-1254特马博格县奇马堡。带头像的祠塔，细部

右页：

（左四幅）图2-1255特马博格县 奇马堡。鸟人厅雕刻（自上而下）：1、残迹现场；2、黑天杀死什舒帕拉（右侧），画面中央手持念珠串的祭司疑似湿婆；3、梵天鼓励智者、诗人蚁垤写作史诗《罗摩衍那》（梵天位于楣梁中央，蚁垤头部已遭破坏），左侧一位婆罗门正在演奏竖琴，右侧一个猎人箭穿两只鹤（以上两幅均据Vittorio Roveda在其著作《Images of the Gods》里的诠释）；4、右侧爱欲之神伽摩正将爱情之箭瞄准湿婆，后者位于画面中央，一边为雪山神女帕尔沃蒂，另一侧为一猴面人物，颇为奇特

（右上）图2-1256特马博格县 奇马堡。浮雕：高棉与占婆之战

（右中及右下）图2-1257特马博格县 奇马堡。浮雕：上、陆地上的战斗（位于东廊道）；下、海战

（1860~1904年在位）与法国签订条约，将柬埔寨置于法国的保护下。此时都城仍在金边东北约45公里处的乌东。但在1863年，在现金边王宫北面已建了一座临时的木构宫殿。由于年代久远及多年战乱，早期木构宫殿已荡然无存。目前基址上的王宫建于1866~1870年法属柬埔寨时期，由建筑师涅克·奥克纳·代布尼米·马克仿高棉传统木构建筑样式设计建造。1867年，国王诺罗敦将都城自乌东迁至金边。接下来几十年王宫增建的项目中有很多以后都被拆除或迁移，包

括早期的月光阁和御座厅（1870年）。1871年王室正式迁入新宫，1873年周围建造了围墙。这时期的王宫建筑许多都综合了高棉和泰国的传统，同时还纳入了欧洲的要素（留存下来的建筑中，最不同寻常的一个即1876年法国拿破仑三世赠送的以他名字命名的阁楼）。20世纪初，在法国工程师主持下又对宫内建

左页:

（左两幅及下）图2-1258特马博格县 奇马堡。浮雕：君王与狮头怪

（右上）图2-1259特马博格县 奇马堡。浮雕：运送毗湿奴像的战士

（右中）图2-1260特马博格县 奇马堡。浮雕：32臂观世音菩萨

本页:

（左上）图2-1261特马博格县 奇马堡。表现宗教活动的山墙浮雕（两位僧侣，一位在演奏竖琴，一位在诵读手稿）

（右上）图2-1262吴哥 贝寺（约950年或更早）。遗存现状

（下）图2-1263吴哥 贝寺。立面全景

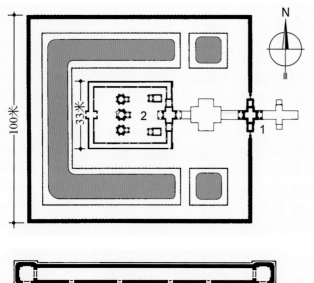

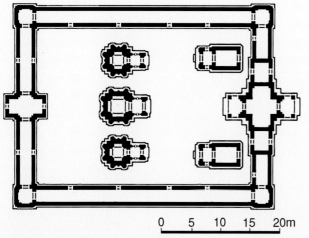

筑进行了大规模重建和改造，占地面积扩大到约18公顷。

金边王宫并不在城市中心，而是位于城市东面，上湄公河、下湄公河、洞里萨河和巴沙河的汇交处，洞里萨河道西侧，圣山塔仔山东南面原老城堡[28]的基址上（图2-1274）。建筑群坐西朝东，面对河道，为顺应河流走向，实际朝向略偏东北。矩形用地长宽分别为435米和402米，面积174870平方米。

（左上）图2-1264吴哥 吞堡（12世纪末~13世纪初）。总平面示意：1、外院东门；2、内院

（左中上）图2-1265吴哥 吞堡。内院平面

（右上）图2-1266吴哥 吞堡。外院，东门外侧景观

（右中）图2-1267吴哥 吞堡。内院，东南角现状（角上的大树已对围墙造成了破坏）

（左中下）图2-1268吴哥 吞堡。内院，东门，外侧现状

（左下）图2-1269吴哥 吞堡。内院，主祠塔及北塔，东南侧景色

　　宫内建筑分为几个组群：西北部为内宫，包括高棉王宫和月光阁等建筑；东南角的王室寺院——银阁寺通过围墙与宫区分开。两者之间为以御座殿为代表、象征王权、具有仪礼和行政功能的外宫（或中央组群，图2-1275、2-1276）。

　　宫内建筑大小20多座，在一个较长时期内建成，有的老建筑属19世纪，有的已属20世纪60年代。各建筑与岸线平行或垂直，围绕各区主要建筑（御座殿、银阁寺和高棉王宫）由道路及几何式园林形成局部轴线。其中又以自入口凯旋门穿过御座殿并向后延伸的轴线最为重要，事实上它已成为整个王宫的主轴，另两条轴线则起到副轴的作用。御座殿和银阁寺北面还

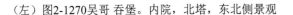

（左）图2-1270吴哥 吞堡。内院，北塔，东北侧景观

（右上）图2-1271吴哥 吞堡。内院，北塔，北侧山墙细部

（右中）图2-1272吴哥 吞堡。内院，南塔，东北侧现状

（右下）图2-1273吴哥 吞堡。内院，南塔，前室北侧楣梁雕饰

塔仔山

王宫

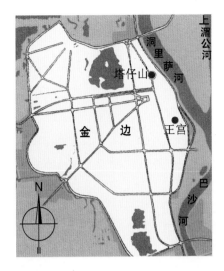

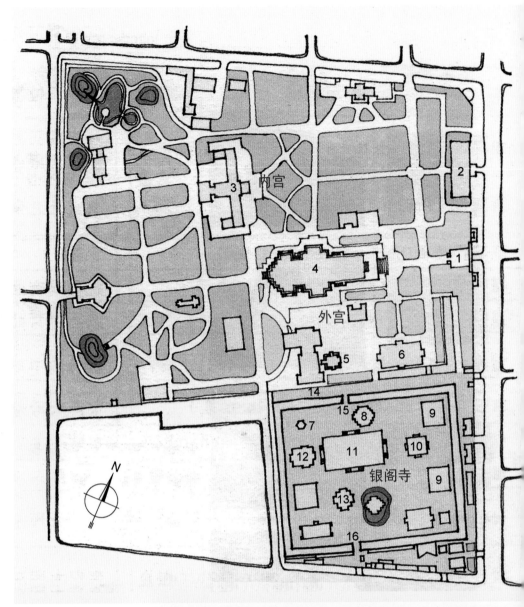

本页及左页:

(左上及中上) 图2-1274金边 王宫。地理位置示意

(右两幅) 图2-1275金边 王宫。总平面: 1、凯旋门(入口);2、月光阁(检阅台);3、高棉王宫(凯马琳宫);4、御座殿;5、拿破仑三世阁;6、舞乐殿;7、钟塔;8、藏经阁;9、窣堵坡(国王塔);10、诺罗敦国王骑像亭;11、银阁寺大殿;12、吴哥窟模型;13、甘塔博帕公主窣堵坡;14、罗摩衍那回廊;15、银阁寺北门;16、银阁寺南门

(左下) 图2-1276金边 王宫。东北侧全景(自洞里萨河上望去的景色)

左页：

（上）图2-1277金边 王宫。御座殿（1915~1919年），东南侧远景

（下）图2-1278金边 王宫。御座殿，东南侧全景

本页：

（上）图2-1279金边 王宫。御座殿，东立面景色

（下）图2-1280金边 王宫。御座殿，南侧现状

图2-1281金边 王宫。御座
殿，交叉处近景

以城市圣山塔仔山为对景（见图2-1274）。

[主要建筑及特色]

位于外宫区、建于1915~1919年的御座殿为现址
上第二座这类建筑。第一座木构，建于1869~1870年
国王诺罗敦时期，1915年拆除后开始建造现建筑并于

（上两幅）图2-1282金边 王宫。御座殿，内景

（左中）图2-1283金边 王宫。御座殿，国王御床

（下）图2-1284金边 王宫。拿破仑三世阁（1869年，1876年迁来），地段形势

1919年国王西索瓦时期落成（图2-1277~2-1283）。这是宫内平面最复杂、最宏伟的建筑和举行国家庆典、加冕仪式及各种接见活动的场所。建筑占地30

米×60米。大殿连基座层在内高两层。坡度甚大的重檐屋顶覆鱼鳞状排列的金黄色菱形瓦片并围以蓝绿色边框，檐下安置提婆造型的檐托支撑。平面十字形的

本页及右页：

（左上）图2-1289金边 王宫。舞乐殿，屋顶近景

（中上）图2-1290金边 王宫。高棉王宫（凯马琳宫，1931年），现状

（左下）图2-1291金边 王宫。月光阁（检阅台，1913~1914年），西南侧全景

（右上）图2-1292金边 王宫。银阁寺（1892～1920年，1962年重修），大殿，西南侧远景

（右下）图2-1293金边 王宫。银阁寺，大殿，东南侧景色

建筑上置三个尖塔。中央塔高59米，为宫中制高点，上有白色的梵天四面头像，类似巴扬寺四面佛的造型，塔底以迦鲁达造像支撑。和宫内所有建筑一样，

入口朝东，山面上饰王室徽章，正对着王宫的主要入口凯旋门。

御座殿室内以立柱分为中堂及两侧边廊三部分，

（上）图2-1294金边 王宫。
银阁寺，大殿，西侧现状
（前为吴哥窟模型）

（下）图2-1295金边 王宫。
银阁寺，大殿，屋顶近景

图2-1297金边 王宫。银阁
寺，国王苏拉玛里特及王后
哥沙曼窣堵坡，立面近景

显然是在传统做法的基础上汲取了西方建筑的结构要
素（特别是中央的穹式空间），但装饰题材及图案仍
来自传统（如印度史诗《罗摩衍那》）。殿内三个御

座，除一个带有西方风格外，余皆按传统样式。

御座殿南侧法国赠送的拿破仑三世阁本系这位法
国皇帝在1869年苏伊士运河开通典礼上为皇后欧仁尼

（上）图2-1296金边 王宫。银阁寺，诺罗敦国王骑像亭及窣堵坡（国王塔），西南侧景色（远处为诺罗敦国王塔，近景为安东国王塔）

（下）图2-1298金边 王宫。银阁寺，回廊壁画（表现《罗摩衍那》典故），现状

建造。后拿破仑三世将这座采用铸铁预制部件的轻型别墅拆除后送给柬埔寨国王诺罗敦，并于1876年在金边王宫里组装完成（图2-1284、2-1285）。其正门玻璃上雕的字母N，正好是拿破仑与诺罗敦法文的第一个字母。与之相对的舞乐殿则是一栋与其性质相配、造型极为华丽的建筑（图2-1286~2-1289）。

内宫区的主要建筑高棉王宫（凯马琳宫）建于1931年国王莫尼旺时期，为柬埔寨国王的宫邸（图

图2-1300金边 王宫。银阁寺，甘塔博帕公主窣堵坡，外景

2-1290）。建筑位于御座殿西北侧，以小墙和其他建筑分开。主要建筑上冠以单个尖塔。位于其东西轴线东端的月光阁（又称检阅台）是个充当舞台的开敞阁楼。由于紧靠东侧，外面很容易看到，面对索贴罗斯林荫道的阳台有时还用作检阅台，因而成为宫殿最著名的建筑之一（图2-1291）。现状亭阁建于1913~1914年，系取代了1907~1912年国王诺罗敦时期建造的一个形制类似的木构建筑。

作为王室寺庙，位于王宫区东南角的银阁寺建于1892～1920年期间，1962年按柬埔寨传统风格重修（图2-1292~2-1295）。由于地面用了由5329块银砖铺成而名，由于供奉玉佛，又称玉佛寺。寺内藏有数百件国宝级金银文物。银阁寺前方（东北侧）为一座安置诺罗敦国王骑像的亭阁，亭前两边对称布置了两座体形变化多样、雕饰极其精美的尖塔（窣堵坡、国王塔，图2-1296）。在围墙西侧，另有一座为纪念国王苏拉玛里特及王后哥沙曼而建的窣堵坡，雕饰极为华丽（图2-1297）。

壁画是银阁寺的主要装饰手法之一。1903~1904年，在画家和建筑师奥克纳·代布·尼米·贴格指导下完成的回廊壁画从东门开始，沿顺时针方向延伸，表现《罗摩衍那》的场景。壁画总长约604米，高3.56米，是东南亚最高的壁画（图2-1298、2-1299）。

在王宫区，重要建筑的基座常作为底层使用（通过小格栅窗通风采光，如御座殿，基台高达7米），高度不大的则为实体结构。重要建筑（如御座殿、

（上）图2-1299金边 王宫。银阁寺，回廊壁画，细部

（下）图2-1301金边 王宫。屋脊尖头饰，近景

甘塔博帕公主窣堵坡，图2-1300）台阶栏板按吴哥传统，以七头蛇那迦为装饰母题。

建筑所用立柱分圆形和方形两种（御座殿及银阁寺檐柱圆形，其他建筑多为方柱），柱身无收分。立柱上端檐托雕那迦、迦鲁达和提婆诸神造型，极具特色。

屋顶是王宫建筑中最具特色的建筑要素。十字脊本是柬埔寨建筑的传统做法，甚至在矩形平面的建筑里也经常使用（如吴哥巴戎寺浮雕所示，见图2-861市场活动场景），但使用多重披檐则是王宫建筑的特色。采用十字脊歇山顶的如御座殿、银阁寺及月光阁；高棉王宫则是采用十字脊悬山的例证。宫内重要建筑十字脊中央均立尖塔，以此象征须弥山并强调王权和神权之间的密切联系。尖塔各角由迦鲁达雕像支撑，以上布置逐层缩减的3、5或7层小型屋顶，每层各面均出金色小山墙（最重要的御座殿配有三座尖塔，见图2-1281）。所有屋顶均具有高耸的外观，坡度很大，外覆如鱼鳞状排列的金黄色菱形瓦片，并有蓝绿色镶边。重檐顶屋脊两端出制作精细的尖头饰（图2-1301）。装饰华丽的山墙是柬埔寨建筑的另一个主要特色，通常为等边三角形或更陡。山面雕饰多表现骑乘迦鲁达的毗湿奴或王室徽章。

第二章注释：

[1]中国古籍曾提及古代扶南国能造大船，其发音为"舶"，因此中国古称大船为"舶"，亦有外国船之意，所谓舶来品即指外国货。

[2]见（唐）姚思廉著《梁书》："其国轮广三千余里，土地洿下而平博，气候风俗大较与林邑同。出金、银、铜、锡、沉木香、象牙、孔翠、五色鹦鹉。"

[3]据《唐会要·真腊国》记载："梁大同中（535～546年），始并扶南而有其国。"

[4]《新唐书》卷二二二下《真腊传》载："神龙（705~706年）后分为二半，北多山阜，号陆真腊半，南际海，饶陂泽，号水真腊半。水真腊地八百里，王居毗耶驮补罗。陆真腊或曰文单，曰婆镂，地七百里，王号笪屈。"

[5]婆多利（Bhadra，似为Bhadresvara之音译简称），指湿婆神各种塑像及标名。

[6]早在4世纪，占婆国王跋陀罗跋摩（Bhadravarman）所建美山（Myson）神殿，即奉祭王室林伽。

[7]禄兀，意为圣城，即现吴哥。

[8]见HIGHAM C. The Civilization of Angkor. London:

Weidenfeld & Nicolson，2001。

[9]该博物馆因其创始人埃米尔·吉梅（Émile Guimet，1836~1918年）而得名。

[10]远印度地区（Farther India），系西方殖民时期以欧洲为主体对东南亚地区的称呼，类似远东的提法，现已很少用；南圻，来自越南语Nam Kỳ，意南部，指越南南部、柬埔寨东南地区。法国殖民时期，该地法语名"交趾支那"（Cochinchine）。

[11]如《水经注》转引竺枝的《扶南记》称，"扶南举国事佛"；《南齐书》卷五十八记扶南王遣使来中国，谈及国内信奉佛教，并以大自在天（即湿婆）为守护神。

[12]乳海翻腾（柬埔寨语：Ko Samutra Teuk Dos），为印度教著名的创世神话故事，见于《摩诃婆罗多》《往世书》《罗摩衍那》。

[13]以上数据依据谢小英. 神灵的故事：东南亚宗教建筑. 南京：东南大学出版社，2008年。

[14]见MICHON D，KALAY Y. Virtual Sambor Prei Kuk：An Interactive Learning Tool，2012。

[15]另有建于879~880年及894年几说。

[16]另说905年迁都。

[17]见GLAIZE M. Les Monuments du Groupe d'Angkor，1944。

[18]根据宋、元两代典籍记载，王宫极为壮丽，墙壁镶金，地铺银砖[见（元）汪大渊. 岛夷志略·真腊]，大柱皆雕刻佛像，国王五香宝座镶七色宝石[见（宋）赵汝适. 诸蕃志校释·真腊. 杨博文注释. 北京：中华书局，1996]。

[19]（宋）赵汝适. 诸蕃志校释·真腊. 杨博文注释. 北京：中华书局，1996。

[20]（元）周达观. 真腊风土记校注. 夏鼐校注. 北京：中华书局，1981。

[21]（元）汪大渊. 岛夷志略·真腊. 苏继庼校释本. 北京：中华书局，1981。

[22]见CŒDÈS G. Angkor：an Introduction，1966。

[23]见GLAIZE M. Les Monuments du Groupe d'Angkor，1944。

[24]同上。

[25]目支邻陀（Mucalinda、Muchalinda或Mucilinda），为蛇神那伽形态之一。传说佛陀于菩提树下打坐，其树根即为目支邻陀的栖息处。此后遭逢七日七夜暴雨时，目支邻陀自栖息处窜出，以自身缠绕佛陀七圈，并以七个头为佛陀遮挡雨势。在这里，目支邻陀实际上是象征阇耶跋摩。

[26]即圣观音（Avalokitesvara或Lokesvara），为东密六观音

之一（六观音为圣观音、千手观音、马头观音、十一面观音、准提观音、如意轮观音），对应天台宗的"大慈观音"。

[27]另说1191年。

[28]老城堡（Banteay Kev，原意"水晶堡"）建于1813年国王安赞二世时期（1796~1834年），但不久后都城即迁往乌东，城堡于1834年暹罗军队撤退时被焚毁。